这样养

肉兔
才赚钱

肖冠华 编著

化学工业出版社

·北京·

图书在版编目（CIP）数据

这样养肉兔才赚钱/肖冠华编著. —北京：化学工
业出版社，2018.2（2020.10重印）
ISBN 978-7-122-31339-3

Ⅰ．①这…　Ⅱ．①肖…　Ⅲ．①肉用兔-饲养管理
Ⅳ．①S829.1

中国版本图书馆 CIP 数据核字（2018）第 008827 号

责任编辑：邵桂林　　　　　　　　　　文字编辑：谢蓉蓉
责任校对：王素芹　　　　　　　　　　装帧设计：王晓宇

出版发行：化学工业出版社（北京市东城区青年湖南街 13 号　邮政编码 100011）
印　　装：北京盛通商印快线网络科技有限公司
850mm×1168mm　1/32　印张 9¼　字数 245 千字
2020 年 10 月北京第 1 版第 2 次印刷

购书咨询：010-64518888　　　　　　　售后服务：010-64518899
网　　址：http://www.cip.com.cn
凡购买本书，如有缺损质量问题，本社销售中心负责调换。

定　　价：39.00 元　　　　　　　　　　版权所有　违者必究

为什么同样是搞养殖，有的人赚钱，有的人却总是赔钱，而赔钱的这部分人中，有很多人对做好养殖可谓勤勤恳恳、兢兢业业，付出的辛苦很多，但到头来收入与付出却不成正比。问题出在哪里？

我们知道，养殖涉及品种选择、场舍建设、饲养管理、饲料营养、疾病防控、产品销售等各方面的问题。养殖要选择优良品种，因为优良品种普遍具有生长速度快、适应性强、抗病力强、饲料转化率高、受市场欢迎等特点，优良品种是实现高产高效的基础。养殖场应因地制宜，选用高产、优质、高效的畜禽良种，品种来源清楚、检疫合格，实现畜禽品种良种化。养殖场选址布局要科学合理，符合防疫要求，畜禽圈舍、饲养和环境控制等生产设施设备满足规模化生产的需要，实现养殖设施化，既能为所养殖的品种提供舒适的生产环境，又能提高养殖场的生产效率。饲养管理是养殖场日常的主要工作，贯穿于畜禽养殖的整个过程，规范化管理的养殖场应制订并实施科学规范的畜禽饲养管理规程，配备与饲养规模相适应的畜牧兽医技术人员，配制和使用安全高效饲料，严格遵守饲料、饲料添加剂和兽药使用有关规定，生产过程实行信息化动态管理。疾病的防控也是养殖场不可忽视的重要环节，只有畜禽不得病或者少得病，养殖场才能平稳运行，为此养殖场要有完善的防疫设施、健全的防疫制度，加强动物防疫条件审查，实施科学的畜禽疫病综合防控措施，有效地防止养殖场重大动物疫病发生，对病死畜禽实行无害化处理。畜禽粪污处理方法要得当，设施齐全且运转正常，达到相关排放标准，实现粪污处理无害化或资源化利用。

养殖场既要掌握和熟练运用养殖技术，在实现养得好的前提下，还要想办法拓宽销售渠道，实现卖得好。做到生产上水平、产品有出路、效益有保障。规模养殖场要创建自己的品牌，建立自己的销售渠道。养殖场加入专业合作社或与畜产品加工龙头企业、大型批发市场、超市、特色饭店和大型宾馆、饭店等签订长期稳定的畜产品购销协议，建立长期稳定的产销合作关系，可有效解决养殖场的销售难题。同时，还要充分利用各种营销手段，如区别于传统的网络营销，网络媒介具有传播范围广、速度快、无时间地域限制、无时间约束、内容详尽、多媒体传送、形象生动、双向交流、反馈迅速等特点，可以有效降低企业营销信息传播的成本。利用大数据分析市场需求量与供应量的关系，通过政府引导生产，合理增减砝码，使畜禽供给量与需求量趋于平衡，避免畜禽产品因供求变化过大而导致价格剧烈波动。常见的网上专卖店、网站推广、QQ群营销、微博营销、微信朋友圈营销等电商平台均可取得良好的效果。以观光旅游畜牧业发展为载体，促使城市居民走进养殖场区，开展动物认领和认购活动，实现生产与销售直接挂钩，也是一个很好的销售方式。实体店的专卖店、品鉴店体验等体验式营销也是拓宽营销渠道的方式之一。在体验经济的今天，养殖场如果善于运用体验式营销，定将能够取得消费者的认可，俘获消费者的心，赢得消费者的忠诚度，并最终为企业带来源源不断的利润。以上这些方面的工作都做好了，实现养殖赚钱不难。

经济新常态下和供给侧改革对规模化养殖场来说，机遇与挑战并存。如何适应经济新常态下规避风险，做好规模养殖场的经营管理，取得好的养殖效益，是我们每个养殖场经营管理者都需要思考的问题。笔者认为要想实现经济新常态下养殖效益最大化，养殖场的经营管理者要主动去适应，而不是固守旧的观念，不能"只管低头拉车，不管抬头看路"。必须不断地总结经验教训，更重要的是养殖场的经营管理者必须不断地学习新知识、新技术，特别是新常态和"互联网＋"环境下养殖场的经营管理方法，这样才能使养殖场的经营管理始终站在行业的排头。

本书共分为了解肉兔、选择优良的肉兔品种、建设科学合理的肉兔场、掌握规模化养肉兔技术、满足肉兔的营养需要、实行精细化饲养管理、科学防治肉兔病和科学经营管理8章及附录。

本书紧紧围绕养肉兔成功所必须做到的各个生产要素进行重点阐述，使读者能够学到养肉兔赚钱的必备知识和符合当下实际的经营管理方法，本书结构新颖，内容全面充实，紧贴肉兔生产实践，可操作性强，无论是新建场还是老场，本书均具有极强的指导作用和实用性。

本书在编写过程中，参考借鉴了国内外一些肉兔养殖专家和养殖实践者实用的观点和做法，在此对他们表示诚挚的感谢！由于笔者水平有限，书中难免有不妥之处，敬请广大读者批评指正。

畜禽养殖是一门实践科学，很多一线的养殖实践者更有发言权，也有很多好的做法，希望读者朋友在阅读本书的同时，就有关肉兔养殖管理方面的知识和经验进行交流和探讨，我的微信公众号"肖冠华谈畜牧养殖"，期待大家的到来！

编著者

2018 年 1 月

目 录
CONTENTS

第五章 ▶ 满足肉兔的营养需要

第六章 ▶ 实行精细化饲养管理

参考文献

第一章

了解肉兔

肉兔以青粗饲料为主、精料为辅,不需要放牧,无林牧矛盾,是节粮型食草性小家畜。肉兔具有繁殖力强、生长快、饲养周期短、饲料转化率高等特点。由于肉兔是从野生穴兔驯化和培育而来,仍保留夜行性、嗜眠性、胆小怕惊、喜干燥、恶潮湿、喜清洁、耐寒怕热、喜穴居、性孤独、合群性差、同性好斗、草食性、食粪性、啮齿性等生物学特性。目前,肉兔养殖已经向规模化、标准化、集约化、产业化、健康方向发展。因此,肉兔饲养管理者只有全面、充分地了解和掌握肉兔的生物学特性、消化特点、正常生理数据、异常行为等知识,才能养好肉兔。

一、肉兔的生物学特性

(一) 夜行性和嗜眠性

野生兔体格弱小,御敌能力差,根据"适者生存"的学说,兔的这一习性是在长期的一定的生态环境下形成的。所谓夜行性就是白天穴居洞中,夜间外出活动和觅食。家兔在白天表现较安静,夜间很活跃。兔在夜间采食频繁,晚上所吃的日粮和水约占全部日粮和水的75%。根据这一习性,在饲养管理上要做好合理安排,晚上要喂足充分的草料,白天要尽量让兔保持安静、多休息和睡眠。

家兔在一定的条件下很容易进入困倦或者睡眠状态,在此状态

下兔的痛觉降低或消失，这一特性称为嗜眠性，这与兔在野生状态下的昼伏夜行有关。利用这一特性，能顺利地投药注射和进行简单的手术，所以兔是很好的试验动物。

（二）胆小怕惊

兔耳长大，听觉灵敏，能转动并竖起耳朵收集来自各方的声音，以便逃避敌害。对环境变化非常敏感。兔属于胆小的动物，遇到敌害时，能借助敏锐的听觉做出判断，并借助弓曲的脊柱和发达的后肢迅速逃跑。在家养的情况下，突然的声响、生人或者陌生的动物（如猫、狗等）都能导致兔的惊恐不安，一直在笼中奔跳和乱撞，并以后足拍击笼底而发出声响。因此，在饲养过程中，无论何时都应保持舍内和环境安静。动作要尽量轻稳，以免发出易使兔子受惊的声响，同时要防止生人和其他动物进入兔舍，这对养好兔子是十分重要的。

（三）喜干燥，恶潮湿，喜清洁

家兔喜好清洁、干燥的生活环境，兔舍内相对湿度在60%～65%之间最适于其生活。干燥、清洁的环境有利于兔体的健康，而潮湿和污秽的环境，则是造成兔子患病的原因。根据这一习性，在兔场设计和日常的饲养管理工作中，都要考虑为兔提供清洁、干燥的生活环境。

（四）耐寒怕热

因兔子全身被毛，汗腺很少，只分布于唇的周围，因此兔子怕热不怕冷，最适宜的温度为15～25℃，一般不超过32℃，如果长期超过32℃，生长、繁殖均受到影响，表现为夏季不孕。故夏天注意防暑。但刚出生的仔兔无被毛，对环境温度依赖性强，当温度降至18～21℃，便会冻死，所以仔兔要注意保温，窝温一般要求在30～32℃。

（五）性喜穴居

家兔仍具有野生穴兔打洞的本能，以其隐藏自身并繁殖后代。

这在兔舍建筑和散放群养时应注意防范，以免兔打洞逃出和遭受敌害。

（六）性孤独，合群性差，同性好斗

特别是在新组合的兔群中，互相斗咬的情况更为严重，在饲养管理上应该特别注意，家兔应分笼饲养。

（七）草食性和选择性

家兔以植物性食物为主，喜吃多汁带甜味的青饲料及颗粒料。家兔不喜欢吃粉料，尤其是过细的粉料，粉料比例不当，易引起肠炎。

（八）啮齿性

兔的大门齿是恒齿，不断生长，兔在采食时不断地磨牙。若兔子没有啮齿行为，一年内上门齿可以长到10厘米，下门齿可以长到12厘米。门齿的主要作用就是切断食物。修兔笼时最好是砖铁结构，笼子用砖，笼门用铁丝。如用木头或竹片就容易被咬坏。防止方法是笼壁平整，不留棱角；一年四季放青草，一方面满足粗纤维，另一方面满足啮齿行为；笼内放木棒供兔磨牙；使用颗粒饲料，既营养全面，又能满足啮齿要求。

（九）食粪性

獭兔排出的粪便分两种，一种是白天排出的硬粪球，另一种则是清晨或夜间排出的来自盲肠的软粪团，其外面包被特殊光泽的薄膜。这种软粪是兔子的盲肠在消化过程中分解出大量营养物和菌体蛋白，这些都富含在盲肠便内，若直接排出体外，就会丢失大量营养物质，所以兔子会在肛门口直接将它们吞食。这是一种重新获得营养和水分的方法，是正常的生理现象，是兔子为适应恶劣环境所形成的生物学特性。几乎所有的家兔和野生穴兔从一开始会进食时，就有食粪行为，终生保持，患病即停止。

（十）嗅觉相当发达，视觉较弱

常以嗅觉辨认异性和栖息领域，母兔通过嗅觉来识别亲生或异

窝仔兔。所以，在仔兔需要并窝或寄养时要采用特殊的方法使其辨别不清，从而使寄养或并窝获得成功。

二、家兔的消化特性和摄食行为

（一）消化系统的解剖特点

1. 特殊的口腔结构

家兔上唇正中央有一纵裂，形成豁唇，使门齿易于露出，便于采食地面的短草和啃咬树皮等。兔的门齿较发达，上颌为双门齿，为切断饲草之用，具有不磨损和生长的特性，所以有啃食性，喜食较硬的饲料和啃咬竹木结构兔笼设备的习性。

2. 发达的胃肠

家兔的胃是单室胃，容积较大，约为消化道总容积的36%，可容纳采食的糊状饲草料60～80克。

家兔的肠道器官发达，尤以盲肠为最，其长度与体长相近，其容积约占消化道总容积的42%，盲肠中有25个螺旋状皱褶的螺旋瓣，有大量的微生物，类似于牛羊的瘤胃，起发酵作用。在消化过程中，尤其是对粗纤维的消化起重要作用。

3. 特有的淋巴球囊

在回肠与盲肠相接处的膨大部位有一厚壁圆囊，称之为淋巴球囊。

盲肠中存在大量微生物，发酵粗纤维，将其分解为挥发性脂肪酸。

淋巴球囊能分泌碱性液体，中和盲肠中因微生物发酵而产生的过量有机酸，维持盲肠中适宜的酸碱度，创造微生物适宜的生存环境，保证盲肠消化粗纤维过程的正常进行。

4. 采食和饮水行为

家兔食草时，将一根一根草从草架拉出，先吃叶，后吃茎和根部，所剩部分连同拖出的草，往往落到承粪板上造成浪费。

家兔有扒槽的习性，常用前肢将饲料扒出草架或食槽，有的甚至将食槽掀翻。

家兔喜欢吃有甜味的饲料和多叶鲜嫩青饲料，喜欢吃颗粒饲料而不喜欢吃粉料。

家兔是夜行性动物，夜间饮水量约为全天的70％。通常在采食干饲料后饮水。

（二）饲料消化利用的特点

1. 对粗纤维的消化

兔对粗纤维的消化主要在盲肠中进行，消化率比反刍动物低。据测定，兔对粗纤维的消化率为14％，牛、马、猪分别为44％、41％、22％。

粗纤维对家兔必不可少，粗纤维有助于形成硬粪，并在正常消化运转过程中起一种物理作用。当饲料中粗纤维低于5％时，易引起兔消化紊乱，采食量下降，腹泻。如果粗纤维含量过高时，日粮所有营养成分的消化率都下降。日粮中粗纤维的适宜比为10％～14％。

2. 对淀粉的消化

家兔盲肠内淀粉酶的活性较高，因而家兔盲肠利用日粮中淀粉、糖产生能量的能力较强。如果喂给富含淀粉的日粮，小肠难以完全消化，喂给高淀粉日粮，家兔会发生拉稀现象。

3. 对饲草中蛋白质的消化

家兔盲肠和其中的微生物都产生蛋白酶，能有效地利用饲草中的蛋白质，甚至对低质饲草中的蛋白质也有较强的利用能力。

4. 对钙、磷比例要求

家兔对日粮中的钙、磷比例要求不严格，一般为1％左右，当日粮中钙含量多到4.5％，钙磷比例高达12∶1时，也不降低其生长率，骨骼灰分正常。家兔能忍受高钙水平，而磷含量不能高

（1%以内），否则日粮的适口性降低，兔拒绝采食。

（三）食性及摄食行为

1. 哺乳行为和吸吮行为

12日龄以内的仔兔除吃乳外，几乎都在睡觉。15日龄以内的仔兔一般每天哺乳2次。

2. 草食性

家兔是草食性动物，能采食各种饲草、野菜、树叶等。家兔不喜欢食鱼粉等动物性饲料，日粮中动物性饲料一般不宜超过5%，否则将影响兔的食欲。

三、家兔各生长发育期阶段的划分

（一）仔兔

出生至断奶期的兔为仔兔。这个时期又分睡眠期，即出生至睁眼期，一般10～12天；开眼期，即开眼至断奶期。

（二）幼兔

断奶至3月龄的兔为幼兔，生长发育最快。

（三）青年兔

3月龄至初配期的兔为青年兔，生长发育完善，体型基本定型。

（四）成年兔

中型品种5月龄、大型品种6月龄、巨型品种7月龄以上的兔为成年兔。这个时期的兔生长发育定型，性机能最旺盛。3岁以后进入衰老期，体质下降，生产力降低，性机能减退。

四、家兔的生长发育特点

家兔的生长发育大体分为胎儿期、哺乳期和断奶后期三个阶段。

（一）胎儿期

从母兔怀孕到仔兔出生，这个时期的生长发育从妊娠第 19 天开始，胎儿体重大幅度增长。在饲养上，母兔妊娠后期要注意营养的供给，保证胎儿的正常生长发育。

（二）哺乳期

从初生到断奶，这个时期的仔兔生长发育相当快，并受母乳的影响，应按哺乳期营养需要配合日粮。

（三）断奶后期

幼兔的生长发育主要受遗传因素和饲养管理条件的影响较大。

一般规律是前期生长快，后期生长慢。另外，家兔换毛期体质下降，对外界环境适应能力差，消化能力也降低，也应加强饲养管理。应供给易消化、蛋白质含量高的饲料，尤其是含硫氨基酸丰富的饲料，以促进毛的生长。

不同品种的幼兔，生长速度有差异，甚至不同性别的幼兔，其生长速度也有差异。

大多数品种母兔的性成熟开始时生长速度比公兔快，8 月龄以前的增重差异不明显，但以后增重的差异就会明显地表现出来。

五、家兔的换毛特点

换毛可分为年龄性换毛、季节性换毛、病理性换毛和不定期换毛。

（一）年龄性换毛

兔到出生后 30 天形成被毛，以后一生中，家兔有 2 次年龄性换毛，第 1 次换毛在 50～80 日龄，第 2 次换毛在 120～140 日龄。年满 6.5～7.5 月龄后则和成年兔一样换毛。

（二）季节性换毛

每年在春季（3～4 月）和秋季（9～10 月）各换毛 1 次。

（三）病理性换毛

当家兔患有某些疾病时，或长期营养不良使新陈代谢发生障

碍，或皮肤营养不良等情况下，发生全身或局部的脱毛现象。

（四）不定期换毛

这种换毛在兔体身上表现不明显，主要决定于毛囊生理状态和营养情况，在个别毛纤维生长受阻时发生。这种换毛不受季节影响，可在全年任何时候出现，一般老年兔比幼年兔表现明显。

六、家兔的抗逆性

（一）家兔对温度、湿度变化较敏感

兔的被毛密厚，汗腺不发达，所以兔具有一定的耐寒能力，但怕炎热。32℃时，可使兔的生长发育和繁殖率下降。35℃或更高的气温，便会发生死亡。0℃以下，若不加强防寒对兔亦不利，对繁殖和饲料消耗有一定影响，对仔兔和刚剪毛的长毛兔影响更大，甚至引起疾病而死亡。

（二）家兔对环境温度变化的适应，存在着明显的年龄差异

新生仔体温调节能力差，体温随环境温度变化而变化。10日龄才初具体温调节能力，30日龄后对外界环境温度变化适应增强，此时被毛已基本长成。

（三）家兔的抗逆性较差，容易死亡

断奶后的幼兔期的死亡率，可达20％～30％。因此对家兔的饲养管理，尤其是仔兔和幼兔要特别精细周到。

七、家兔的繁殖特性

（一）母兔的繁殖特性

1. 繁殖力强

兔常年发情，家兔的妊娠期仅29～31天，性成熟在4月龄左右，年产仔4～6胎，高者年产8～11胎，胎产仔一般6～8只，高者达15只以上，出生后5～8月龄即可配种繁殖。

2. 双子宫型

母兔的两侧子宫无子宫角和子宫体之分，两侧子宫各有一个子宫颈开口于阴道，属于双子宫类型。因此，不会发生像其他家畜那样，受精卵可以从一个子宫角向另一个子宫角移行的情况。

3. 刺激性排卵

只有在和公兔交配，或相互爬跨，或注射激素以后才发生排卵，这种现象称为刺激性排卵或诱导排卵。

4. 假妊娠

母兔排卵后未受精，而黄体尚未消失，就会出现假妊娠现象。假孕可延续 16～17 天。

管理中应注意三个方面：要养好种公兔，采用重复配种或双重配种；繁殖母兔要单笼饲养，防止母兔相互爬跨刺激；发现假孕现象可注射前列腺素促进黄体消失，若生殖系统有炎症的病例应及时对症治疗。

5. 营巢分娩行为

母兔妊娠以后，在产前 2～3 天开始衔草做窝，并将胸部毛拉下铺在窝内，这种行为持续到临产，大量拉毛则出现在临产前 3～5 小时。

（二）公兔的繁殖特性

1. 睾丸位置的变化

睾丸是公兔生殖系统的重要组成部分之一，其主要功能是产生精子和分泌雄性激素。从胎儿期起，一生中睾丸的位置经常变化。胎儿期和初生幼兔睾丸位于腹腔，附着于腹壁。随着年龄的增长，睾丸的位置下降，1 月龄～2 月龄睾丸下降至腹股管内，此时睾丸尚小，从外部不易摸出，表面也未形成阴囊。大约 2 个半月龄以上的公兔已有明显的阴囊。睾丸降入阴囊的时间一般在 3 个半月龄，成年公兔的睾丸基本上在阴囊内。由于腹股沟管短而宽，且终生不封闭，因此，成年公兔的睾丸可以自由地缩回腹腔或降入阴囊。

在选种时，应注意到这种特性，不要把睾丸暂时缩回腹腔而误认为隐睾。遇有这种情况，只要将公兔头向上提起，用手轻拍臀部数下，或者在腹股沟管处轻轻挤压，就可以使睾丸降下。

2. 公兔的夏季不育现象

大多数公兔具有夏季不育现象。当外界温度超过 30℃时，公兔食欲下降，性欲减退，射精量减少；持续高温时，可使睾丸产生的精子减少，死精子和畸形精子比例增高，甚至不产生精子。

（三）初配年龄

初配年龄一般在公母兔性成熟后，在正常饲养条件下体重达到其成年体重的 70%左右时进行初配。小型品种为 4～5 月龄，中型品种为 5～6 月龄，大型品种为 7～8 月龄。

利用年限，公兔为 3～4 年，母兔为 2～3 年。

（四）发情周期与发情

1. 发情周期

一般母兔的发情周期为 8～15 天。

2. 发情表现

母兔发情时行为表现：精神不安、活跃，在笼内往返跑动，顿足刨地，食欲减退，常在饲盘或其他用具上摩擦下颚，俗称"闹圈"。

外生殖器官变化：苍白→粉红→红色→紫红，并有水肿和分泌黏液。

发情持续期 3 天左右。

（五）妊娠和妊娠期

1. 妊娠期

一般母兔的妊娠期平均为 30 天（29～31 天），不到 29 天为早产，超过 31 天为异常妊娠。

2. 妊娠检查

在实践中一般以摸胎法较为准确，在母兔交配 8～10 天后即开始摸胎。

（六） 分娩

多数母兔在临产前 3～5 天，乳房肿胀，外阴部肿胀充血，黏膜潮红湿润，食欲减退。在临产前数小时，也有在产前 1～2 天者，开始衔草做巢，并将胸、腹部毛用嘴拉下来，衔入巢内铺好。

初产母兔如不会衔草、拉毛营巢，管理人员可代为铺草、拉毛做窝，以启发母兔营巢做窝的本能。一般拉毛与母兔的泌乳有关，拉毛早则泌乳早，拉毛多则泌乳多。

到产前 2～4 小时，母兔频繁出入产箱。母兔产仔一般在凌晨 5 时～下午 1 时。

母兔边产仔边将仔兔脐带咬断，并将胎衣吃掉，同时舔干仔兔身上的血迹和黏液，分娩结束。

分娩结束后跳出巢箱觅水。此时应及时满足母兔对水的需要，饮饱喝足，以免母兔因口渴一时找不到水喝，跑回箱内吃掉仔兔。

母兔的分娩时间比较短促，一般每产完一窝仔兔，只需 20～30 分钟，但也有个别母兔产下一批仔兔后，间隔数小时，甚至数十小时再产第二批仔兔。

八、掌握肉兔的生理数据

（一） 体温范围

兔子正常体温是 38.5～39.5℃。

（二） 心率

兔子的心率一般在 180～250 之间。

（三） 呼吸频率

平均呼吸频率为 51（38～60）次/分。

（四） 血压

平均动脉血压为 110（95～130）毫米汞柱。

九、掌握肉兔适宜的环境温度范围

家兔最适宜生活和繁殖的温度是 15～25℃。家兔理想的环境温度随着年龄的变化而变化。初生仔兔为 30～32℃，5～10 日龄为 25～30℃，成年兔为 10～25℃，育肥兔为 18～24℃，家兔的临界温度为 5℃和 30℃，低于 5℃和高于 30℃对家兔都会产生不良影响。

家兔是恒温动物，平均体温 38.5～39.5℃，为了维持正常的体温，家兔必须随时调节它与环境的散热和自身的产热。低温会明显影响家兔的生长发育，增加饲料消耗，降低母兔的繁殖性能和仔兔的成活率；高温则可引起食欲减退，消化不良，膘情下降，公兔性欲减退，精液品质下降，母兔受胎率低，产仔数减少，死胎率增加。

十、母兔泌乳规律

（一）泌乳特点

母兔乳腺分泌有昼夜规律，因而授乳有定时性的特点。一般来说，母兔给仔兔喂奶选择最安静的时候，即日出前这段时间，与多数母兔分娩时间相一致。在仔兔的睡眠期（12 天前），母兔授乳是一种主动行为，即乳腺分泌大量的乳汁，使乳房充盈膨胀发痒，母兔主动寻找仔兔吃奶。因此，从某种意义上讲，母兔给仔兔喂奶是一种"双赢"行为。如果人为干预母兔的喂奶，比如采取母仔分离法，喂奶时间变化无常，母兔的泌乳规律被打破，会降低泌乳量或诱发乳腺炎。

在生产实践中，有人采取母仔分养，人工辅助喂奶，即将母兔按压在产箱里让仔兔吃奶，结果将母兔授乳的主动性变成被动性，母兔受到严重的应激，极大地影响了母兔的泌乳量，也将造成母兔母性的降低。因此，除了特殊情况外，这种做法是不可取的。

（二）母兔的泌乳量

母兔分娩后 1～2 天，母兔乳汁较少，随着时间的延长，母兔的泌乳量逐步增加，18～21天达到高峰。每天可泌乳60～150克，高产的可达150～250克，最高可达到300克以上。21天后泌乳量逐渐下降，30天后迅速下降。

母兔的泌乳量与胎次有关，一般第一胎较少，2胎以后渐升，3～5胎较多，10胎前相对稳定，12胎后明显下降。

测定母兔泌乳量可用喂奶前后全窝仔兔重量之差来计算。

十一、初乳的重要性

初乳是指母兔产后3天内的乳汁。与常乳相比，初乳中的营养更丰富，其水分含量少，较黏稠，蛋白质含量高，富含磷脂、酶、激素、维生素和矿物质，特别是含有较多的镁盐，具有轻泻作用，可促进仔兔胎粪的排出。初乳中还含有较高浓度的抗体，虽然仔兔获得先天性免疫是通过胎盘而不依赖初乳，但是初乳对于提高仔兔抗病力和成活率是非常重要的。实践证明，凡是早吃初乳的仔兔，生长发育速度就快，体质健壮，死亡率低；反之，生长速度慢，死亡率高。

十二、家兔的生产性能标准比较

家兔的生产性能标准比较见表1-1。

表1-1　家兔的生产性能标准比较

生产性能	单位	不良	平均	良好	佳
每只母兔每年断奶兔数	只	少于25	25～45	45～50	大于50
每个母兔笼每年断奶兔总数	只	少于45	45～50	50～55	大于55
配种率(受胎率)	%	少于66	66～80	81～85	大于85
情期产仔数	%	少于41	41～65	65～85	大于85
每胎产仔数	只	少于6	6～7	8～9	大于9
每胎产仔存活数	只	少于5	5～6	7～8	大于8
每个母兔笼每年的产仔胎数	只	少于6	6～7	7.1～7.5	大于7.5
两次产仔的时间间隔	天	大于69	65～69	55～64	小于55

续表

生产性能	单位	不良	平均	良好	佳
产仔和断奶之间的死亡率	％	大于29	25～29	18～24	小于18
每窝断奶兔数	只	少于5	5～6	7～8	大于8
21日龄断奶仔兔体重	克	少于210	210～250	251～300	大于300
断奶仔兔的饲料消耗	千克	大于4.9	4.5～4.9	4～4.5	小于4
百只母兔每月淘汰更新母兔数	只	小于5	5～6	6～8	大于8
育肥期间生长速度	克/天	小于21	21～25	26～38	大于38
育肥肉兔屠宰日龄	天	大于80	79～80	75～79	小于75
育肥期屠宰率	％	小于51	51～53	54～56	大于56
育肥期屠宰体重(80～90日龄)	千克	小于2.1	2.1～2.4	2.5～2.6	大于2.6
育肥兔全期料肉比	千克	大于3.9	3.8～3.9	3.5～3.7	小于3.5
百只母兔每周提供的屠宰兔数	只	小于71	71～80	81～99	大于90
育肥期全期青＋补料消耗指标	千克	大于3.5	3.0～3.5	2.5～2.9	小于2.5
胜率费用占总成本费用	％	大于79	75～79	65～74	小于65
每100只基础母兔劳动定员	人	大于1.9	1.5～1.9	1.0～1.4	小于1

第二章

选择优良的肉兔品种

"畜牧发展，良种先行"。畜禽良种是畜牧业发展的基础和关键。畜禽良种对畜牧业发展的贡献率超过 40%，畜牧业的核心竞争力很大程度上体现在畜禽良种上。优良品种是现代畜牧业的标志，决定着畜牧业的产业效益，培育、推广、利用畜禽优良品种，提高良种化程度，对于促进畜牧业向高产、优质、高效转变及持续稳定发展，具有十分重要的意义和作用。

肉兔的优良品种具有生长速度快、适应性广、耐粗饲、抗病力强、性情温驯、繁殖力强、母性好、饲料转化率高等优点，规模化养殖能取得良好的经济效益。

一、目前我国饲养的优良肉兔品种

（一）引进肉兔品种

1. 新西兰兔

新西兰兔（图 2-1）原产于美国，由美国于 20 世纪初用弗朗德巨兔、美国白兔和安哥拉兔等品种杂交选育而成。新西兰兔毛色有白色、红棕色、黑色三种，其中白色新西兰兔最

图 2-1　新西兰兔

为出名，是近代最著名的优良肉兔品种之一，世界各地均有饲养。在美国、新西兰等国家除作为肉用外，还广泛作为实验用兔。

【外貌特征】新西兰兔具有肉用品种的典型特征，属中型肉兔品种。有白色、黑色和红棕色三个变种。目前饲养量较多的是新西兰白兔，全身结构匀称，被毛白色浓密，头粗短，额宽，眼呈粉红色，两耳宽厚、短而直立，颈粗短，腰肋丰满，背腰平直，后躯圆滚，四肢较短，健壮有力，脚毛丰厚，适于笼养。

【生产性能】新西兰兔体型中等，最大的特点是早期生长发育较快，初生重50～60克，在良好的饲养条件下，8周龄体重可达1.8千克，10周龄体重可达2.3千克。成年体重，公兔4～5千克，母兔3.5～4.5千克。屠宰率52%左右，肉质细嫩。繁殖力强，年产5胎以上，每胎产仔7～9只。

【主要优缺点】新西兰兔的主要优点是产肉力高，肉质良好，适应性较强。主要缺点是毛皮品质较差，利用价值低，不耐粗饲，对饲养管理条件要求较高，中等偏下的饲养水平下，早期增重快的特点得不到充分发挥。

【利用情况】目前我国饲养的新西兰白兔，少部分是新中国成立以前引进后遗留下来的，大部分是20世纪70～80年代从国外引进的。在我国饲养数量多，分布广泛。用新西兰白兔与中国白兔、日本大耳兔、加利福尼亚兔杂交，则能获得较好的杂种优势。

2. 加利福尼亚兔

加利福尼亚兔（图 2-2）原产于美国加利福尼亚州，所以又称为加州兔，是一个中型肉用兔品种。系由喜马拉雅兔、青紫蓝兔和新西兰白兔杂交育成，是现代著名肉兔品种之一。世界各地均有饲养，饲养量仅次于新西兰白兔。

图 2-2　加利福尼亚兔

【外貌特征】加利福尼亚兔皮毛为白色，鼻端、两耳、尾及四肢下部为黑色，故称"八点黑"。幼兔色浅，随年龄增长而颜色加深；冬季色深，夏季色淡。耳小直立，颈粗短，肩、臀部发育良好，肌肉丰满，眼呈红色。

【生产性能】该兔体型中等，早期生长速度快，仔兔初生重50~60克，40日龄体重达1.0~1.2千克，仔兔发育均匀。3月龄体重可达2.5千克以上。成年体重，公兔3.6~4.5千克，母兔3.9~4.8千克。屠宰率52%~54%，肉质鲜嫩。繁殖力强，年产4~6胎，每胎产仔6~8只，每窝产仔7~8只。

【主要优缺点】该兔种的主要优点是适应性好、抗病力强、杂交效果好等，早熟易肥，肌肉丰满，肉质肥嫩，屠宰率高。母兔性情温驯，泌乳力高，是有名的"保姆兔"。主要缺点是生长速度略低于新西兰兔，断奶前后饲养管理条件要求较高。

【利用情况】我国于1978年引入加利福尼亚兔，现分布较广泛。利用加利福尼亚兔作为父本与新西兰白兔、比利时兔等母兔杂交，杂种优势明显。

3. 比利时兔

比利时兔（图2-3）又称巨灰兔，原产于比利时，是由英国育种家用野生穴兔改良选育而形成的大型优良肉兔品种。

【外貌特征】比利时兔被毛呈黄褐色或深褐色，毛尖略带黑色，腹部灰白，两眼周围有不规则的白圈，耳尖部有黑色光亮的毛边。眼睛为黑色，耳大而直立，稍倾向于两侧，面颊部突出，脑门宽圆，鼻骨隆起，类似马头，俗称"马兔"。

图2-3　比利时兔

【生产性能】该兔体型较大，仔兔初生重60~70克，最大可达100克以上，6周龄体重1.2~1.3千克，3月龄体重可达2.3~2.8千克。成年体重，公兔5.5~6.0千克，母兔6.0~6.5千克，最高可达 9 千克。繁殖力强，每胎产仔 7～8 只，最高可达 16 只。

【主要优缺点】该兔种的主要优点是生长发育快，适应性强，泌乳力高。主要缺点是不适宜于笼养，饲料利用率较低，易患脚癣和脚皮炎等。

【利用情况】我国于 1978 年引入比利时兔，现分布较广泛。是培育肉兔品种的好材料，即可纯繁进行商品生产，又可与其他品种的种兔配套杂交。比利时兔与中国白兔、日本大耳兔杂交，可获得理想的杂种优势。

4. 公羊兔

公羊兔（图 2-4）又名垂耳兔，是一个大型肉用品种。公羊兔

图 2-4　公羊兔

因其两耳长宽而下垂，头型似公羊而得名。来源不详。可以认为首先出现在北非，以后分布到法国、比利时和荷兰，英国和德国也有很长的培育历史。由于各国的选育方法不同，使其在体型上有了很大的变化。可分为法系、德系和英系公羊兔。由于我国是从法国引进的，又称为法系公羊兔。

【外貌特征】公羊兔体型巨大，体质结实、体型匀称，公羊兔被毛颜色多为黄褐色，耳朵大而下垂，头型粗大、短而宽，额、鼻结合处稍微突起，形似公羊，眼小，颈短，颈部粗壮，背腰宽，臀部丰满，四肢粗壮结实。母兔颈部下面有肉瘤，乳头 5 对以上，排列整齐、均匀。

【生产性能】每窝产仔 5～8 只，初生重 80 克，比我国家兔重 1 倍；40 天断奶体重 0.85～1.1 千克，90 天体重 2.5～2.75 千克。成年体重 6～8 千克，最高者可达 10 千克。公羊兔母兔每窝产仔 8～9 只，年产 6～7 窝仔。公羊兔公兔的初配年龄为 7～8 月龄；母兔的初配年龄为 6 月龄。公羊兔种公兔和种母兔的配种使用年限均为 3～4 年。

【主要优缺点】该品种兔耐粗饲，抗病力强，易于饲养。性情

温顺，不爱活动，因过于迟钝，故有人称其为"傻瓜兔"，其繁殖性能低，主要表现在受胎率低，哺育仔兔性能差，产仔少。

【利用情况】我国于 1975 年引入公羊兔。作为杂交父本与比利时兔（弗朗德巨兔）杂交，杂种优势明显，效果较好，二者都属大型兔，被毛颜色比较一致，杂交一代生长发育快，抗病力强，经济效益高。

5. 青紫蓝兔

青紫蓝兔（图 2-5）原产于法国，由法国育种家用蓝色贝韦伦兔、嘎伦兔和喜马拉雅兔杂交育成，因毛色类似珍贵毛皮兽"青紫蓝绒鼠"而得名，是世界著名的皮肉兼用兔种。在世界上分布很广。有三个不同的类型：标准型、美国型和巨型，但它们都是灰蓝色。

图 2-5　青紫蓝兔

【外貌特征】被毛整体为蓝灰色，耳尖及尾面为黑色，眼圈、尾底、腹下和后额三角区呈灰白色。单根纤维自基部至毛梢的颜色依次为深灰色、乳白色、珠灰色、雪白色和黑色，被毛中夹杂有全白或全黑的针毛。眼睛为茶褐色或蓝色。

【生产性能】标准型：体型较小，成年母兔体重 2.7～3.6 千克，公兔 2.5～3.4 千克；美国型：体型中等，成年母兔体重 4.5～5.4 千克，公兔 4.1～5.0 千克；巨型：偏于肉用型，成年母兔体重 5.9～7.3 千克，公兔 5.4～6.8 千克。繁殖力较强，每胎产仔 7～8 只，仔兔初生重 50～60 克，3 月龄体重达 2.0～2.5 千克。

【主要优缺点】该兔种的主要优点是毛皮品质较好，适应性较强，繁殖力较高；主要缺点是生长速度较慢，因而以肉用为目的不如饲养其他肉用品种有利。

【利用情况】在我国分布很广，尤以标准型和美国型饲养量较大。多作为杂交母本。

6. 日本大耳兔

日本大耳兔（图 2-6）又称日本白兔，原产于日本，由中国白兔和日本兔杂交选育而成。日本大耳兔属于中型品种。

图 2-6 日本大耳兔

【外貌特征】兔头大小适中，额宽，面凸，被毛全白且浓密而柔软，皮张面积大，质地良好，眼红色，颈较粗，母兔颈下有肉髯。耳大，耳根细，耳端尖，耳薄，形同柳叶并向后竖立，血管明显，适于注射和采血，是理想的实验用兔。

【生产性能】日本大耳兔繁殖力较高，年产 4～5 胎，每胎产仔 8～10 只，多的达 12 只，仔兔初生重平均 60 克。母兔母性好，泌乳量大。生长发育较快，2 月龄平均重 1.4 千克，4 月龄平均重 3 千克，成年平均重 4 千克，成年体长平均 44.5 厘米，胸围平均 33.5 厘米。

【主要优缺点】该兔种的主要优点是早熟，生长快，耐粗饲；母性好，繁殖力强，常用作"保姆兔"；肉质好，皮张品质优良。主要缺点是骨架较大，胴体不够丰满，屠宰率、净肉率较低。

【利用情况】我国引入后，除纯繁广泛用于试验研究外，由于肉质较佳，产肉性能较好，也和其他品种杂交生产商品肉兔，适合作为商品生产中杂交用母本。我国各地广为饲养，是目前我国饲养量较多的肉兔品种之一。

7. 德国花巨兔

德国花巨兔（图 2-7）原产于德国，为著名的大型皮肉兼用品种，其育成历史有两种说法，一种认为由英国蝶斑兔输入德国后育成；另一种则认为由比利时兔

图 2-7 德国花巨兔

和弗朗德巨兔等杂交选育而成。属于皮肉兼用兔品种。

【外貌特征】德国花巨兔体躯被毛底色为白色，口鼻部、眼圈及耳毛为黑色，从颈部沿背脊至尾根有一锯齿状黑带，体躯两侧有若干对称、大小不等的蝶状黑斑，故也称"蝶斑兔"。体格健壮，体型高大，体躯长，呈弓形，骨骼粗壮，腹部离地较高。成年体重5～6千克，体长50～60厘米，胸围30～35厘米。

【生产性能】繁殖力强，每胎产仔11～12只，高的达19只，仔兔初生重75克，早期生长发育快，40天断奶重1.1～1.25千克，90日龄体重2.5～2.7千克。

【主要优缺点】德国花巨兔性情活泼，行动敏捷，善跳跃，抗病力强，但产仔数和毛色遗传不稳定，性情粗野，母性不强，哺育力较差。据南京农业大学徐汉涛等观察（1980），有的母兔站着产仔，有食仔癖；有时以嘴和前爪主动伤人。

【利用情况】据报道，美国自1910年引入花巨兔，经风土驯化与选育，培育出黑斑和蓝斑两种花巨兔。我国于1976年自丹麦引入花巨兔，由于饲养管理条件要求较高、哺育力差，饲养逐渐减少。哈尔滨白兔育成过程中，曾引入花巨兔的血液。

8. 弗朗德巨兔

弗朗德巨兔（图2-8）起源于比利时北部弗朗德一带（亦说起源于英国），体型大，因此得名。数百年来，它广泛分布于欧洲各国，但长期误称为比利时兔，直至20世纪初，才正式定名为弗朗德巨兔。该兔是最早、最著名和体型最大的肉用型品种。

图2-8　弗朗德巨兔

【外貌特征】本品种体型结构匀称，骨骼粗重，背部宽平，产肉力高，肉质良好。依毛色不同分为7个品系，即钢灰色、黑灰色、黑色、蓝色、白色、浅黄色和浅褐色。

美国弗朗德巨兔多为钢灰色，且体型稍小，背偏平，成年母兔体重 5.9 千克，公兔 6.4 千克。英国弗朗德巨兔成年母兔 6.8 千克，公兔 5.9 千克。法国弗朗德巨兔成年体重 6.8 千克，公兔 7.7 千克。英国白色弗朗德巨兔为红眼，似天竺鼠，头耳较大，被毛浓密，富有光泽，黑色弗朗德兔眼为黑色。

　　【生产性能】年产 4～5 窝，每窝产仔 7～8 只，母兔泌乳力高，屠宰率 52%～55%。

　　【主要优缺点】弗朗德巨兔适应性强，耐粗饲，其不足之处是繁殖力低，成熟较迟。

　　【利用情况】弗朗德巨兔对很多大型兔种的育成过程几乎都有影响，在我国东北、华北地区均有少量饲养。张家口农业高等专科学校育成的大型皮肉兼用兔新品种，就是用法系公羊兔与弗朗德巨兔二元轮回杂交，并经严格选育而成的。

（二）国外引进配套系品种

1. 齐卡肉兔

　　齐卡（ZIKA）肉兔（图 2-9）配套系，是由德国 ZIKA 家兔育种中心和慕尼黑大学用 10 年时间联合育成的、当前世界上著名的肉兔配套品系之一。我国在 1986 年由四川省畜牧兽医研究所首次引进、推广并试验研究。该配套系由大、中、小 3 个品系组成，大型品种为德国巨型白兔，中型品种为德国大型新西兰白兔，小型品种为德国合成白兔。

(a)齐卡肉兔(Z系)　　　　(b)齐卡肉兔(N系)　　　　(c)齐卡肉兔(G系)

图 2-9　齐卡肉兔

　　G 系称为德国巨型白兔，N 系为齐卡新西兰白兔，Z 系为专门化品系。生产商品肉兔是用 G 系公兔与 N 系母兔交配生产的 GN 公兔为父本，以 Z 系公兔与 N 系母兔交配得到的 ZN 母兔为母本（图 2-10）。

祖代　　G(♂)×N(♀)　　　Z(♂)×N(♀)
　　　　　　↓　　　　　　　　↓
父母代　　GN(♂)　　×　　　ZN(♀)
　　　　　　　　　　↓
商品代　　　　　GZN(♂♀)

图 2-10　齐卡兔配套系生产模式

德国巨型白兔（配套系中的 G 系）：全身被毛纯白色，红眼，耳大而直立，头粗壮，体躯长大而丰满。成兔体重 6～7 千克，初生个体重 70～80 克，35 日龄断奶重 1～1.2 千克，90 日龄体重 2.7～3.4 千克，日增重 35～40 克，料肉比 3.2：1，生产中多用作杂交父本。巨型白兔耐粗饲，适应性较好，年产 3～4 胎，胎产仔 6～10 只。该兔性成熟较晚，6～7.5 月龄才能配种，夏季不孕期较长。

大型新西兰白兔（配套系中的 N 系）：全身被毛白色，红眼，头型粗壮，耳短、宽、厚而直立，体躯丰满，呈典型的肉用砖块型。成兔体重 4.5～5.0 千克。该兔早期生长发育快，肉用性能好，饲料报酬高。据德国品种标准介绍，56 日龄体重 1.9 千克，90 日龄体重 2.8～3.0 千克，年产仔 50 只。

据四川省畜牧兽医研究所测定，35 日龄断奶重 700～800 克，90 日龄体重 2.3～2.6 千克，日增重 30 克以上，料肉比 3.2：1。年产 5～6 胎，每胎产仔 7～8 只，高的可达 15 只。该兔对饲养管理要求较高。

德国合成白兔（配套系中的 Z 系）：该兔被毛白色，红眼，头清秀，耳短薄、直立，体躯长而清秀。繁殖性较好，母兔年产仔 60 只，每胎产仔 8～10 只。幼兔成活率高，适应性好，耐粗饲。成兔体重 3.5～4.0 千克，90 日龄体重 2.1～2.5 千克。

G、N、Z 三系配套生产商品杂优兔，德国标准为全封闭式兔舍、标准化饲养条件下，其配套生产的商品兔，年产商品活仔 60 只，胎产仔 8.2 只。育肥成活率为 85%。28 天断奶重 650 克，56 天体重 2.0 千克，84 天体重 3.0 千克，日增重 40 克，料肉比 2.8：1。据测定，在开放式自然条件下商品兔 90 日龄体重 2.58 千克，日增重 32 克以上，料肉比（1.75～3.3）：1。

　　经过四川省畜牧兽医研究所 6 年的培育与选择，齐卡肉兔在我国开放式饲养条件下，其主要生产性能恢复或超过引进原种的生产成绩，引种获得成功。

　　三系选育群 G 系（141 只）、N 系（102 只）、Z 系（187 只）成年体重分别为 5.79 千克、4.55 千克、3.56 千克。162 只试验商品肉兔 3 月龄体重为 2.53 千克，育肥成活率为 96％，屠宰率为52.9％，胴体背腰宽，后躯肌肉丰富。

　　经研究表明，齐卡商品肉兔的产肉性能明显优于全国广泛推广的加利福尼亚兔和我国新育成的哈尔滨大白兔。

2. 艾哥肉兔

　　艾哥（ELCO）肉兔（图 2-11）配套系在我国又称布列塔尼亚兔，是由法国艾哥（ELCO）公司培育的大型白色肉兔配套系，该配套系具有较高的产肉性能和繁殖性能以及较强的适应性。该配套系由 4 个品系组成，即 GP111 系（祖代父系公兔）、GP121 系（祖

(a) GP111系　　　　　　　　(b) GP172系

(c) GP121系　　　　　　　　(d) GP122系

图 2-11　艾哥肉兔

代父系母兔)、GP172 系（祖代母系父兔）和 GP122 系（祖代母系母兔)。其配套杂交模式如下。

GP111 系公兔与 GP121 系母兔杂交生产父母代公兔（E231），GP172 系公兔与 GP122 系母兔杂交生产父母代母兔（P292），父母代公母兔交配得到商品代兔（PF320）（图 2-12）。

祖代　　GP111($♂$)×GP121($♀$)　　GP172($♂$)×GP122($♀$)
　　　　　　　↓　　　　　　　　　　　　　↓
父母代　　　P231($♂$)　　　　×　　　　P292($♀$)
　　　　　　　　　　　　　↓
商品代　　　　　　　　F320($♂♀$)

图 2-12　艾哥肉兔配套系生产模式

GP111 系兔（祖代父系公兔）：毛色为白化型或有色，我国引进的是白化型。性成熟期 26～28 周龄，70 日龄体重 2.5～2.7 千克，成年体重 5.8 千克以上，28～70 日龄饲料报酬 2.8：1。

GP121 系兔（祖代父系母兔）：毛色为白化型或有色，我国引进的是白化型。性成熟期（121±2）天，70 日龄体重 2.5～2.7 千克，成年体重 5.0 千克以上，28～70 日龄饲料报酬 3.0：1，年产 6 胎，平均每胎产仔 9 只，每只母兔年可生产断奶仔兔 50 只，其中可选用的种公兔为 15～18 只。

GP172 系兔（祖代母系公兔）：毛色为白化型，红眼；性成熟期 22～24 周龄，成年体重 3.8～4.2 千克。公兔性情活泼，性欲旺盛，配种能力强。

GP122 系兔（祖代母系母兔）：毛色为白化型，红眼；性成熟期（117±2）天，成年体重 4.2～4.4 千克。母兔的繁殖能力强，每只母兔每年可生产成活仔兔 50～60 只，其中可选用种母兔 25～30 只。

P231（父母代公兔）：毛色为白色或有色，红眼，性成熟期 22～24 周龄，成年体重 4.0～4.2 千克，性欲强，配种能力强。

P292（父母代母兔）：毛色白化型，性成熟期（117±2）天，成年体重 4.0～4.2 千克，窝产活仔 9.3～9.5 只，28 天断乳成活仔兔8.8~9.0只，出栏时窝成活8.3~8.5只，每年生产断乳成活仔兔55~65只。

PF320（商品代兔）：商品代35日龄断乳体重900~980克，70日龄体重2.4~2.5千克，35~70天料肉比2.7∶1，屠宰率59%，净膛率在85%以上。

艾哥肉兔引入我国后，在黑龙江、吉林、山东和河北等省饲养，表现出良好的繁殖能力和生长潜力。该品种特别适宜规模化养殖，需要较好的饲养管理条件。

3. 伊拉配套系

伊拉（HYLA）肉兔（图2-13）配套系是法国欧洲兔业公司

图2-13 伊拉肉兔

（EUROLAP）用9个原始品种经不同杂交组合和选育试验，于20世纪70年代末选育而成。山东省安丘市绿洲兔业有限公司于1996年从法国首次将伊拉肉兔配套系引入我国。该配套系由A、B、C和D四个品系组成，4个品系各具特点。该配套系具有遗传性能稳定、生长发育快、饲料转化率高、抗病力强、产仔率高、出肉率高及肉质鲜嫩等特点，是优秀的肉兔配套系之一，其配套模式如下。

祖代A品系公兔与祖代B品系母兔杂交产生父母代公兔，祖代C品系公兔与祖代D品系母兔杂交产生父母代母兔，再由父母代公母兔杂交产生商品代兔。在配套生产中，杂交优势明显（图2-14）。

A品系：具有白色被毛，耳、鼻、四肢下端和尾部为黑色。成年公兔平均体重为5.0千克，成年母兔4.7千克。日增重50克，母兔平均窝产仔8.35只，配种受胎率为76%，断奶成活率为89.69%，饲料报酬为3.0∶1。

B品系：具有白色被毛，耳、鼻、四肢下端和尾部为黑色。成年公兔平均体重为4.9千克，成年母兔4.3千克。日增重50克，

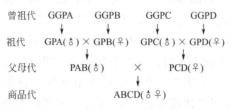

图 2-14 伊拉兔（HYLA）配套系生产模式

母兔平均窝产仔 9.05 只，配种受胎率为 80%，断奶成活率为 89.04%，饲料报酬为 2.8∶1。

C 品系：全身被毛为白色。成年公兔平均体重为 4.5 千克，成年母兔 4.3 千克。母兔平均窝产仔 8.99 只，配种受胎率为 87%，断奶成活率为 88.07%。

D 品系：全身被毛为白色。成年公兔平均体重为 4.6 千克，成年母兔 4.5 千克。母兔平均窝产仔 9.33 只，配种受胎率为 81%，断奶成活率为 91.92%。

商品代兔：具有白色被毛，耳、鼻、四肢下端和尾部呈浅黑色。28 天断奶重 680 克，70 日龄体重达 2.52 千克，日增重 43 克，饲料报酬为 2.7~2.9∶1，半净膛屠宰率 58%~59%。

4. 伊普吕配套系

伊普吕（HYPLUS）肉兔（图 2-15）配套系是由法国克里莫股份有限公司经过 20 多年的精心培育而成。伊普吕配套系是多品系杂交配套模式，共有 8 个专门化品系。

我国山东省菏泽市颐中集团科技养殖基地于 1998 年 9 月从法国克里莫股份有限公司引 4 个系的祖代兔 2000 只，分别作为父系的巨型系、标准系和黑眼睛

图 2-15 伊普吕肉兔

系，以及作为母系的标准系。据菏泽市牡丹区科协提供的资料，该兔在法国良好的饲养条件下，平均年产仔 8.7 胎，每胎平均产仔 9.2 只，成活率 95％，11 周龄体重 3.0～3.1 千克，屠宰率 57.5％～60％。经过几年饲养观察，在 3 个父系中，以巨型系表现最好，与母系配套，在一般农户饲养，年可繁殖 8 胎，每胎平均产仔 8.7 只，商品兔 11 周龄体重可达 2.75 千克。黑眼睛系表现最差，生长发育速度慢，抗病力也较差。

2005 年 11 月山东青岛康大集团公司从法国克里莫公司引进祖代 1100 只，其中 4 个祖代父本和一个祖代母本。其主要组合情况如下所述。

标准白：由 PS19 母本与 PS39 父本杂交而成。母本白色略带黑色耳边，性成熟期 17 周龄，每胎产活仔 9.8～10.5 只，70 日龄体重 2.25～2.35 千克；父本白色略带黑色耳边，性成熟期 20 周龄，每胎产活仔 7.6～7.8 只，70 日龄体重 2.7～2.8 千克，屠宰率 58％～59％；商品代白色略带黑色耳边，70 日龄体重 2.45～2.50 千克，70 日龄屠宰率 57％～58％。

巨型白：由 PS19 母本和 PS59 父本杂交而成。父本白色，性成熟期 22 周龄，每胎产活仔 8～8.2 只，77 日龄体重 3～3.1 千克，屠宰率 59％～60％；商品代白色略带黑色耳边，77 日龄体重 2.8～2.9 千克，屠宰率 57％～58％。

标准黑眼：由 PS19 母本与 PS79 父本杂交而成。父本灰毛黑眼，性成熟期 20 周龄，每胎产活仔 7～7.5 只，70 日龄体重 2.45～2.55 千克，屠宰率 57.5％～58.5％。

巨型黑眼：由 PS19 母本与 PS119 父本杂交而成。父本麻色黑眼，性成熟期 22 周龄，每胎产仔 8～8.2 只，77 日龄体重 2.9～3.0 千克，屠宰率 59％～60％。

（三）我国培育品种

1. 配套系品种

（1）康大 1 号、康大 2 号、康大 3 号肉兔配套系　康大 1 号、康大 2 号、康大 3 号肉兔配套系是 2006 年由青岛康大兔业发展有限公司、山东农业大学以伊普吕肉兔配套系、香槟兔、泰山白兔等为育种素材，培育成的一个 3 系配套的肉兔配套系。2011 年 12 月初，通过国家畜禽新品种审定。

康大配套系是我国第一个肉兔配套系，也是国内第一个具有完全自主知识产权的肉兔配套系。

目前，康大肉兔配套系已经具备了 9 个独立的专门化品系（Ⅰ～Ⅸ），各品系已经建立核心群，生产性能经山东省种畜禽质量测定站测定，康大系列肉兔配套系父母代胎产仔数 10.30～10.89 只，12 周出栏体重 2845～3134 克，全净膛屠宰率 52.98%～54.70%，达到进口配套系的生产性能水平。

经山东、山西、四川等地中试，康大配套系的生产适应性、抗病抗逆性、繁殖性能的表现优于国外引进配套系，适于在我国华东、华北、西南等肉兔主产区饲养。

（2）齐兴肉兔　齐兴肉兔是四川省畜牧科学研究院选用德国白兔和四川本地白兔杂交育成的我国第一个肉兔专门化新品系。1995 年 5 月按国家兔品种（系）审定标准，通过省级审定。

齐兴肉兔全身被毛白色，35 天断奶均重 700 克左右，90 日龄均重 2.2 千克，成年体重 3.6 千克左右；繁殖力强，发情明显，配种容易，血配受胎率高，年总产仔数达 50 只。

用齐兴肉兔取代齐卡 Z 系兔，按最佳制种模式配套生产商品杂优兔，胎平产仔达 8.2 只左右，90 日龄活重平均达 2.5 千克以上，饲料报酬 3.28∶1，育成成活率在 90% 以上，全净膛屠宰率 52% 左右。直接用齐兴肉兔作母本与比利时兔、德国巨型白兔和哈尔滨大白兔杂交生产商品兔，平均产仔数 7.2～8.1 只，90 日龄活重 2.35～2.45 千克，成活率均在 90% 以上，屠宰率 51% 以上。

齐兴肉兔适应性强、容易饲养，用作母系亲本或直接用作母本杂交生产商品兔，可收到良好的经济效益。

2. 肉皮兼用型品种

（1）中国白兔　中国白兔（图2-16）又称菜兔，是世界上较为古老的优良兔种之一，除白色外亦有土黄、麻黑、黑色和灰色等，但以白色者居多。中国白兔历来以肉用为主，故亦称为中国菜兔。分布于全国各地，以四川成都平原饲养最多。

图2-16　中国白兔

【外貌特征】中国白兔体型较小，全身结构紧凑而匀称；被毛洁白，短而紧密，皮板较厚，头型清秀，耳短小直立，眼为红色，嘴头较尖，无肉髯，该兔种间有灰色或黑色等其他毛色，杂色兔的眼睛为黑褐色。

【生产性能】中国白兔为早熟小型品种，约2.5月龄即达到性成熟。仔兔初生重40～50克；30日龄断奶体重300～450克，3月龄体重1.2～1.3千克；成年母兔体重2.2～2.3千克，公兔1.8～2.0千克，体长35～40厘米。繁殖力较强，母兔有乳头5～6对，年产4～6胎，每胎产仔7～9只，最多达15只。

【主要优缺点】该兔种的主要优点是早熟，繁殖力强，适应性好，抗病力强，耐粗饲，是优良的育种材料，肉质鲜嫩味美，适宜制作缠丝兔等美味食品。主要缺点是体型较小，生长缓慢，产肉力低，皮张面积小，有待于选育提高。

【利用情况】可用作新品种育种素材，它曾参与日本大耳兔的育成。

（2）塞北兔　塞北兔（图2-17）是由张家口农业高等专科学校杨正教授研究团队培育的大型皮肉兼用型品种。1978年以法系公羊兔和比利时的弗朗德巨兔为亲本，采用二元轮回杂交并经严格选育而成。1988年通过省级鉴定，定名为塞北兔。

【外貌特征】塞北兔的被毛色以黄褐色为主，其次是纯白色、少量黄色或橘黄色3种。体形呈长方形，头大小适中，眼眶突出，眼大而微向内陷。下颌宽大，嘴方正。鼻梁上有黑色山峰线，耳宽

大，一耳直立，一耳下垂，或两耳
均直立或均下垂，故称为斜耳兔，
这是该品种的重要特征。体质结
实、健壮。公兔颈部粗短，母兔颈
下有肉髯。肩宽广，胸宽深，背腰
平直，后躯宽而肌肉丰满，四肢短
而粗壮。皮张面积大，皮板有韧
性，坚牢度好，绒毛细密，是理想
的皮肉兼用型新品种。

图 2-17　塞北兔

【生产性能】该兔种体型较大，繁殖力强，每胎平均产仔 7.1
只，高者可达 15～16 只，初生窝重 454 克，出生个体重平均 64
克，泌乳力（3 周龄窝重）1828 克。6 周龄断奶窝重 4836 克，平
均断奶个体重 820 克。成年体重 5370 克，成年体长 51.6 厘米，胸
围 37.6 厘米。7～13 周龄日增重 24.4 克，14～26 周龄日增重
29.5 克，屠宰率青年兔 52.6%、成年兔 54.5%，饲料报酬率为
3.29：1。

【主要优缺点】塞北兔的主要优点是体型较大，生长较快，繁
殖力较高，抗病力强，发病率低，耐粗饲，适应性强，性情温驯，
容易管理。主要缺点是毛色、体型尚欠一致，有待于进一步选育
提高。

（3）太行山兔　太行山兔（图 2-18）又名虎皮黄兔，原产于
河北省太行山地区的井陉平、威
县一带，由河北农业大学选育而
成，1985 年通过鉴定，定名为太
行山兔，属于皮肉兼用品种，是
一个优良的地方品种。

【外貌特征】太行山兔分标准
型和中型两种。

图 2-18　太行山兔

标准型兔：全身毛色为栗黄
色，腹部毛为淡白色，头清秀，耳较短厚直立，体型紧凑，背腰宽

平，四肢健壮，体质结实。成年兔体重，公兔平均 3.87 千克，母兔 3.54 千克。

中型兔：全身毛色为深黄色，臀两侧和后背略带黑毛尖，头粗壮，脑门宽圆，耳长直立，背腰宽长，后躯发达，体质结实。成年兔体重，公兔平均 4.31 千克，母兔平均 4.37 千克。

太行山兔有两种毛色。一种为黄色，单根毛纤维根部为白色，中部黄色，尖部位红棕色；眼球棕褐色，眼圈白色；腹毛白色。另一种是在黄色基础上，背部、后躯、两耳上缘、鼻端及尾背部毛尖的被毛为黑色，这种黑色毛稍在 4 月龄前不明显，但随年龄增长而加深，眼球及触须为黑色。

【生产性能】该品种性成熟早，乳头一般为 4 对，母兔母性好，泌乳力强，泌乳量 3500 克，3～4 月龄可以配种，仔兔出生重 50～60 克，断奶重 800 克，4 月龄 3 千克。仔兔成活率 85%～92%。成年兔屠宰率 53.39%。

【主要优缺点】优点是遗传性能稳定，虎皮黄兔耐寒，粗饲，抗病力和适应性特别强。缺点是早期生长发育较缓慢，有待进一步选育提高。

图 2-19　哈尔滨大白兔

（4）哈尔滨大白兔　哈尔滨大白兔（图 2-19）是中国农业科学院哈尔滨兽医研究所运用家畜遗传繁育理论，制订最佳选育方案，以比利时兔、德国巨花兔为父本，以本地白兔、上海白兔为母本，组成八个杂交组合，进行定向培育。经过十年的严格选育，于 1986 年育成我国第一个家兔新品种。

【外貌特征】哈尔滨大白兔全身被毛粗长，纯白色，毛密柔软，眼大有神，呈粉红色，头大小适中，耳大直立，耳尖钝圆，耳静脉清晰，前后躯发育匀称，四肢强健，肌肉丰满，结构匀称，体型较大。脚毛较厚，雌雄都有肉髯。

【生产性能】哈尔滨大白兔早期生长发育较快，仔兔出生重60克。在良好的饲养条件下，1月龄达0.65～1千克。3月龄达2.5千克。成年公兔体重5～6千克，成年母兔体重5.5～6.5千克。繁殖力强，年产5～6窝，平均每窝产仔8～10只。

【主要优缺点】哈尔滨大白兔的主要优点是适应性强，耐粗饲，繁育性能好，仔兔生长发育快，饲料报酬高（3.11：1），屠宰率57.6%。主要缺点是有的地方表现生长速度慢，体型变小，需重视选育。

【利用情况】通过在全国十几年的推广扩繁，证明了哈尔滨大白兔遗传性能稳定，各项生化指标强于国外引进兔。在相同的饲养条件下各项生产指标均高于国外引进大型肉兔。该成果于1990年获国家科技进步三等奖，并已列入国家科技成果重点推广项目，推广10年取得了明显的经济效益和社会效益。作杂交用父系效果较好。

（5）安阳灰兔　安阳灰兔（图2-20）原名银灰兔、林县大耳灰。由河南省畜牧局、安阳市农牧局、濮阳市农牧局和林县农牧局组成的河南省安阳灰兔育种协作组，从1981年开始，经7年时间利用日本大耳兔与青紫蓝兔为主杂交产生的灰兔类群中培育出来的肉皮兼用中型肉兔新品种。于1985年10月通过鉴定，定名为安阳灰兔，属于早熟、易肥、中型肉皮兼用品种。

图2-20　安阳灰兔

【外貌特征】被毛青灰色，富有光泽，被毛密度中等；头大小适中，眼呈靛蓝色，部分成年母兔有肉髯，背腰长，背平直而略呈弧形，后躯发达，四肢强健有力。

【生产性能】繁殖性能，初情期4月龄，6月龄初配，乳头4～5对。初生窝重485.7克，平均初生个体重58.2克，胎均产仔8.4

只，胎均产活仔 8.1 只，泌乳力 1794.2 克。

　　生长发育及产肉性能，3 月龄平均体重 2100 克，4 月龄平均体重 2700 克；2～5 月龄期间增重速度快，6～7 月龄增重速度下降，8 月龄平均月增重 30～50 克；8 月龄平均体重 4.5 千克，8 月龄屠宰率 51%。

　　【主要优缺点】安阳灰兔耐粗饲，适应性强，耐热、耐寒，适应于农村条件饲养。

二、利用好经济杂交

　　经济杂交也称杂种优势利用。杂种优势是两个存在遗传差异的亲本杂交产生的杂种后代在抗逆性、繁殖力、生长速度等方面优于纯种亲本的现象。杂种优势在生物界中普遍存在。利用杂种表现出来的生产性能优势，获得高产、优质、低成本的商品肉兔，能有效地提高生产效率。杂种优势利用已成为集约化畜牧业一个重要环节。

　　杂交优势的利用也日益成为现代肉兔育种的重要遗传改良手段。现代家兔育种理论证实，纯种繁殖子代作商品兔的经济效益低于品种间杂交，其子代增重的优势较亲本可提高商品肉兔的经济效益，应充分利用各品种的优良性能，进行杂交生产。

（一）杂交亲本的选择

　　杂交组合选择的原则：充分利用大型兔长势快、产肉率高和中小型兔繁殖率高、适应性强的特点。

　　具体到杂交父本和母本的选择上，性别不同，选择标准不同，要求也不同。父本着重选择增重速度快、饲料利用率高、屠宰率高、胴体品质好、性欲旺盛、精液品质好和配种能力强的公兔；母本则着重选择产活仔数多、母性好、泌乳力高、年妊娠次数多的母兔等，这将关系到杂种后代胚胎期和哺乳期的成活和发育，因而影响杂种优势的表现和生产力。

（二）常见的杂交方式

　　吴高奇等利用新西兰兔、加利福尼亚兔和比利时兔 3 个优良品种进行纯繁和不同品种正反杂交组合试验，研究其杂交后代断奶育肥效果。试验随机选择每个组合 40 日龄断奶仔兔 90 只进行育肥 50 天，观测纯种及不同杂交组合仔兔的育肥情况。结果表明，杂交组合比纯繁组的增重提高 17.85%；杂交组的饲料利用率比纯繁组提高 6.3%；日增重以新×比为最高，加×比次之，分别为 38.45 克和 38.30 克，杂交组均显著高于纯繁组（$P < 0.05$），杂种优势显著。

据吴跃华等利用德国大白兔、新西兰白兔、比利时兔、虎皮黄兔 4 种肉兔进行本种之间及其德×新、新×德、德×比、德×虎、比×新、比×虎、新×比 7 个杂交组合的饲养对比试验结果表明，平均增重以德×新、德×比、新×德、德×虎较高，明显高于比×新、比×虎、新×比；精料增重比以德×比最高，其次为德×德、德×新；每千克增重精草料饲养成本，在纯种繁殖的 4 个品种间以德×德最低，7 个杂交组合中，以德×比最低。

葛盛军等利用新西兰兔、加利福尼亚兔、齐卡兔、日本大白兔、比利时兔 5 个肉兔品种进行 8 个不同组合杂交试验，对比不同杂交组合肉兔的窝均产仔数、40 日断奶成活数、40 日断奶成活率、初生窝重（平均个体重）、40 天断奶窝重（平均个体重）、90 天个体重等技术经济指标，结果表明，优良肉兔杂交组合为比利时兔♂×加利福尼亚兔♀、新西兰兔♂×加利福尼亚兔♀和比利时兔♂×新西兰兔♀3 个杂交组合。

据韩琴忠、刘世权利用大耳白兔、新西兰兔、加利福尼亚兔、比利时兔 4 个优良品种及 5 个杂交组合进行杂交对比试验，对比不同组合的产仔数、初生窝重、30 天断奶窝重、75 天成活率、75 天个体重、100 天个体重及屠宰测定等技术指标，结果表明，最有杂交组合为比利时兔♂×大耳白兔♀、新西兰兔♂×大耳白兔♀、加利福尼亚兔♂×大耳白兔♀，其成活率提高 16%~19%，100 天个体重提高 22%~29%，平均重量增加 518 克。肉兔屠宰率和胴体品质明显提高。

三、选择合适的肉兔品种

目前我国饲养的肉兔品种很多，养兔场选择品种的时候要根据本场的气候条件、饲养管理条件、品种资源情况、市场需求和消费习惯、品种的适应性以及品种来源难易程度和养殖技术等来确定适合的养殖品种。

对于规模较大、兔舍条件好、资金实力强、销量大的规模化养兔场，可以选择伊拉配套系、康大配套系、齐卡配套系等配套系，或者选择生长速度快、饲料报酬率高、适合笼养的现代中型肉兔，如新西兰兔、加利福尼亚兔、中国白兔、塞北兔、太行山兔、哈尔滨大白兔、安阳灰兔等。大型兔场可以饲养肉兔配套系，能取得更高规模效益，而小型兔场和农村规模较小型养殖户饲养肉兔配套系时，不能维持较高的种兔群体和养殖成本，繁殖的后代性状分离严重，杂种优势迅速下降，所以不宜饲养肉兔配套系。对于投资有限、饲养规模较小、有大量饲草资源的，可以饲养适应性、抗病力较强的品种，如弗朗德巨兔、日本大耳白兔、青紫蓝兔等；也可以选择地方品种或用以上大型品种和地方品种杂交生产商品兔育肥出售。对于距离大中城市较近的地区，实验用兔需求量较大，可以饲养日本大耳白兔和新西兰白兔为主；对于专门为生物制药厂提供乳兔的兔场，可选择产仔数较多的品种，如德国花巨兔和地方品种；而对家兔品种有偏爱的福建和广东地区，应该饲养黄色肉兔。

品种来源容不容易主要是指能不能购买到、到哪里能买到真正的优良品种，有的时候会出现公认的好品种多少钱买不到的情况。如果引进不到货真价实的好品种，养殖效益肯定受影响，甚至导致养兔失败。如果购买不到纯正的优良品种，再好的市场也不适合你。一分钱一分货，在引种上想花小钱办大事是不现实的，因为好的品种本身价值就高，投资者的经济实力强，可以直接从国外引进优良的品种，比如肉兔品种伊拉配套系就是比较适合我国养殖的好品种。或者从国内有实力的公司引进优良的品种。

合适的品种还要有好的养殖技术，否则同样不能取得好的效益。养殖技术包括饲养管理、饲料营养、疾病防治、初级兔产品的加工保管等等，现在繁育技术在规模化养兔上的应用很普遍，如人工催情、频密繁殖、人工授精等技术，可以成倍提高养兔的效益，作为规模化养兔场必须掌握这些技术。当地如果养兔产业很发达，已经形成养兔优势区域，有固定的养殖品种，比如大多数都养中型肉兔，那么这个地区从兔种、饲料、兔病防治药物和疫苗、兔皮收购加工等方面都有很好的保障，投资者就要选择这样的品种饲养。而不能同大多数养殖场不同步，自己养殖长大型肉兔或小型肉兔。

四、良种肉用兔的选择技巧

选肉兔品种时，应选择生活力旺盛、抵抗力强、适应性广、生长发育快、产肉高、饲料转化率高、前期生长快和屠宰高率高的品种，这样的品种经济效益突出，具有良好的发展前程。

（一）符合品种特性要求

肉兔的品种很多，有肉用型，也有皮肉兼用型，主要品种有新西兰兔、比利时兔、日本大耳兔、中国白兔、德国花巨兔、哈白兔、伊拉配套系等。这些优良品种肉兔的品种特性十分突出。

比如白色的新西兰兔被毛纯白，眼球呈粉红色，头宽圆而粗短，耳朵短小直立，颈肩结合良好，后躯发达，肋腰丰满，四肢健壮有力，脚毛丰厚，全身结构匀称，具有肉用品种的典型特征，在良好的饲养管理条件下，8周龄体重可达到1.8千克，10周龄体重可达2.3千克，成年体重4.5～5.4千克。加利福尼亚兔体躯被毛白色，耳、鼻端、四肢下部和尾部为黑褐色，俗称"八点黑"。眼睛红色，颈粗短，耳小直立，体型中等，前躯及后躯发育良好，肌肉丰满。绒毛丰厚，皮肤紧凑，秀丽美观。"八点黑"是该品种的典型特征，其颜色的浓淡程度有以下规律：出生后为白色，1月龄色浅，3月龄特征明显，老龄兔逐渐变淡；冬季色深，夏季色浅，

春秋换毛季节出现沙环或沙斑；营养良好色深，营养不良色浅；室内饲养色深，长期室外饲养，日光经常照射变浅；在寒冷的北部地区色深，气温较高的南部省市变浅；有些个体色深，有的个体则浅，而且均可遗传给后代。2月龄重1.8~2千克，成年母兔体重3.5~4.5千克，公兔3.5~4千克。比利时兔被毛为深褐、赤褐或浅褐色，体躯下部毛色灰白色，尾内侧呈黑色，外侧灰白色，眼睛黑色。两耳宽大直立，稍向两侧倾斜。头粗大，颊部突出，脑门宽圆，鼻梁隆起。体躯较长，四肢粗壮，后躯发育良好，幼兔6周龄，体重可达1.2~1.3千克；3月龄，体重2.8~3.2千克。成年体重，公兔5.5~6.0千克，母兔6.0~6.5千克，最高可达9千克。

在选择的时候，这些品种特性是判断该品种是否纯正的最主要依据。

（二）适应性好

对拟引进的种兔，特别是引进以前没有饲养过的品种，要注意该品种的原饲养地的自然资源和环境条件，并与当地条件相比较，两者差异越小，引种成功率越高。因为已形成的品种具有遗传的保守性，风土驯化是长时间而有限的。例如，将高寒地区培育的大型肉兔引到低温多雨、气候炎热的南方，则肉兔会出现皮肤病、繁殖障碍，近而体重下降等现象。因此，就地、就近引种为首选原则，为防止近亲，再行少量异地引种。

（三）健康状况良好

健康种兔眼睑红润，眼睛明亮有神。眼角干净，无分泌物。体型适中，结构匀称，肌肉丰满，臀部发达。若眼无神，眼睑苍白、黄染、发绀、潮红、眼角有眼屎附着，均为病态。

健康种兔口腔各部黏膜颜色正常、牙齿闭合良好。口角干净，无口液流出。耳朵直立，转动灵活，耳穴干净，无癣痂和污物。

健康兔鼻孔干净、呼吸正常。凡流鼻涕、呼吸困难、打喷嚏的都为患病兔。

健康兔肛门外部干净，无稀便沾污。沿直肠轻轻外挤，可排出12 粒正常粪球。若为稀便，可能患消化道病症；若无粪球，触摸腹部有坚硬的小球状物，为便秘。轻按阴部，辨别公母，阴部应清洁、无水肿、溃疡、结痂和脓性分泌物。

发育正常的种兔用手抚摸腰部脊椎骨，无明显颗粒状凸出，用手抓起颈背部皮肤，兔子挣扎有力，说明体质健壮，膘情理想，是最适宜的种兔体况。否则，用手抚摸脊椎骨，没有或者有算盘珠状的颗粒凸出，手抓颈背部，皮肤松弛，挣扎无力，都不适合作为种兔使用。

如果发现兔耳朵频频抖动，肢爪不断搔抓，可能患有耳癣；若四肢不敢着地或轮换着地，可能患脚癣或皮炎；后肢爬行，可能腰折。

种兔还要求无残疾、无畸齿、皮肤完整等。

（四）良好的繁殖性能

种公兔一定挑选体质健壮、眼睛大而有神、体膘适中、臀部丰满、四肢有力、躯体各部分匀称、性欲旺盛的公兔，生殖器官正常发育，精液品质良好的，睾丸应均称、富有弹性，干净无水肿和溃疡。那些单睾、隐睾和睾丸大小不一的均不能选作种用。

种母兔选择要重点考查其繁殖性能和母性。母兔要求母性好，体格健壮，乳房发育匀称、饱满的，乳头数应在 8 只左右，低于 8只乳头不成对的不宜种用。如果连续 7 次拒绝交配，或交配后连续空怀 2～3 次，连续 4 胎产活仔数均低于 4 只的母兔应淘汰，泌乳力不高、母性不好甚至有食仔癖的母兔不能留作种用。应选受胎率高、产仔多、泌乳力高、仔兔成活率高、母性好的母兔作种用。

（五）年龄要适宜

种兔年龄与生产性能、繁殖性能均有密切关系，一般种兔的使用年限只有 3～4 年，老兔种兔的生产价值低，没有引种价值。

此外，30 日龄内未断奶的仔兔因适应性和抗病性较差，引种时也需注意。青年兔对环境条件有较强的适应能力，引种成功率高，利用年限长，种用价值高，能获得较高的经济效益。因此，引种应以 3～5 月龄的青年兔或者体重在 1.5 千克以上的青年兔为好。

（六）系谱资料齐全

购买种兔一定要到正规有种苗经营许可证的单位购种。种兔的资料完整、可靠，系谱清楚，并编有清晰耳号。不然将会影响购种繁殖数量和质量。同时要注意选择青、壮年兔做种兔。

五、配套系适合规模化肉兔养殖

配套系是指以数组两个或两个以上专门化品系（含父系和母系）为亲本，通过经严格设计的杂交组合试验，筛选出其中的一个组合，作为"最优"杂交模式，再依此模式进行配套杂交所得到的产物。用通俗的话讲，由几组专门化品系（一般是两两组合）用固定模式杂交形成的一个配套体系。

配套系是由固定的杂交模式（杂交组合）生产出来的，推广的是依据固定模式生产的各代次种畜，故有某某配套系的曾祖代、祖代、父母代；而商品代则叫作某某配套系商品代。

因此，广义的配套系是指依据经筛选的且已固定的杂交模式进行种畜与商品生产的配套杂交体系。

配套系都是经过杂交组合筛由固定的杂交模式生产出来。一是杂交方式（指三系、四系或五系杂交等）明确，二是每个专门化品系，在杂交体系中位置固定，不能随意变动或互换。无论生产商品代或是父母代，都不能随意让作父系的品系来作母系，也不能让作母系的品系来作父系，同时也不能任意交换父系或母系进行配套杂交，商品代和父母代都是由杂交而来，而祖代只能由曾祖代纯种繁殖而来。

肉兔配套系不同于肉兔经济杂交。配套系和经济杂交利用的都是杂种优势原理，商品代也都是杂交种，但两者有不同。一是亲本不同，配套系商品兔的亲本一般都是专门化品系，而一般的经济杂交，参与杂交的亲本多数都是一般品种系或品系，它们在杂交时即可以作父本又可以作母本。二是杂交模式的固定程度不同。配套系生产具有固定的杂交模式，而一般经济杂交的杂交模式，由于未经专门试验，未必定型，可以变动，参与杂交的亲本不是配套的。从这个意义上讲，配套系也可称为杂交配套系，而一般经济杂交就不能叫作配套杂交。三是杂种优势的表现程度不同，配套系杂交由于是专门化品系间的杂交，由于专门化品系的遗传纯度较高，主选的性状更突出，再加上严格的杂交组合筛选，所以与一般经济杂交相比，配套系生产的商品代能表现出最强的性状互补性和更明显杂种优势，其商品代的整齐度更高，更有利于"全进全出"卫生制度的推行和规模化生产。四是商品代不能做种用。商品代具有高而稳定的杂种优势、最强的性状互补能力和稳定的经济技术指标，不能用商品代公母兔进行繁殖再用于商品生产，也不能用商品兔与某一个亲本系进行回交以改良亲本，否则后代性状分离严重，杂种优势迅速下降。

可见，配套系杂交生产的商品兔具有生产性能高、产品规格化程度高，且符合全进全出的生产流程。配套杂交是现代化家兔生产规模化、集约化、标准化和工厂化养殖的重要生产形式。

我国推广的肉兔配套系主要来自国外，如德国的齐卡兔（ZIKA）配套系、法国的艾哥兔（ELCO）配套系（布列塔尼亚兔）、伊拉兔（HYLA）配套系和伊普吕（HYPLUS），来自国内培育的配套系有康大1号、康大2号和康大3号肉兔配套系等，这些配套系在我国大部分地区得到较好的推广，取得了显著的经济和社会效益。目前我国很多兔场配套系肉兔养殖经验是，大型兔场饲养肉兔配套系，可以取得更高规模效益，而小型兔场和农村规模较小型养殖户最好不要饲养肉兔配套系，因为饲养肉兔配套系时，不能维持较高的种兔群体和养殖成本。繁殖的后代性状分离严重，杂种优势迅速下降。

因此，配套系适合规模化肉兔养殖。

六、肉兔群结构比例要合理

种兔群合理的年龄结构应是青、壮、老年种兔比例适当，尤其是繁殖力旺盛的青壮年母兔的比例要占绝对多数。种兔一般使用3年，3岁以上的老兔产仔率低，所产仔兔体弱多病，死亡率高，除极个别有育种价值外，均应淘汰转成商品兔肥育出售。采用频密繁殖的养兔场，母兔的利用年限还要降低。每年种兔群的更新比例应不低于1/3，使兔群12～30月龄的青、壮年占主导地位，保持高产稳产。还要注意青年兔不能交配过早，造成性成熟而没有达到体成熟的青年公母兔配种繁殖生理负担过重，易导致青年兔体弱、多病、早衰、受胎率低、胎儿数少、仔兔弱、成活率低，严重影响家兔的繁殖力。

根据公兔的配种能力和母兔的繁殖频率，生产中确定公母兔的比例，在本交的情况下，大型兔场为1∶（8～10），小型兔场为1∶（6～8）；以保种为目的的原种兔场为1∶（5～6）。值得注意的是，为了留有余地，防止意外，应增加理论种公兔数量的10%～15%作为机动。在人工授精条件下，公兔比例可大大降低，以1∶（50～100）为宜。

七、防止种兔退化

养兔场为防止种兔退化，要从种兔的选择、种兔的使用和饲养管理等方面做好工作。

（一）选择优良的种兔

从种兔的选种开始，选择优良的种兔。优良种兔不仅本身生产性能要高，还要具有稳定的遗传性能，能将本身优良性能稳定地遗传给后代。因此，在种兔选择时就要按照种兔的标准、选择方法和选择程序进行认真选择。

外购种兔的，要选择种兔质量好、信誉高、售后服务好的种兔场出售的种兔。

本场自己选育种兔的，注意选用最优秀的公兔，交配最优秀的母兔。选个体不仅看公母兔外貌特征和生产性能，更重要的是看其后代品质是否普遍优良，主要两项是断奶窝重和前期生长速度。选母兔要看产仔力、泌乳力和母性是否良好。选留多产仔的种兔，受遗传的影响，都能达到多产的效果。从仔兔初生开始，注意选留个体大、生长发育快的仔兔留作生产用种兔。

选留种兔的程序是，幼兔初选，青年兔定选，成年兔精选。对于外貌特征、生长发育突出的要重点培养。

（二）　合理使用种兔

对引进的种兔，首先建谱立系，分组编号，公兔、母兔分别建立繁殖卡片，做到交配、产仔有记录，使兔群血缘清楚，避免近亲繁殖。

严格控制初配年龄和体重。达不到初配年龄和体重的坚决不配种。母兔 6 月龄，体重达到成年兔的 80％ 以上方可配种，公兔一般比母兔还要晚 1 个月。壮龄公兔每天可配 2 次，连续 2 天后休息 1 天。青、老年兔每隔 1～2 天配种 1 次。配种期对公兔要增加营养。

壮龄公兔交配所生的后代遗传稳定，生活力和生产力较高，老年和青年母兔要用壮年公兔交配，老年和青年公兔最好配壮年母兔，避免老年配老年，青年配青年。春秋两季，气候适宜，青饲料充足，家兔繁殖机能旺盛，可抓住有利时机，提高繁殖率，进行血配，血配 1 胎后，母兔要有 10～15 天的恢复期，不能连续血配。否则，母兔营养亏损过重，易造成产后瘫痪、产后无奶或缺奶，甚至食仔、胎儿吸收、流产等严重后果。青年兔由于尚未长成不能血配，冬季和夏季均不适合血配。

（三）　加强饲养管理

兔群质量的提高，很大程度上取决于幼兔的饲养管理，对种用的生长兔，注意营养的全面，精饲料和青饲料的合理搭配。还要注意饲料营养水平，应根据不同生长时期进行调整，尽量满足兔体生长发育的需要。

　　加强兔笼兔舍消毒、光照，搞好舍内外卫生，做好防暑保暖工作。

　　家兔的传染病、慢性消耗病和寄生虫病等，不仅引起家兔大批死亡，也会造成生长兔发育停滞，失去种用价值。要有计划地对兔群进行免疫接种和药物预防，并创造条件，建立健康兔群，作为繁殖兔的核心群。对核心群的公母兔，从小开始定期检疫和驱虫，淘汰病兔和带菌（毒）的兔，使其相对保持无病无寄生虫的状态，使兔群健康成长，优良种兔的优质性能代代发挥。

第三章

建设科学合理的肉兔场

兔舍是养兔的基本条件，是肉兔生产的"厂房"，理想的兔舍是保证家兔能在一个适宜的环境下生长、繁殖的重要基础条件。规模养兔场只有科学的选址，对兔舍进行合理的布局和建设，满足肉兔生长对空间、阳光、温度、湿度、空气、卫生防疫等方面的要求，才能为养兔场的安全生产及培育高质量的肉兔提供有力保障，因此，兔场建设是否科学合理直接影响家兔的健康、生产力的发挥和养兔者劳动效率，必须予以高度重视。

一、肉兔场选址应该考虑的问题

场址的选择、建筑的布局、兔舍的设计和设备的选用是否科学合理，直接关系到规模化兔场工作效率的高低，经济效益的多少，甚至养殖的成败。兔场选址要根据兔的生物学特性，符合当地土地利用规划的要求，充分考虑兔场的周边环境、饲料条件和饲养管理制度等，确定适宜的场址。

（一）地势、地形要求

地势高燥，地下水位2米以下；背风向阳，避开产生空气涡流的山坳和谷地；地面平坦或稍有坡度，坡度10%以下为宜，排水良好的地方；地形开阔、整齐和紧凑，不过于狭长和边角过多；可利用自然地形地物（如林带、山岭、河川、沟河等）作为场界和天然屏障。

地下水位低、低洼潮湿、排水不良的场地不利于家兔体热调节，而有利于病原微生物的生长繁殖，特别是适合寄生虫（如螨虫、球虫等）的生存，因此要避开这样的地形。

如果选择坡度过大的山坡，要求能按梯田方式建设，否则也不适合建设兔场。

（二）　土质要求

兔场用地土质渗水性较强，导热性较小，也就是既能保持干燥的环境，又有良好的保温性能，通常这样的土质属于沙壤土。兔场不能建在黄土或黏土的土质上，因为黄土的缺点是对流水的抵抗力弱，易受侵蚀，对兔的健康不利。黏土的缺点是粒细、孔隙小、保水性强，通气能力差；也就是雨水一多地面就泥泞，冬季还容易导致地面冻胀。

（三）　水源要求

兔场必须要有充足的水源和水量，且水质好。生产和生活用水应清洁无异味，不含过多的杂质、细菌和寄生虫，不含腐败有毒物质，矿物质含量不应过多或不足。较理想的水源是自来水和卫生达标的深井水；江河湖泊中的流动活水，只要未受生活污水及工业废水的污染，净化和消毒处理后也可使用。

一般兔场的需水量比较大，如家兔饮水、兔舍笼具清洁卫生用水、种植饲料作物用水以及日常生活用水等，必须要有足够的水源。同时，水质状况如何，将直接影响家兔和人员的健康。因此，水源及水质应作为兔场场址选择优先考虑的一个重要因素。水量不足将直接限制家兔生产，而水质差，达不到应有的卫生标准，同样也是家兔生产的一大隐患。

种兔场和生产无公害兔产品的兔场，水质要符合 NY 5027—2008《无公害食品 畜禽饮用水水质》的要求。

（四）　社会联系要求

家兔生产过程中形成的有害气体及排泄物会对大气和地下水产

生污染，同时兔子胆小怕惊，因此兔场不宜建在人烟密集、繁华地带和噪声污染严重的地方，而应选择相对隔离的地方，有天然屏障（如河塘、山坡等）作隔离则更好，但要求交通方便，尤其是大型兔场更是如此。大型兔场建成投产后，物流量比较大，如草、料等物资的运进，兔产品和粪肥的运出等，对外联系也比一般兔场多，若交通不便，则会给生产和工作带来困难，甚至会增加兔场的开支。兔场不能靠近公路、铁路、港口、车站、采石场等，也应远离屠宰场、牲畜市场、畜产品加工厂及有污染的工厂，符合《动物防疫法》及其相关法规的要求。

为了满足生物安全和防疫的需要，兔场距交通主干道应在 300米以上，距一般道路 100 米以上，以便形成卫生缓冲带。兔场与居民区之间应有 500 米以上的间距，并且处在居民区的下风口，尽量避免兔场成为周围居民区的污染源。

（五）电力供应要求

规模兔场，特别是集约化程度较高的兔场，用电设备比较多，对电力条件依赖性强，兔场所在地的电力供应应有保障。保障电力供应，靠近输电线路，同时自备电源。

二、肉兔场规划布局要科学合理

兔场应按照功能合理布局，应从人和兔的保健角度出发，建立最佳的生产联系和卫生防疫条件，合理安排不同区域的建筑物，特别是在地势和风向上进行合理的安排和布局。大型兔场应是一个完善的建筑群。具有一定规模的兔场要分区布局，按其功能和特点不同，一般分成生产区、辅助生产区、生活管理区和隔离区。

生产区即养兔区，是兔场的主要建筑，包括种兔舍、繁殖舍、育成舍、育肥舍或幼兔舍等。生产区是兔场的核心部分，其排列方向应面对该地区的长年风向。为了防止生产区的气味影响生活区，生产区应与生活区并列排列并处偏下风位置。生产区内部核心群种兔舍置于环境最佳的位置，育肥舍和幼兔舍应靠近兔场一侧的出口处，以便于出售。应按核心群种兔舍→繁殖兔舍→育成兔舍→幼

　　兔舍由上风向到下风向的顺序排列。与其他区之间应用实体围墙或绿化隔离带分开，生产建筑与其他建筑间距应大于 20 米。生产区入口处以及各兔舍的门口处，应设置人员消毒间和车辆消毒设施，如车辆消毒池、脚踏消毒池、喷雾消毒室、紫外灯消毒室等。生产区的运料路线与运粪路线不能交叉。

　　兔舍朝向应兼顾通风与采光，兔舍长轴应以东西向为主，偏转不超过 15°，与常年主导风向呈 30°～60°为宜。兔舍之间应平行排列，兔舍前后间距宜为 8～15 米，左右间距宜为 8～12 米。

　　辅助生产区包括饲料仓库、饲料加工车间、干草库、水电房等公用设施，宜与生活管理区并列或布置在生活管理区与生产区之间。

　　生活管理区主要包括办公室、接待室等管理设施及职工宿舍、食堂等生活设施，其位置可以与生产区平行，必须位于场区全年主导风向的上风向或侧风向处。应尽可能靠近大门口，使对外交流更加方便，也减少对生产区的直接干扰。

　　隔离区应位于场区全年主导风向的下风向处或场区地势最低处，用实体围墙或绿化带与生产区隔离。隔离区主要布置病兔隔离舍、粪尿及死兔处理设施。隔离区与生产区通过污道连接。

　　兔场与外界应有专用道路相连。场区道路应分净道和污道，两者不应交叉与混用。净道宽度宜为 3.5～5 米，污道宽度宜为 2～3米，且路面应硬化。运兔车和饲料车走净道，粪车和死兔走污道。道路两旁有排水沟，沟底硬化，不积水，排水方向从清洁区流向污染区。

三、新建兔舍需要满足的要求

　　总的要求是兔舍要达到夏天不热、冬天不冷、全年不潮、四季空气清新。

（一）满足家兔习性的要求

　　家兔怕热、喜欢干燥，在确定兔舍朝向、结构及设计通风条件时，要予以充分考虑；家兔经常啃咬硬物，尤其是木质材料，以达到磨牙的目的，笼、箱等器具，凡是家兔能啃咬到的地方，都要采取必要的加固措施或选用合适的、耐啃咬的铁制、水泥、瓷砖、陶制等材料，不宜使用木质、塑料等不耐啃咬的材料；家兔晚上活动频繁，食欲旺盛，料槽一定要大，便于晚上睡前投足饲料；配种适宜在公兔舍内进行，公兔舍一定要有宽松的空间；初生仔兔体温调控能力特别差，要求温度保持在 $30 \sim 32 ℃$，因此，仔兔需要有专门的易于控制温度的巢箱；家兔胆小，最怕受惊，笼舍要求相对安静，不要靠近交通要道，要避免猫、狗、鹅、老鼠等动物的骚扰；饲养毛兔、獭兔时，笼舍卫生条件一定要好，笼舍壁不能有尖锐异物，防止刺伤毛兔皮肤和被毛。

（二）　满足人工操作的要求

兔舍既是家兔的生活环境，又是饲养人员对家兔日常管理和操作的工作环境。兔舍设计不合理，一方面会加大饲养人员的劳动强度，另一方面也会影响饲养人员的工作情绪，最终会影响劳动生产效率。因此，家兔笼舍在设计上要便于操作管理和操作，尽最大努力减轻劳动强度，如将多层式兔笼设计得过高或层数过多，对饲养人员来说，顶层操作肯定比较困难，既费时间，又给日常观察兔群状况带来不便，势必影响工作效率和质量。兔笼层数以 $2 \sim 3$ 层为宜。

（三）　满足卫生防疫的要求

家兔笼舍要相对独立，料槽、水槽合适，底面要有一定的倾斜度，粪尿能够很容易地清理出来但又不至于流进下层笼舍内，这样可以保证每只家兔有独立、卫生的生活空间，既有利于防止疾病传播，又有利于防疫注射和投喂药物。在兔场和兔舍入口处应设置消毒池或消毒盘，并且要方便更换消毒液。我国南方炎热地区多采用自然通风，北方寒冷地区在冬季采用机械强制通风。自然通风适用于小规模养兔场。机械通风适用于集约化程度较高的大型养兔场。

（四）　满足经济实用，科学合理的要求

兔舍设计除了"以兔为本"，兼顾工作环境外，还必须考虑饲

养规模、饲养目的、家兔品种、饲养水平、生产方式、卫生防疫、地理条件及经济承受能力等多种因素，因地制宜，全面权衡，不要忽视有关因素，一味追求兔舍建筑的现代化，要讲究实效，注重整体的合理、协调，努力提高兔舍建筑的投入产出比。家兔笼舍要坚固耐用，力争一次投入多年利用。笼舍构造要符合生产要求，如种兔场以生产种兔为目的，就需要按种兔生产流程设计建造相应的种兔舍、测定兔舍、后备兔舍等；商品兔场则需要设计建造种兔舍、生产兔舍等。

（五）满足发展生产的要求

兔舍设计还应结合生产经营者的发展规划和设想，为以后的长期发展留有余地。

四、重视兔舍建设

兔场通常需要建设种兔舍、繁殖兔舍、育成兔舍、待售兔舍等兔舍。由于我国地域辽阔，各地气候条件千差万别，经济基础各异，兔舍建筑形式也各不相同。采用何种建筑形式和结构，主要取决于饲养目的、饲养方式、饲养规模及经济承受能力等。小规模、副业性质的养兔，宜采用简单的兔舍建筑形式，可利用旧棚舍或闲置的房屋进行散养或圈养；而规模化养兔，则宜建造比较规范的兔舍，实行笼养，以便于日常管理。目前，比较常见的兔舍建筑形式有封闭式兔舍、室外笼养兔舍、半开放式兔舍、带运动场式兔舍、靠山挖洞式兔舍、地窝式兔舍等。

（一）封闭式兔舍

封闭式兔舍又分为有窗式封闭兔舍和无窗式封闭兔舍。

1. 有窗式封闭兔舍

有窗式封闭兔舍（图 3-1）四周墙壁完整，上有屋顶（"人"字形屋顶、钟楼式屋顶或半钟楼式屋顶），兔舍屋面应采取保温隔热和防水措施。兔舍外墙墙面应保温隔热，北方宜采用三七墙外加8厘米左右厚苯板或者二四墙外加10厘米厚苯板。内墙面应平整光滑、便于清洗消毒，通常采用水泥抹面。南、北墙均设窗户和通风孔，东、西墙设有门和通道。舍内地面应硬化、防滑、耐腐蚀，便于清扫。兔舍排污采用刮板式清粪工艺排污，沟坡度宜小于0.5%；人工清粪工艺排污沟坡度宜控制在0.5%～1.0%。舍内高度2.5米，窗户南侧朝阳面宜宽大，北侧相对小一点。舍的跨度一般以笼具放置形式而定，双列时以6米为宜，三列式以9米为宜，一般跨度宜控制在12米以内。兔舍建筑应具有防鼠、防蚊蝇、防虫和防鸟等设施。如窗户、天窗、地窗等均安装铁丝网，窗户和门夏季安装纱窗。

图 3-1　有窗式封闭兔舍

　　这类兔舍的优点是通风良好，管理方便，有利于保温和隔热。多列式兔舍安装通风、供暖和给排水等设施后，可组织集约化生产，一年四季皆可配种繁殖，有利于提高兔舍的利用率和劳动生产率。缺点是兔舍内湿度较大，有害气体浓度较高，兔易感染呼吸道疾病。在没有通风设备和供电不稳定的情况下，不宜采用这类兔舍。此类型兔舍是目前我国进行养兔标准化生产的主流兔舍，更适用于北方笼养种兔和集约化的商品兔生产。

2. 无窗式封闭兔舍

　　无窗式封闭兔舍（图 3-2）四周有墙无窗，舍内的通风、温度、湿度和光照完全靠相应的设备由人工控制或自动调节，并能自动喂料、饮水和清除粪便。这类兔舍的优点是生产水平和劳动效率较高，能获得高而稳定的繁殖性能、增重速度和控制饲料的消耗量，并且有利于防止各种疾病的传播。缺点是一次性投资较大，运行费用较高。

图 3-2　无窗式封闭兔舍

无窗式封闭兔舍是一种现代化、工厂化养兔生产用舍，世界上少数养兔发达国家有所应用。国内主要应用于教学、科研及无特定病原（SPF）实验图生产，种兔饲养和集约化的商品肉兔生产。

（二）室外笼养兔舍

兔舍兔笼相连一体，即是兔舍又是兔笼，要求既达到兔舍建筑的一般要求，又符合兔笼的设计要求。为适应露天的条件，基底要高，离地面至少 30 厘米（防潮防鼠），笼舍顶部防雨，前檐宜长，兔舍前后最好要有树木遮阳，夏季防晒，四季防雨雪。这种兔舍的优点是结构简单，造价低廉，通风良好，管理方便，夏季易于散热，空气新鲜，有利于幼兔生长发育和防止疾病发生。特别适合于中、小型养兔场和专业户采用。适用于炎热地区饲养青年兔、幼兔和商品兔。有单列式和双列式两种。

1. 室外单列式兔舍

室外单列式兔舍（图 3-3）的兔笼正面朝南，兔舍采用砖混结构，为单坡式屋顶，前高后低，屋檐前长后短，屋顶采用水泥预制板或波形水泥瓦，兔笼后壁用砖砌成，并留有出粪口，承粪板为水泥预制板。

图 3-3　室外单列式兔舍

这种兔舍造价低，通风条件好，光照充足；缺点是不易挡风挡雨，昼夜温差较大，冬季不利于母兔繁殖，易遭兽害。

2. 室外双列式兔舍

室外双列式兔舍（图 3-4）为两排兔笼面对面而列，两列兔笼的后壁就是兔舍的两面墙体，两列兔笼之间为工作走道，粪沟在兔舍的两面外侧，屋顶为双坡式（"人"字顶）或钟楼式。兔笼结构与室外单列式兔舍基本相同。与室外单列式兔舍相比，这种兔舍保暖性能较好，饲养人员可在室内操作，但缺少光照。

图 3-4　室外双列式兔舍

室外笼舍可以建在大树下或者在笼舍前边种上爬蔓的瓜类，以便夏季遮阳光。冬季也可在前檐处挂帘防寒。

（三）半开放式兔舍

这种兔舍一般是南面朝阳的一面无墙，其余三面有墙，采用水泥预制或砖混结构。无墙部分夏季可安装纱窗防止蚊蝇，冬季天冷的时候用塑料布密封。舍内可用兔笼，也可以直接在地面养兔，此类兔舍，结构简单，造价较低，具有通风良好、管理方便的优点。

（四）带运动场式兔舍

这种兔舍由两个部分组成，一部分在舍外，一部分是人工挖的洞或者是一个房舍。既有供兔室外活动的场所，又有供兔在室内休息繁殖的地方。舍外部分用 60～80 厘米高的竹片、木板、铁丝网或者砖墙围成一个大的院。人工挖洞的选在冻土层较浅的山区，依山坡地形挖洞，洞深 1.5 米、宽 1 米、高 1 米，洞与洞相隔 30～50 厘米，每个洞口可安 1 个能启动的活动门，这种兔舍空气新鲜，阳光充足，而且家兔能很好运动，但必须重视必要的安全防疫设施和防止兽害。更适合母兔繁殖。

采用房舍的，在舍内用砖、竹片或木板隔成 6～9 平方米的隔栏，每个隔栏对应一个宽 20 厘米、高 30 厘米的出入洞口与舍外场地相通，供兔自由出入，家兔出入洞口放置食槽、草架和饮水器。每个群养间可养幼兔 30～40 只，青年兔 20 只。这种兔舍的优点是饲养群大，节约人工和材料，容易管理，便于打扫卫生，空气新鲜，也能使家兔得到充分的运动。但兔舍面积利用率不高，不利于掌握定量喂食，不易控制疾病传播，而且容易发生殴斗。

（五）　靠山挖洞式兔舍

选择向阳、干燥和土质坚硬的土山丘。将朝南的崖面，修整成垂直于地面的平面。待表面干燥后，紧靠崖面地基砌起 40 厘米左右的高台，在此高台上，用砖、石砌 3 层兔笼。在兔笼的后壁（崖面）往里掏 1 个口小洞大的产仔葫芦洞，洞口直径为 10～15 厘米，洞深约 30 厘米，其洞向左或右下方倾斜。另外，在洞口设一活动挡板，以控制兔子进出洞。严冬季节，可在兔笼顶设置草帘保温。为防酷暑、烈日暴晒，可在兔舍前种植葡萄、丝瓜等藤蔓植物，或搭凉棚。该种兔舍集笼养、穴养二者之所长，四季均可繁殖，饲养效果优于其他兔舍，典型的因地制宜养兔方式，是我国北方山区和丘陵地带普遍采用的一种兔舍类型。

（六）　地窝式兔舍

在冬季漫长、气候寒冷的北方农村，可选择地下水位低、背风向阳、干燥、含砂量小、土质坚硬的高岗地挖修地窝式兔舍（图

3-5）。窝深必须超过冻土层，窝的直径一般为70～100厘米，窝与窝可相隔2米左右，窝口应高出地面20厘米，用砖和水泥固定后，再加上活动盖板。从窝底到地面须挖一宽40厘米左右的斜坡地沟，其坡度为1∶1.5，然后用砖砌好，或用水泥管、瓦管通入，以避免家兔在通道内挖洞。在通道口上端建一高1.6米左右的小屋，南面有门，北面有窗，这是家兔吃食和活动的场所。在窝底的任一边再挖一深40厘米、宽30厘米、高35厘米的小洞，作为母兔的产仔窝。这种地窝式兔舍在最低气温达−42℃的严冬可不用燃料和保温材料，造价很低，窝上窝下可通空气和见到阳光。窝底和产仔窝可保持5℃以上的恒温，因而可进行冬季繁殖。春夏季节则应将家兔转移到地面饲养和繁殖。黑龙江省一些兔场的实践证明，窝养的各类家兔体质健壮，生长良好，产仔成活率达85%以上，发病率不到3%。

图3-5　地窝式兔舍

如果兔群大，而理想的高岗地小，可挖成长沟式双通道冬繁窝。长沟式窝坑上口宜用木材等物作篷盖来保温。这种窝具有通风透光和兔子能运动的条件，省工省料、占地面积小、管理方便。但窝内通风口多，温度较低，影响仔兔成活率。

（七）　塑料大棚兔舍

塑料大棚兔舍（图3-6）的搭建同种植蔬菜的塑料大棚在规格和材料上一样，棚内安装兔笼、供水线、照明等设施，大棚的顶部开若干个可控制开闭的通风口，以利于棚内有害气体的排出。在大

棚的内部地面要铺水泥等硬覆盖，地面处理同封闭式兔舍一样，有排粪尿的沟。大棚夏季炎热时，可在棚上覆盖遮阴网或棉毡等，同时也可将大棚底部塑料布掀起1米左右用来通风，但必须用铁丝网栏上，以防止老鼠等进入。

图 3-6　塑料大棚兔舍

（八）组装式兔舍

兔舍的墙壁、门、窗都是活动的，随天气变化组装，可移动。国外采用的较多。

五、规模化养肉兔离不开养肉兔设备

规模化养兔要实现高产、高效，离不开技术先进、经济适用、性能可靠的养殖设备，兔场设备通常有兔笼、饲喂设备、饮水设备、产仔箱、饲料加工、人工授精设备和编号工具等。

（一）兔笼

兔笼主要由笼壁、笼底板、承粪板和笼门等构成。兔笼要求造价低廉，经久耐用，便于操作管理，并符合家兔的生理要求。

1. 笼门

要求开关方便，关闭严密，一般多采用前开门。一般由两扇门组成，门框用木条钉制，门心安装铁丝网，有利于通风透光，方便观察兔的动态，在笼门左侧安装活动草架，右侧下端为活动食槽。也有的笼门全部由铁丝网焊接而成。使用金属网的较多。

2. 笼壁

兔笼的内壁必须光滑，以防勾脱兔毛和便于除垢消毒，注意所用材料要耐啃咬和通风透光。使用金属网、水泥预制板、瓷砖和红砖的较多。

兔笼的左右墙壁最好用砖砌或水泥预制板安装，以免相互殴斗，笼的后壁也可以用竹片、打眼铁皮、铁丝网制成，以利于通风。

3. 笼底板

笼底板要求平而不滑，易清理消毒，耐腐蚀，不吸水。笼底板应是活动的，可以随时安装取出。有竹片、金属网、塑料等材料制作的。目前普遍以毛竹条钉制的地板经济实用，竹条的长短要整齐，底板大小规格一致，便于取下洗刷消毒和轮换使用，每根竹条的宽度约 2.5 厘米，但是竹条之间的间隔可以钉成 2 种规格，一种是饲养成年兔，间隙为 1.2～1.5 厘米，粪便可以顺利漏下，一种是饲养幼兔，间隙 0.5～1.0 厘米。过宽易使兔足陷进缝隙而造成骨折。如用金属材料制作，为便于家兔行走，网眼不能太大，但又要让兔粪能够掉下，一般以 1.2～1.5 厘米见方为宜。

4. 承粪板

前伸 3～5 厘米，后延 5～10 厘米，前高后低式倾斜，倾斜角度为 10°～15°，以便于粪尿自动落入粪尿沟，便于清扫。水泥预制板做承粪板的，在多层兔笼中，即是下层兔笼的笼顶。承粪板一般使用水泥板或塑料板。

凡重叠式兔笼都必须装置承粪板，以防粪尿漏入下层笼内。承粪板一般多用水泥预制板，板厚 2.5 厘米。对于金属兔笼或单独放置承粪板的，可用重量轻、价格也便宜的塑料板或油毡纸等作为承粪板。安装的角度应与水平面呈 15° 的倾斜角，粪尿能自行滚落到粪沟，为了防止上层笼的粪尿漏在下层笼的笼壁上，承粪板应超出笼外一定长度，第二层兔笼承粪板的前沿应超出笼体 3 厘米，后沿超出 7 厘米，最上层承粪板的前沿超出 3 厘米，后沿超出笼体 10 厘米。最下层的粪尿可直接落在地面，但地面要光滑且有坡度，以利粪尿流入粪沟。

5. 支架

可用角铁、槽冷铁，也可用竹棍、硬木制作。底层兔笼离地面一般 30 厘米左右。

6. 兔笼规格

　　一般以种兔体长为尺度，笼宽为体长的 1.5～2 倍，笼深为体长的 1.1～1.3 倍，笼高为体长的 0.8～1.2 倍。具体尺寸见表 3-1，组装后重叠兔笼外形尺寸见表 3-2。

表 3-1　兔笼规格表　　　　　　　单位：厘米

饲养方式	种兔类型	笼宽	笼深	笼高
室内笼养	大型	80～90	55～60	40
	中型	70～80	50～55	35～40
	小型	60～70	50	30～35
室外笼养	大型	90～100	55～60	45～50
	中型	80～90	50～55	40～45
	小型	70～80	50	35～40

表 3-2　组装重叠兔笼规格　　　　单位：厘米

名称	规格	外形尺寸
商品/育肥兔笼	3 层 4 列 12 笼位	200×150×50
商品/育肥兔笼	4 层 4 列 16 笼位	200×168×50
子母兔笼	3 层 4 列 12 笼位	200×150×60
种兔笼	3 层 3 列 9 笼位	180×150×60

7. 兔笼类型

　　（1）按制作材料划分

　　金属兔笼、水泥预制件兔笼、砖或瓷砖制兔笼、木制兔笼、竹制兔笼和塑料兔笼等，常见的有金属兔笼、水泥预制件兔笼、砖或瓷砖制兔笼 4 种。

　　① 金属笼　金属兔笼（图 3-7、图 3-8）是规模化兔场经常采用的兔笼，大多用冷拔钢丝镀锌制作，网丝直径多为 2.3 毫米，网孔一般为 20 毫米×150 毫米或 20 毫米×200 毫米。适宜于室内养

兔使用。优点是组装方便、占用空间少，消毒方便。缺点，一是容易生锈，用不了几年就要淘汰，从长远看，成本较大；二是工具笼底是整体固定的，清洗拆卸不方便；三是兔脚接触面小，兔子接触金属很容易生脚皮炎，而一旦得脚皮炎则很难治愈。建议底网不用金属网，改为使用竹片制作的底网。

图 3-7　金属兔笼

图 3-8　产仔一体笼

②　水泥预制件兔笼　我国南方各地多采用水泥预制件兔笼，这类兔笼的侧壁、后墙和承粪板都采用水泥预制件组装，配以竹片笼底板和金属或木制笼门。主要优点是耐腐蚀，耐啃咬，适于多种消毒方法，坚固耐用，造价低廉。缺点是通风隔热性能较差，移动困难。

图 3-9　水泥预制件兔笼

图 3-10　砖制兔笼

③　砖、石制兔笼　采用砖、石、水泥或石灰砌成，是我国南方各地室外养兔普遍采用的一种，起到了笼、舍结合的作用，一般

建造2~3层（图3-10）。主要优点是取材方便，造价低廉，耐腐蚀、耐啃咬，防兽害，保温、隔热性较好。缺点是通风性能差，不易彻底消毒。

④ 瓷砖制兔笼　采用瓷砖制成（图3-11、图3-12），目前山东省采用得比较多，一般建造2~3层。主要优点是瓷砖兔笼易洗刷、不吸水、无污染，能保持笼内干燥无粪尿气味，不滋生有害菌，有利于减少獭兔呼吸道疾病的传播；耐腐蚀、耐啃咬，防兽害；厚度仅1厘米，节省占用空间；比水泥兔笼重量轻1倍以上，安装劳动强度小，安装快。

图3-11　瓷砖制兔笼　　　　　图3-12　瓷砖制产仔一体笼

（2）按兔笼层数划分

可分为单层兔笼、双层兔笼和多层兔笼。其中国外使用单层兔笼较多，单层兔笼不能经济利用地面，四层兔笼太高，不便于操作，以二层或三层笼为适宜，第三层笼的高度也要适中，以方便捉兔为准，总高度不能超过2米。第一层笼底距离地面不可过低，至少25厘米。笼的深度要方便捉兔，以60厘米为宜。兔笼高度以高兔笼为好，这样有利于兔体的生长发育，但总高度不超过2米，若建三层兔笼，每层笼高不得超过40厘米。若建2层兔笼，每层高度可达50~60厘米。

（3）按兔笼组装排列方式划分

可分为平列式兔笼、重叠式兔笼和阶梯式兔笼（包括半阶梯式兔笼和全阶梯式兔笼）。

阶梯式兔笼：这种兔笼在兔舍中排成阶梯形。先用角铁、槽冷板、水泥预制件、木料等材料做成阶梯形的支撑架，兔笼就放在每层支撑架上。笼的前壁开门，料槽、饮水器等均安在前壁上，在品字形笼架下挖排粪沟，每层笼内的兔粪、尿直接漏到排粪沟内。沟底呈 W 形，兔笼一般用金属网和竹笼底等材料做成活动式。这种兔笼的主要优点是通风采光好，易于观察，耐啃咬，有利于保持笼内清洁、干燥，充分利用地面面积，管理方便，节省人力；其缺点是造价高，金属笼易生锈。

① 平列式兔笼　平列式兔笼（图 3-13）均为单层，一般为竹木或镀锌冷拔钢丝制成，又可分单列活动式和双列活动式两种。主要优点是有利于饲养管理和通风换气，环境舒适，有害气体浓度较低。缺点是饲养密度较低，仅适用于饲养繁殖母兔。

图 3-13　平列式兔笼养兔实例　　　　　图 3-14　重叠式兔笼

② 重叠式兔笼　重叠式兔笼（图 3-14）在长毛兔生产中使用广泛，多采用水泥预制件或砖结构组建而成，一般上下叠放 2～4 层笼体，层间设承粪板。主要优点是通风采光良好，占地面积小。缺点是清扫粪便困难，有害气体浓度较高。

③ 阶梯式兔笼　阶梯式兔笼（图 3-15、图 3-16）一般由镀锌冷拔钢丝焊接而成，在组装排列时，上下层笼体完全错开，不设承粪板，粪尿直接落在粪沟内。主要优点是饲养密度较大，通风透光良好。缺点是占地面积较大，手工清扫粪便困难，适于机械清粪兔场应用。

图 3-15　阶梯式兔笼　　　　图 3-16　阶梯式兔笼养兔实例

（二）饲喂设备

肉兔的饲喂设备主要有料槽和草架。

1. 料槽

料槽又称食槽或饲料槽。目前常用的有竹制、陶制、铁皮制及塑料制等多种形式。料槽要求具有坚固、耐啃咬、易清洗消毒、方便实用、造价低廉等优点。目前大型机械化兔场多采用自动喂料器，中小型兔场及家庭养兔可按饲养方式而定，采用陶制料槽或多用转动式料槽。一般料槽长 35 厘米、高 6 厘米、宽 10 厘米、底宽16 厘米。

（1）陶制食槽

陶制食槽（图 3-17）呈圆形，直径 12～14 厘米，高 10 厘米。陶制食槽价格便宜，但容易破损，最好每次喂料后即将食盆取出。

图 3-17　陶制食槽　　　　图 3-18　金属食槽

（2）竹制食槽

将粗毛竹劈成两半，两端钉上木板，除去中央的竹节即成简易食槽，长度根据需要可长可短，就地取材，经济实用。在山区还可利用石头、水泥制成圆形或长方形食槽，不会被兔踩翻。

（3）金属食槽

金属食槽（图 3-18）用镀锌铁皮制成，呈半圆形，槽口的大小应便于兔头出入食槽并吃到饲料，槽的高度以兔的前肢不能踏入槽内为宜，槽长一般为 15～20 厘米，宽 10 厘米，高 10 厘米。金属制的食槽容易被踩翻，须固定在笼壁上，易拆卸安装，右侧以挂钩固定，左侧用风钩搭牢，喂食时不需打开笼门，且不易损坏。加工金属食槽时要在槽口留有 0.5 厘米宽的卷边，可防饲料被扒到槽外。

（4）自动饲槽

自动饲槽（又称自动落料饲槽）按制作材料分为金属自动料槽和塑料自动料槽，有个体自动饲槽、母子自动饲槽和育肥自动饲槽三种规格。通常悬挂于笼门上，笼外加料，笼内采食。饲槽有加料口、储料仓、采食槽和隔板组成。隔板将储料仓和采食槽隔开，仅在底部留 2 厘米左右的间隙，使饲料随着兔的不断采食而由储料仓通过间隙不断补充。为防止饲料粉尘在兔子采食时刺激兔的呼吸道，在饲槽的底部均匀地钻些小孔。也有的在饲槽的底部安装金属网片，以保证粉尘随时漏掉。

2. 草架

兔用草架（图 3-19）喂草可以节省喂草时间，又可以减少草的浪费。分为固定式、移动式和翻转式。草架通常设在笼门的外侧或设在两笼之间的中上部，一般呈"V"字形，固定在一个活动轴上，往外翻可添草，往里推可阻挡仔兔从草架空间落出来。装上草架可以保持笼内清洁卫生，草架一般都用镀锌铁

图 3-19 草架

丝焊制而成，内侧缝隙宜宽 4～6 厘米，便于兔子食草，外侧缝隙要窄，为 1～1.5 厘米，或用钢丝网代替，以防小兔钻出笼外。但工厂化养兔，由于饲喂全价颗粒饲料，除种兔外，一般不设草架。

（三）饮水设备

养兔常用的饮水器形式有多种，一般小规模兔场或家庭养兔多用瓷碗或陶瓷水钵。优点是清洗、消毒比较方便，经济实用。缺点是每次换水要开启笼门，易被粪尿污染和推翻容器。笼养兔可用盛水玻璃瓶倒置固定在笼壁上，瓶口上接一橡皮管，通过笼前网伸入笼内，利用高差将水从瓶内压出，使兔自由饮用。

图 3-20　乳头式饮水器

大型兔场一般常用乳头式（图 3-20）或鸭嘴式自动饮水器（图 3-21），由减压水箱（图 3-22）、控制阀、水管及饮水乳头等组成。当兔触动饮水乳头时，其乳头受压力影响而使内部弹簧回缩，水即从缝隙流出。优点是能防止饮水污染，又节约用水。缺点是投资费用高，要求水质干净，容易堵塞和滴漏。

图 3-21　鸭嘴式饮水器

图 3-22　减压水箱

（四）产仔箱

产仔箱又叫巢箱，是母兔用来产仔、哺乳的设备，是育仔的重要设施。一般多采用木板或金属网片、硬质塑料等制成。木板要刨光滑，没有钉、刺暴露。箱口钉以厚竹片，以防被兔咬坏。木箱的大小，以母兔能伏在箱内哺乳即可。箱的底部不要太光滑，否则易使仔兔形成八字腿。分为固定式和外挂式两种。

1. 平放式产仔箱（图 3-23）

国内目前各地常用的产仔箱有两种式样，一种是用 1～1.5 厘米的厚木板钉成 40 厘米×26 厘米×13 厘米的长方形敞开平口产仔箱，箱底有粗糙锯纹，并留有间隙或小孔，以防仔兔滑倒和利于尿液的排除。另一种为 35 厘米×30 厘米×28 厘米的月牙形缺口产仔箱（图 3-24），产仔、哺乳时可横侧向以增加箱内面积，平时则以竖立向以防仔兔爬出箱外。

图 3-23　平放式产仔箱　　　　图 3-24　产仔箱应用实例

用稻草编扎成的草窝子也可作为产箱，顶部加盖，留有出气孔，既保暖又安全。使用这种产箱，母仔必须分群管理，母兔喂奶后立即送回原笼。

2. 外挂式产仔箱（图 3-25）

用木板、纤维板或硬质塑料制成，悬挂在笼门上，产仔箱上方加盖一块活动盖板。在与兔笼接触的一侧留有一个 18 厘米×18 厘米的方形洞口，供母兔进入巢箱，并装有活动闸门，洞口下缘与笼底板相平，距离箱底有 7 厘米，此法的优点是被遗落到笼底板上的仔兔仍能爬到产箱内。这类产仔箱具有不占笼内面积、管理方便的特点。

图 3-25　外挂式产仔箱

（五）饲料加工设备

饲料加工设备包括粉碎机和饲料颗粒机等。

饲料粉碎机主要用于粉碎各种饲料和各种粗饲料，饲料粉碎的目的是增加饲料表面积和调整粒度，增加表面积提高了适口性，且在消化边内易与消化液接触，有利于提高消化率，更好地吸收饲料营养成分。调整粒度一方面减少了畜禽咀嚼所耗用的能量，另一方面对输送、储存、混合及制粒更为方便，效率和质量更好。

一般的畜禽料通常采用普通的锤片粉碎机、对辊粉碎机和爪式粉碎机。选型时首先应考虑所购进的粉碎机是粉碎何种原料用的。

粉碎谷物饲料为主的，可选择顶部进料的锤片式粉碎机；粉碎糠麸谷麦类饲料为主的，可选择爪式粉碎机；若是要求通用性好，如以粉碎谷物为主，兼顾饼谷和秸秆，可选择切向进料锤片式粉碎机；粉碎贝壳等矿物饲料，可选用贝壳无筛式粉碎机；如用作预混合饲料的前处理，要求产品粉碎的粒度很细又可根据需要进行调节的，应选用特种无筛式粉碎机等。

（1）对辊式粉碎机

对辊式粉碎机（图3-26）是一种利用一对做相对旋转的圆柱体磨辊来锯切、研磨饲料的机械，具有生产率高、功率低、调节方便等优点，多用于小麦制粉业。在饲料加工行业，一般用于二次粉碎作业的第一道工序。

图 3-26　对辊式粉碎机　　　　图 3-27　锤片式粉碎机

（2）锤片式粉碎机

锤片式粉碎机（图3-27）是一种利用高速旋转的锤片来击碎饲料的机械。它具有结构简单、通用性强、生产率高和使用安全等特点。

（3）爪式粉碎机

爪式粉碎机（图3-28）是一种利用高速旋转的齿爪来击碎饲料的机械，其特点是体积小，重量轻，工作转速高，产品粒度细，对加工物料的适应性广，但其不足之处是功率消耗大、噪声高、单机粉碎产量小。

图3-28　爪式粉碎机　　　　图3-29　小型饲料颗粒机

2．饲料颗粒机

饲料颗粒机（图3-29）是将已混粉状饲料，经挤压一次成型，为圆柱形颗粒饲料，在造粒过程中不需要加热加水，不需烘干，经自然升温达70～80℃，可使淀粉糊化，蛋白质凝固变性，颗粒内部熟化深透，表面光滑，硬度高，不易霉烂，变质，可长期储存。提高了畜禽的适口性和消化吸收功能，缩短畜禽的育肥期。

（六）人工授精设备

兔用人工授精设备包括采精器、输精枪、显微镜等设备。

1. 兔用人工授精采精器

兔用人工授精采精器（图 3-30）包括假阴道和透明集精器两部分。集精器与假阴道连通，假阴道由圆筒外壳、乳胶或橡胶套型内胎和橡胶集精套组成，套型内胎为一端细，另一端粗，橡胶集精套设有内口，套型内胎细端固定在圆筒外壳的一端，套型内胎粗端穿过集精套内口并反套固定在集精套上。

透明集精器为带刻度的离心管，集精器开口端插装在集精套内口上。使用时，假阴

图 3-30　采精器

道内注入一定量的热水 38～39.5℃，套型内胎一部分在假阴道口处形成近似三角形、四边形或圆筒的形状，一部分在热水中形成了一定长度的壶腹部，近似于漏斗的形状，更好地模拟了兔阴道的内环境，便于使用。

2. 输精枪

兔人工授精输精枪（图 3-31）是用于将人工采集的公兔精液输入到发情母兔阴道内的器具。包括枪头、精液瓶和连续注射装置。可实现定量注射。

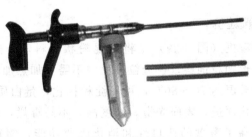

图 3-31　输精枪

3. 显微镜

显微镜（图 3-32）是用于检查采集公兔精液质量的器材。主要检查精子的密度、畸形率和活力。

图 3-32　显微镜

（七）编号工具

为了方便种兔记录及选种、选配等，对种兔及实验兔要进行编号。常用的编号工具有耳号钳和耳标。

1. 耳号钳

耳号钳（图 3-33）包括钳子一把，耳刺一副，专用字钉咬合棉刺垫一块，把手弹簧一个，号码钉一副：4 份 0~9 字码钉，A~Z 英文字母钉，4 个空白字码钉，以及刺号墨水（有红色、黑色和蓝色）。

图 3-33　耳号钳

2. 耳标

耳标是动物标识之一，用于证明牲畜身份，承载牲畜个体信息的标志，加施于牲畜耳部。

耳标（图3-34）由主标和辅标两部分组成，主标由主标耳标面、耳标颈、耳标头组成；主标耳标面的背面与耳标颈相连，使用时耳标头穿透牲畜耳部、嵌入辅标、固定耳标，耳标颈留在穿孔内。耳标面登载编码信息。有铝质或塑料制成，还要用专用的耳标钳（图3-35）方能安装。

图3-34 耳标

图3-35 耳标钳

第四章
掌握规模化养肉兔技术

技术是降低养殖风险、取得效益、保证养殖成功的关键。规模化养肉兔有很多实用技术，这些技术是经过畜牧科研工作者和广大养兔生产者经过长期实践总结出来的，并在生产中不断发展和完善，对养兔生产具有非常重要的指导作用。

一、母肉兔发情鉴定方法

家兔属于交配刺激性排卵的多肽动物。在性成熟的母兔卵巢内，经常有许多处于不同发育阶段的卵泡，但是这些卵泡必须在公兔交配刺激后 10~12 小时才排出来，所以它的发情周期不像其他家畜那样明显。如果未对母兔进行交配刺激，这些成熟的卵泡在雌激素与孕激素协同作用下经 10~16 天之后逐渐萎缩、退化，并被周围组织所吸收，而新的卵泡又开始发育成熟，从上一次发情开始到下一次发情开始，称为一个发情周期。母兔发情周期为 8~15 天，多数是 14 天左右，发情持续期 3~5 天。但由于饲养管理、营养、气候、环境等条件的差异，有时并无明显的发情周期，变动的范围较大。

母兔全年可发情，但也有一定规律，一天中，日出前 1 小时、日落前 2 小时和日落后 1 小时，家兔性活动最强。一年中，春天发情期长，间情期短；冬季发情期短，间情期长，甚至不发情。

通常母兔发情分初期、中期、后期和休情期四个阶段。在实践

中，主要是根据母兔的表现来判断是否发情。

母兔发情时的综合表现：母兔发情时，食欲减退，精神兴奋，在笼内跳动不安，来回跑动，用后脚拍打笼底板，发出声响，常用下巴摩擦笼具，俗称"闹圈"。爬跨同笼的母兔，甚至爬跨自己的小兔，愿意接近公兔。此时将母兔取出，右手抓住母兔的两耳和颈部皮肤，左手托其臀部，使之腹部向上；食指和中指夹住母兔的尾根，往外翻，拇指按压母兔的外阴，使之外阴黏膜充分暴露，观察其颜色、肿胀程度和湿润情况。休情期黏膜苍白、萎缩、干燥；发情初期粉红色、肿胀、湿润；发情中期黏膜大红色、极度肿胀和湿润；发情后期黏膜呈黑紫色，肿胀逐渐减退，并变得干燥。据此即可判断母兔是否发情。

母兔配种的最佳时机是发情中期，配种受胎率和产仔数都高。故有一句顺口溜即"粉红早，黑紫迟，大红配种正当时"。

生产实践中，人们根据母兔发情现象和繁殖规律总结了便于理解记忆的口诀。如刺激排卵双子宫，发情表现阴红肿。怀孕30天产仔，产后血配又能生。公兔幼时睾在腹，阴茎顶弯包皮中。发情活跃食欲退，下颌常把食槽蹭。吞食胎盘为通乳，产时拢毛盖仔用。

二、促进母肉兔发情技术

在实际生产中遇到有些母兔长期不发情，拒绝交配而影响繁殖，除加强饲养管理外，还可采用激素、性诱、运动、信息、按摩、药物、刺激等人工催情方法。

（一）激素催情法

用促卵泡素，一次注射0.6毫克，每天2次，连用2天，可促使卵泡成熟，分泌性激素；用三合激素（苯甲酸雌二醇、黄体酮、丙酸睾酮）每只注射0.15毫升，6小时可发情配种；用绒毛膜促性腺激素，每只40～60国际单位，一般注射1次即能诱发排卵；用孕马血清促性腺激素，每次每只母兔注射40～60国际单位，一般连用2次即能促进卵泡强烈发育。应用以上方法人工催情，可使母兔受胎率达 80%以上，每胎产仔 6～8 只。

（二）　性诱催情法

将长期不发情或拒绝交配的母兔放入公兔笼内，通过追逐、爬跨等刺激后，仍将母兔放回原笼，经 2～3 次这样的刺激能诱使母兔分泌性激素，促使母兔外阴变红，呈现发情征候。一般在早上催情，傍晚配种，这样母兔配种容易，受胎率也很高。

（三）　运动催情法

将不发情的母兔每天早晚放到室外运动 2 小时，连续 5～7 天，一般对膘情正常而不发情的母兔，通过加强室外运动，会有明显的效果。

（四）　信息催情

将长期不发情或拒绝交配的母兔放入事先预备好的公兔笼内，将公兔放入母兔笼内，进行公、母兔笼位交换。经 24 小时，将母兔放回原笼与留在母兔笼内的公兔配种。由于母兔接受了公兔笼内的公兔信息，往往会诱发母兔性冲动，再经公兔追逐爬跨，就可促使母兔发情、配种。这种方法简单易行，受胎率较高，但要选择健康、性欲强的公兔，母兔留在公兔笼内的时间不能少于 20 小时。

（五）　按摩催情

饲养员用手轻轻按摩或快频率拍打母兔外阴部，每次 1～2 分钟，当外阴部出现红肿，自愿举尾时，将母兔放入公兔笼内配种，受胎率很高。也可在配种前，用一手轻轻提起母兔尾巴，一手以快速频率拍击母兔阴部，使母兔产生交配感觉，每次 1～2 分钟，直到母兔自愿举尾时，说明催情成功，配种受胎率很高。

（六）　药物催情法

给母兔每只每天口服维生素 E 1～2 丸，连用 3～5 天；内服中药淫羊藿 10 克，每日早、晚 2 次喂给，连用 3 天；用熟地、当归、淫羊藿各 10 克，酒白芍、甘草、茯苓各 6 克，桂枝 2 克，共用水煎为浓药液，加糖适量，米酒少许混合饲喂，每只每次内服 10 毫

升，1 日 3 次。连用 3 天，对长久不发情的母兔，能使其排卵和受孕。

（七）刺激催情法

用清凉油或 2‰碘酊少许，抹在母兔阴唇上，30 分钟后母兔可出现发情征兆，接受交配。有些母兔因长期不发情、拒绝交配而影响繁殖，尤其是秋季和冬季。为使母兔发情配种，除改善饲养管理外，还可采用人工催情的方法。

三、配种技术

搞好配种，减少空怀，提高配种受胎率，是提高家兔繁殖力和养兔经济效益的一项重要措施。

（一）年龄选配模式

在肉兔的繁殖中，要发挥壮年兔的核心作用。适宜采用的模式为青年公兔×壮年母兔、老年公兔×壮年母兔、壮年公兔×壮年母兔、壮年公兔×青年母兔、壮年公兔×老年母兔。

不适宜采用的模式为青年公兔×青年母兔、老年公兔×青年母兔、青年公兔×老年母兔、老年公兔×老年母兔。

注意事项：

① 幼与老不能配。母兔不到交配月龄（6 个月龄）进行配种，会引起兔种退化，体型、体质及生产性能都相应下降。3 岁以上的兔为老龄兔，如果继续用老龄兔交配，则仔兔体弱，抗病力差，死亡率高。

② 近亲的兔不能配。近亲交配常使后代产生衰退现象，如生长迟缓、繁殖力下降、生产性能下降等。近亲交配也常引起一些外形缺陷，如"牛眼""八字腿""隐睾"等。故不提倡采用近亲交配，并应及时淘汰近亲交配产生的不良个体。

（二）繁殖时间和繁殖次数安排

繁殖时间北方以春秋繁殖为主、南方以秋繁为好。繁殖次数宜实行频密繁殖和半频密繁殖方式。

1. 频密繁殖

频密繁殖又称"血配"，即母兔在哺乳期内配种受孕，泌乳与妊娠同时进行，所以每年可繁殖 8～10 胎，获得活仔兔数 50 只以上，在俄罗斯、法国、德国、荷兰等国大型养兔场都已采用这种繁殖方法，繁殖速度很快。

养兔场通常在母兔产仔 1～2 天配种，使母兔泌乳与妊娠同时进行，仔兔在 28 日龄断乳，母兔休息 2 天即产仔。采用这个生产节奏，母兔年可产 7～8 窝仔兔。但此种繁殖方法对母兔的饲养管理要求较高。饲料营养要好，母兔血配之后，由于哺乳和妊娠同时进行，因而对营养物质的需要量很大，在饲料的数量和质量上一定要满足母兔本身及泌乳和胎儿生长发育的需要。母兔要年青体壮，并对母兔必须进行定期称重，发现体重明显减轻时，就要停止进行下一次血配。同时，母兔生长环境温度要始终保证适宜（15～25℃）。由于采用频密繁殖之后，种兔的利用年限缩短，一般不超过 1.5～2 年，自然淘汰率较高，所以一定要及时更新繁殖母兔群，对留种的幼兔须加强饲养管理。

2. 半频密繁殖

母兔产后 10～15 天或 7～14 天配种，仔兔 35～45 日龄断乳，年可繁殖 5～6 窝。

（三）配种次数安排

1. 多次配种法

一般进行 3 次配种，第 1 次配种时间在第 1 天的傍晚，第 2 次配种时间在第 2 天早晨，第 3 次配种时间在第 2 次配种后 5 小时左右。产仔多在 8 只以上。配种时间为日出、日落前后 1 小时内为最佳。

4 次配种以内，每增加 1 次交配，可提高 3%～5% 的受胎率，增加产仔数 0.5 个。

2. 重复交配法

母兔与一只公兔交配，5～8 小时后，再与同一只公兔交配。

一般情况下，只要母兔发情正常，公兔精液品质良好，交配1次就可受孕。但是，为了确保妊娠和防止假孕，可以采用重复配种。

母兔空怀的原因，往往是配种后精子在到达输卵管受精部位前就已死亡或活力降低而失去受精能力。尤其是久不配种的种公兔，精液中的衰老和死精数量较多，只配1次可能会引起不孕和假孕。所以最好采用重复配种，第1次交配的目的是刺激母兔排卵，第2次交配的目的是正式受孕，提高母兔受胎率和产仔数。

3. 双重交配法

一只母兔连续与两只不同血缘关系的公兔交配，中间相隔时间不超过20～30分钟。

据试验，卵子在受精过程中具有一定的选择性，采用双重配种之后，由于不同精子的相互竞争，可增加卵子的选择性，提高母兔的受胎率。同时因受精卵获得了他种精子作为养料，因此仔兔生活力强，成活率高。但是，双重配种只适用于商品兔生产，不宜用作种兔生产，以防混淆血统。

采用双重配种时，应在第1只公兔交配后及时将母兔送回原笼，待公兔气味消失后再与第2只公兔配种。否则，因母兔身上有其他公兔的气味而引起争斗，不但不能顺利配种，还可能咬伤母兔。

（四） 配种方法

配种方法有自然交配、人工辅助交配和人工授精三种方式。

1. 自然交配

自然交配就是把公、母兔混养在一起，任其自由交配。

自然交配是一种原始的配种方法，适合粗放式群养肉兔生产。虽然配种及时，方法简便，节省劳力。但是，容易发生早配、早孕，影响幼兔的生长发育；无法进行选种选配，容易发生近亲交配和引起品种退化；公兔多次追配母兔，体力消耗过大，配种次数过多，精液质量差。容易引起早衰，缩短利用年限；公、母兔混群饲养，容易引起同性殴斗和传播疾病。所以，在实际生产中已经很少应用。

2. 人工辅助交配

人工辅助交配就是在公、母兔分群或分笼饲养的情况下，配种时，将母兔放入公兔笼内，在人员看守和帮助下完成配种过程。与自然交配相比，这种方法能有计划地进行选种选配，避免近亲繁殖；能合理安排公兔的配种次数，延长种兔的使用年限，能有效防止疾病传播，提高家兔的健康水平。是目前养兔业中普遍采用的配种方法。

（1）人工辅助交配的具体做法

将经检查、适宜配种的母兔捉入公兔笼内。当公母兔辨明性别后，公兔便会追逐母兔，爬胯母兔，若母兔正处发情盛期，则略逃几步，随即伏卧任公兔爬胯，并抬尾迎合公兔的交配。当公兔阴茎插入母兔阴道射精时，公兔后躯卷缩，紧贴于母兔后躯上，并发出"咕咕"叫声，随即由母兔身上滑倒，顿足，并无意再爬，表示交配完成。此时可把母兔捉出，将其臀部提高，在后躯部用手轻轻拍击，以防精液倒流。然后将母兔捉回原笼，做好配种记录工作。

如果母兔发情不接受交配，但又应该配种时，可以采取强制辅助配种，即配种员用一手抓住母兔耳朵和颈皮固定母兔，另一只手伸向母兔腹下，举起臀部，以食指和中指固定尾巴，露出阴门，让公兔爬胯交配。或者用一细绳拴住母兔尾巴，沿背颈线拉向头的前方，一手抓住细绳和兔的颈皮，另一只手从母兔腹下稍稍托起臀部固定，帮助抬尾迎接公兔交配。

（2）注意事项

① 严格检查公母兔的健康状况。刚刚病愈的和注射疫苗的、经过长途运输的种兔，发现体质瘦弱、性欲不强、患有疾病（尤其是生殖器官疾病，皮肤病及其他传染病如疥癣、梅毒等的要隔离治疗），一律不能参加配种。患有恶癖或生产性能过低的公母兔应严格淘汰。

② 清洗和润毒兔笼，尤其是公兔笼内的粪便、污物必须清除干净。配种前数日应剪除公母兔外生殖器周围的长毛，毛用兔最好在配种前剪毛 1 次，既方便配种，又可提高受胎率。

　　③ 在公兔笼内配种。配种时必须把母兔放入公兔笼内，不能把公兔放入母兔笼内，以防环境变化，分散公兔精力，延误交配时间。配种场地应该宽敞、卫生、安静、禁止围观和大声喧哗。

　　④ 注意公母间的选择性。配种时要注意公母兔之间的选择性，如果发情母兔放进公兔笼内后，长时奔跑，逃避公兔，或伏在笼内，尾部紧压阴部，公兔几经调情仍拒绝交配，可采用人工强制辅助配种。

　　⑤ 配种后检查。母兔配种结束后，应立即将母兔从公兔笼内取出，检查外阴部，有无假配。如无假配现象即将母兔臀部提举，并在后躯部轻轻拍击一下，以防精液逆流。如发现交配后母兔排尿，应予以补配，然后将母兔送回原笼。及时做好配种登记工作，以便安排妊娠检查和其他工作。肉兔配种记录见表 4-1。

表 4-1　肉兔配种记录表

种公兔号	母兔号	初配日期	复配日期	预产期	备注

续表

种公兔号	母兔号	初配日期	复配日期	预产期	备注

⑥ 配种频率。在一般情况下，1 只体质健壮、性欲旺盛的公兔，每天可配种 1～2 次，连续配种 2 天后可休息 1 天。若遇母兔集中发情，则可适当增加配种次数，但切忌滥交，以免影响公兔健康和精液品质。

⑦ 编制配种计划。无论何种家兔品种，均要根据选种、选配原则，编制配种计划。防止近交，作好配种记录。

⑧ 配种时间。春秋两季最好选在上午 8～11 时，夏季利用清晨和傍晚，冬季利用中午比较暖和时进行。据国外报道，家兔的性活动多在傍晚或清晨。因此，清晨或傍晚配种，母兔的受胎率较高。

⑨ 公母兔的饲养比例控制。据实际观察，采用人工辅助交配，种兔的公母比例以 1∶（8～10）为宜，即每 1 只健康的成年公兔，在一般情况下可以担负 8～10 只母兔的配种任务。

⑩ 检查分析配种受胎情况。通过生产记录和配种记录，定期检查、分析公母兔的配种受胎情况，有条件的地方应定期检查公兔的精液品质，及时发现配种受胎能力差的公母兔，随时淘汰。

3. 人工授精

兔人工授精就是不用公兔直接交配，而是人工采取公兔的精液，经品质检查、稀释后，再输入到母兔生殖道内，使其受胎。兔

人工授精技术是以种兔的培育和商品兔的生产为目的而采用的最简单有效的方法，是进行科学养兔、实现养兔生产现代化的重要手段。人工授精和自然交配相比，节省人力、物力、财力，提高经济效益。能充分利用优良种公兔，提高兔群质量，迅速推广良种，还可减少种公兔的饲养量，降低饲养成本、减少疾病传播，克服某些繁殖障碍，如公母兔体型差异过大等，便于集约化生产管理。但需要有熟练的操作技术和必要的设备等。如果兔场本身生产水平不高、技术不过关，进行人工授精很可能会造成母兔子宫炎增多、受胎率低和产仔数少的情况。宜先进行小规模人工授精试验或采取自然交配与人工授精相结合的方式，待生产水平和技术提高后，再进行推广使用。

（1）采精　采精是家兔人工授精的关键环节，是一项比较复杂的技术。采精包括采精前准备和采精。

① 采精前准备。采精用的假阴道，在安装前、后都要认真检查，应无破损。然后用70%的酒精彻底消毒内胎，待酒精挥发后，再安装集精管，最后用1%的氯化钠溶液冲洗2～3次。安装好的假阴道，冲洗消毒之后，用小漏斗灌入50～55℃的热水15～20毫升，水量以占内外壳空间的2/3为宜。然后测定假阴道内的温度，公兔适宜射精的温度为40～42℃。再用小玻璃棒擦涂少量消过毒的中性白凡士林油或液体石蜡，作润滑剂。最后吹气，调节其压力，使假阴道内层靠拢成三角形或四边形，即可用来采精。

② 采精方法。将发情母兔放入公兔笼中，用右手固定母兔的头部，左手握假阴道置于母兔两后肢之间。当公兔爬跨母兔交配之际，把握假阴道的左手，使母兔后躯举起，待公兔阴茎挺出后，再根据阴茎挺出的方向调整假阴道口的位置。公兔阴茎一旦插入温度、压力适宜而且润滑的假阴道口时，公兔前后抽动数秒钟，即向左一挺，后脚蜷缩，向左侧倒去，并伴随"咕咕"的一声尖叫，这就是射精的表现。

也可以采用假台兔采精法，模仿母兔后躯外形与生殖道位置，制作假台兔。外面覆盖兔皮，将准备好的假阴道装于台兔腹内。采精时，将台兔放入公兔笼内让其爬跨交配。此法简便，相当于自然交配的姿势。另外也可预先准备 1 张兔皮，采精时，采精人员一手握住假阴道，用另一手将兔皮盖在握假阴道的手背上，当假阴道伸向公兔笼内，经训练后的公兔，就会爬上蒙有兔皮的手背，此时将假阴道开口处对准公兔阴茎伸出方向，就可采精。

（2）精液检查　为准确判定精液质量，应在采精后立即对所采的精液取样进行全面质量检查，经检查确认为合格的精液才能进行稀释、保存和使用。进行家兔的精液品质检查时，应在 18～25℃ 的室温环境中，并在采精后立即进行。

① 肉眼检查　直接观察精液的数量、色泽、混浊度、气味等。正常精液呈乳白色或灰白色的浑浊而不透明的液体，含精子越多，浑浊度越明显。每次的射精量 0.5～2.0 毫升。新鲜的精液一般无臭味，但若含有尿液时，则会有腥味。如有其他颜色和气味，表示精液异常，不能作输精用。

② 测定精液酸碱度　用精密试纸测定精液酸碱度，正常精液接近中性，pH＝6.8～7.2。

③ 显微镜检查　主要检查精子的密度、活率和畸形率。一般在 200～400 倍显微镜下进行检查。

精子密度是指单位容积内含有精子的数目。一般根据显微镜下精子间的距离大小来测定。如果精子间距离很小，则每毫升精液含精子 10 亿个以上；精子间距相当于 1 个精子长度，则每毫升含精子 5 亿～10 亿个；间距为 1～2 个精子长度，则含精子 1 亿～5 亿个，间距超过 2 个精子长度，则为 1 亿个以下。还可利用计数法测定精子密度，一般可用白细胞吸管吸取精液至 0.5 刻度处，吸取精子计数稀释液（碳酸氢钠 5 克，福尔马林 1 毫升，蒸馏水加至 100 毫升，混匀过滤备用）至刻度 11，然后计算精子的具体数目。兔精子的平均密度为 15（2～20）亿/毫升。

精子的活率是评定精液品质的重要指标，其方法是采精后取一滴精液于载玻片上，再轻轻盖上盖玻片，在 30℃ 的显微镜下检查，

并计算呈直线前进运动的精子数占总精子数的百分率。通常采用"十级制"计分法，在显微镜视野中呈直线运动精子达100%，则评为"1.0"级；90%为"0.9"级；80%为"0.8"级；依此类推，全部死亡时为"0"级。在生产实践中，一般要求精子活力在"0.6"级以上，方可作输精用。

正常精子具有一个圆形或卵圆形的头部和一条细长的尾部。畸形精子主要有双头双尾、大头小尾、有头无尾、有尾无头或尾部卷曲等。在正常精液中，畸形精子数不应超过20%，如果超过30%，则会影响受精力。

（3）精液稀释　精液稀释是在精液里加入配制好的、适宜于精子存活的并保持精子受精能力的溶液。既增加精液的容量，为更多的母兔输精，提高公兔的配种效能，又能使精液方便保存、运输和延长精子的存活时间。

① 稀释液：稀释公兔精液的常用稀释液有5%的葡萄糖、11%的蔗糖、1%的氯化钠等数种。除此之外，也有用各种动物的鲜奶，或用10%的奶粉。在使用时，仍须经过92～96℃蒸汽或者煮沸消毒10分钟，待降温后加入适量抗生素类药物，其效果较好。

② 精液的稀释处理：在处理过程中，一定要注意严防伤害精子。把35℃的稀释液沿着集精管壁，缓慢地倾注到精液中，稍加振荡，使之逐渐混合。稀释倍数一般为1：（5～10）。然后取稀释后的精液一滴，进行显微镜检查，看其活力有无变化。若符合输精要求，便可立即输精。精液要保存在阴暗干燥的地方，温度最好在0～5℃之间，否则就会影响精子的存活时间。但要防止突然降温，应缓慢地逐渐进行，使其有一个适应的过程。

（4）输精措施　人工授精的缺点是缺乏自然交配的性刺激，因此在输精前应刺激排卵，然后在母兔排卵的最佳时机进行输精操作，方可取得最佳授精效果。

① 排卵处理：根据母兔的排卵是交配或性刺激以后约10小时开始这一规律，在给母兔进行输精前5小时左右，先做刺激排卵处

理。最理想的办法是刺激排卵法，就是用结扎输精管的公兔与母兔交配，但公兔在采用之前，应在手术后首先排除前 1～2 次射出的含有受精力的精液，才能达到预期的目的。还可以采用肌内注射促排 3 号 2～5 微克、静脉注射黄体生成素 10 单位、静脉注射 1%～1.5%醋酸铜溶液 1 毫升等方法促进母兔排卵。

② 输精方法：输精用具可借用羊的输精器或用 1 毫升容量的小吸管安上一个胶乳头使用。输精的方法有两种：一种是操作者左手握紧兔耳及背皮，将腹部向上，臀部放在桌上，右手持准备好的输精器，弯头向背部方向轻轻插入阴道约 5～6 厘米深处，慢慢将精液注入，然后再以右手轻轻捏其阴部，增加母兔快感，从而加速阴道及子宫的收缩，这样可以避免精液逆流；另一种方法，将母兔保定，操作者左手提起兔尾，右手将输精器弯头向背部方向插入阴道，然后将精液注入阴道深部。输精完毕，最好轻拍一下母兔臀部或将母兔后驱抬高片刻，以防精液倒流。

（5）注意事项

① 要严格消毒、无菌操作。输精器在吸取精液之前，先用 35～38℃的稀释液或冲洗液冲洗 2～3 次，然后再吸入定量的精液为母兔输精。母兔的外阴部，在输精前，亦要用浸湿 1%氯化钠溶液的纱布或棉花擦拭干净。

② 输精部位要准确。在给母兔输精时，不论采取何种输精方式，均须将输精器前端沿阴道壁的背侧面插入，6～7 厘米深处，越过尿道口时，再将精液注入在子宫颈口附近，使其自行流入子宫开口中。

③ 器械要清洗。凡采精、输精及有关器皿，用后要立即冲洗干净，并分别置于通风、干燥处，或放于干燥箱中备用。

④ 采精频率。尽管公兔睾丸产生精子的能力很强，但也不能频繁采精，1 天之内，1～2 次为宜，连续 5～6 天之后，最好休息 1～2 天，以便保持公兔的性欲和优良的精液品质。

⑤ 做好记录。母兔受精结束后，技术员应及时做好配种登记。配种登记的样式可参照表 4-1，肉兔配种记录表。

四、母兔妊娠诊断技术

检查母兔是否受胎是确保养兔生产效益的一项必要技术，熟练掌握受胎检查技术，可有的放矢地做好妊娠母兔营养、保胎和接产准备，对空怀母兔及时进行补配，以提高母兔的繁殖率，增加养兔效益。如果不会检查，不但不能保证效益，反而还会喂坏种群。比如母乳妊娠后期应该加料时却没有及时加料，使仔兔初生重不理想，母兔怀孕后期营养不足会导致母兔产后失重过多，产后前几天奶水不足、质量差；相反，如果没有怀上的母兔本来不能加料，需要重新配种，却按照妊娠标准加料，造成母兔营养过剩偏肥，肥胖母兔配种概率下降，反复几次未配上种兔失去生育能力，搭工费料养无效益的成年母兔。

所以要掌握正确的受胎检查技术，通过检查来决定母兔是否要加料或再继续配种，并做好繁配记录。常用以下 3 种方法检查母兔是否受胎。

（一）复配检查

在交配后 5～7 天进行 1 次复配，如母兔拒绝交配，沿笼逃窜，发出"咕、咕……"的叫声，就是表示已经受胎；如不发叫声，而仍乐意交配，就是表示未曾受胎，但此种方法不一定准确。

（二）称重检查

成年母兔交配前先称重，记下体重，半个月后再复称 1 次，如此时体重比配种时有显著增加，就表示已经受胎，如果还是相差不多，甚至减少，就表示未受胎。

（三）摸胎检查

摸胎是确定配种母兔是否妊娠最常见的诊断方法。摸胎检查操作简单，准确率高，其技术如下。

① 摸胎时间：摸胎应在母兔配种后 8～10 天进行，安排在母兔空腹时间进行检查。初学者对胚胎及胎位缺乏了解，可在母兔配种后 12～14 天进行，以便于准确鉴定。

② 摸胎方法：摸胎时，先将待查母兔放于平板或地面上，也可以在兔笼中进行，使兔头朝向检查者，一只手抓住母兔的双耳和颈部皮肤保定好，另一只手使拇指与其余四指呈"八"字形，手掌向上，伸到母兔腹下，轻轻托起后腹，使腹内容物前移，五指慢慢合拢，触摸腹内容物的形态、大小和质地，如有触摸到腹内柔软如棉，说明没有妊娠；若触感有花生大小的肉球一个挨一个，肉球能滑动又富有弹性，这就是胎儿，表明母兔已经妊娠。检查过程中，往往个别母兔怀胎个数少，检查时需由前向后反复触摸，才能检查出胚胎。

③ 摸胎注意事项：一是早期摸胎，初学者容易把8～10天的胚胎与粪球相混淆，粪球多为扁圆形，表面较粗糙，没有弹性，腹腔内分布面积大，并与直肠粪球相接。胚胎的位置比较固定，用手轻轻捏压，表面光滑而有弹性，手摸容易滑动；二是摸胎时动作要轻，切忌用手指捏压或捏数胚胎，以免引起流产或死胎。15天以后可摸到好几个连在一起的小肉球，20天以后可摸到形成的胎儿，24天可检查出母兔乳房开始肿胀，腹大而下垂，30天左右母乳开始产崽。

五、诱导分娩技术

生产实践中，母兔的分娩时间多在夜间进行。但是在冬季，尤其对那些初产和母性差的母兔，若产后得不到及时护理，仔兔易产在窝外被冻死，最好将母兔的产仔时间调整到白天进行。还有的母兔妊娠期已达到32天以上，还没有任何分娩的迹象，有食仔恶癖的母兔，需要在人工监护下产仔，母兔由于产力不足，不能在正常时间内分娩结束，母兔怀的仔兔数少（1～3只），在30天或31天没有产仔，唯恐仔兔发育过大而造成难产等等，为提高仔兔成活率，均可采用诱导分娩技术。通常诱导分娩的方法有糖皮质激素法、催产素法、前列腺素及其衍生物法、拔毛吸乳法等。

（一）催产素法

催产素法是利用催产素有刺激母兔子宫肌强直收缩的作用，实

现妊娠母兔能按照人们希望的时间分娩。一般每只母兔肌内注射人工催产素（脑垂体后叶素）注射液 3～4IU，注射后 10 分钟左右便可产仔。由于激素催产见效快，母兔的产程短，注射后需要人工护理。

注意催产素的用量一定要得当。应根据母兔的体型、仔兔数的多少灵活掌握。一般母兔体型较大和仔兔数较少的，可适当加大用量。体型较小和胎儿数较多的应减少用量。另外，对于胎位不正而造成母兔难产的，不能轻易采用激素催产，应将胎位调整后再行激素处理。

（二） 雌激素 + 催产素法

在母兔妊娠第 28 天下午 2 点半时，给每只母兔臀部注射雌激素 0.25～0.35 毫升，到母兔妊娠第 30 天下午 2 点半时每只再注射缩宫素 5 单位。

（三） 前列腺素及其类似物法

赵树科等研究结果表明，在母兔妊娠 29 日龄时每只注射 0.2 毫升氯前列烯醇钠注射液，母兔白天同期分娩率较为理想。

（四） 四步法

采取四步法诱导妊娠母兔分娩。

第一步拔毛。拔掉母兔乳头周围的被毛。首先将待产母兔从笼子中轻轻取出，置于干净而平整的地面或操作台上，左手抓住母兔的耳朵及颈部皮肤，使其腹部向上，右手拇指和食指及中指捏住乳头周围的毛，一小撮一小撮地拔掉。拔毛面积为每个乳头周围 12～13 厘米^2，即以每个乳头为圆心，以 2 厘米为半径画圆，拔掉圆内的毛即可。

第二步吹乳。选择产后 4～10 天的仔兔 1 窝，要求仔兔数为 5 只以上，发育正常无疾病，6 小时之内没有吃过奶。将选择的这窝仔兔连其巢箱一起取出，把待催产并拔过毛的母兔放在产箱里，轻轻保定母兔，防止其跑出或蹬踏仔兔，让仔兔吃奶 3～5 分钟，然后将母兔取出。

第三步按摩。用消过毒的毛巾，在温水中浸泡后拿出拧干摊开放到母兔腹部，轻轻按摩母兔腹部0.5～1分钟。把母兔放回已经准备好的干净巢箱内，铺好垫草，观察母兔表现，一般5～12分钟即可分娩。

第四步护理。母兔分娩后对仔兔加强护理。

（五）注意事项

① 实行诱导分娩前，必须查看母兔的配种记录和妊娠检查记录，并再次摸胎，以准确判定母兔是否符合实施诱导分娩。

② 诱导分娩是母兔分娩的辅助手段，仅在出现以上所列情况下采用，不可随意使用。因为诱导分娩技术对母兔是一种应激。

六、种公兔饲养管理要点

种公兔在兔群中的比例虽然小，但对整个兔群的生产性能和品质高低起到决定性作用。在生产中，不但要求种兔符合该品种的特征、特性，而且对种公兔要求有健壮的体质、旺盛的性欲、良好的精液品质。因此，加强种公兔科学化管理是十分重要的。

（一）单笼饲养

种公兔群是兔场最优秀的群体，应特殊照顾，给其提供理想的生活环境。种公兔要单笼饲养，笼位要宽大。禁止两只种公兔同笼饲养，也不应将种公兔与母兔或其他兔同笼饲养，公兔笼最好远离母兔笼，以保证公兔充分休息，减少体力消耗。大笼位主要是配种的需要，因为配种时要将母兔放到公兔笼内，不宜将公兔放到母兔笼内，以免影响配种效果。公母兔交配时会有追逐过程，若笼位过小，跑动困难会影响配种。同时，大笼位还可增大公兔的活动空间。有条件的兔场最好建造种兔运动场，每周让公兔运动2次，每次1～2小时。

（二）保持笼具清洁卫生并及时检修

种公兔的笼位是配种的场所，应保持清洁卫生、干燥、凉爽、安静等，减少应激因素，减少细菌滋生。在配种时种公兔笼底板承

重大，特别容易损坏，因此要及时检修，以免影响配种效果。特别是在高温季节，公兔睾丸下降到阴囊中，阴囊下垂、变薄，血管扩张（以增大散热面积，可见睾丸露出腹毛之外），易与笼底板接触，如果笼底板有损坏、不光滑，甚至有钉、毛刺，则很容易刮伤阴囊引起感染和炎症，甚至使种公兔丧失种用价值。

（三）合理调配日粮，保持适宜体况

所提供的日粮应能全面满足种公兔对能量、蛋白质、氨基酸、矿物质、维生素等的需要，以保证种公兔体质健壮、性功能旺盛和精液品质良好。

种公兔日粮中的能量水平不宜过高，控制在中等水平即可，以10.46兆焦/千克为宜。能量过高，会导致种公兔过肥，性欲减退，配种能力差；能量过低，会造成种公兔过瘦，精液数量少，配种能力差，效率低。对于未成年的种公兔，日粮的能量水平应比成年兔高，以保证其正常生长发育。在配种旺季，日粮的能量水平也应提高，或通过调整采食量来提高能量水平。

由于种公兔精液干物质中大部分是蛋白质，蛋白质的供给也非常重要。如果日粮中蛋白质不足，会造成精液数量减少、精子密度低、精子发育不全、活力差，甚至出现死精和丧失配种能力；所配母兔受胎率下降，所产后代质量差，甚至不孕。因此，在配制种公兔日粮时，必须保证蛋白质含量，植物性蛋白质饲料和动物性蛋白质饲料比例要合适。试验结果表明，长期饲喂低蛋白日粮引起精液质量和数量下降时，对种公兔每天补喂15～20颗浸泡并煮熟的黄豆或豆饼、蚕蛹以及紫云英、苜蓿等豆科牧草，能明显提高种公兔的精液品质。一般而言，种公兔日粮中粗蛋白水平应维持在16%～18%，赖氨酸含量不低于0.7%。

维生素不足会影响种公兔的正常生理代谢，造成食欲减退、生长停滞、正常精子数量少和受精能力下降。维生素A、维生素E与生育有关，在饲料中经常缺乏时会使精子数量减少，出现畸形，甚至使睾丸萎缩，不产生精子，性反射降低。B族维生素也是种公兔维持健康和正常繁殖功能所必需的。很多因素会影响种公兔日粮中维生素含量，如日粮配制不当、维生素补充料质量差、饲料储存不当、温湿度等环境条件。高温高湿条件下维生素质量下降，因此夏季日粮中维生素的添加量要高于需要量。同时，建议配制好的饲料在 4 个月内用完。实践证明，供给种公兔营养丰富的青绿饲料或南瓜、胡萝卜、大麦芽、菜叶等维生素含量高的饲料，或在饲料中添加复合维生素，可显著提高种公兔的繁殖成绩。

矿物质元素，特别是钙、磷是种公兔精液形成所必需的营养物质。饲料中钙含量不足时，会导致四肢无力、精子发育不全、精子活力低。磷是核蛋白的主要成分，也是精子生成所必需的矿物质。锌对精子的成熟具有重要意义，缺锌时精子活力降低、畸形精子增多。硒能够影响公兔生殖器官的发育和精子的产生，缺硒时睾丸和附睾的重量减轻，精子的活力和受精力均降低。饲喂种公兔矿物质饲料有骨粉、蛋壳粉、贝壳粉等，并要注意钙磷比例合理，应为 $(1.5\sim2):1$。生产中还可以通过在饲粮中添加微量元素添加剂的方法来满足公兔对微量元素的需要。

饲养种公兔，除了保证饲料营养全面均衡外，还要保持营养长期稳定。实践证明，对精液品质不良的种公兔，改喂优质饲料后 20 天左右方能见效。因此，要提高种公兔精液品质，在配种前 30 天就要加强饲养。同时，根据配种强度适当增加蛋白质饲料，以达到改善精液品质和提高受胎率的目的。

为了满足种公兔的营养需要，应根据 NRC 标准等配制日粮进行饲喂。种公兔的饲料宜精，适口性要好，容易消化。要注意饲料品质，不宜饲喂体积过大、营养浓度低的粗饲料，以免造成种公兔腹大下垂，形成"草腹肚"，影响配种。种公兔的饲喂应定时定量，控制采食量，以保持八分膘为佳。当种公兔过肥时，要减少喂料量，增加配种频率，过瘦的公兔则应增加饲喂量，并适当减少配种次数或者停配，待体况恢复后再正常使用。

（四）合理利用

要充分发挥优良种公兔的作用，实现多配、多产、多活，必须科学合理地使用。首先，青年公兔应适时进行初配，过早过晚都会

影响性欲，降低配种能力。公兔的性成熟早于体成熟，初配体重为成年体重的 75%～80%，初配年龄要比性成熟晚 0.5～1 个月。一般来说，初配年龄小型兔为 4.5～5 月龄，中型兔为 5.5～6 月龄，大型兔为 6.5～7 月龄，巨型兔为 8～9 月龄。其次，公母比例要适宜。商品兔场公母兔比例以 1∶(8～10) 为宜，种兔场公母兔以 1∶(4～5) 为宜。一些规模化兔场若采用人工授精，公母比例可以达 1∶(50～100)，能大大降低种公兔的饲养量。一般而言，兔群规模越小，公兔所占比例越大；兔群规模越大，公兔所占比例越小。再次，要控制好配种强度，不能过度使用。强健的壮年种公兔，可每天配种 2 次，上、下午各 1 次或第 2 天上午重复 1 次，配种间隔时间以 8～10 小时为宜。冬季配种时，上午可将时间推迟到 9∶00～10∶00 时，下午可提前到 5∶00～6∶00 时。夏季配种时，上午可提前到 6∶00～7∶00 时，下午可推迟到 8∶00～9∶00 时。连续使用 2～3 天后休息 1 天；体质一般的种公兔和青年公兔，每天配种 1 次，配种 1 天休息 1 天。在配种旺季，可适当增加饲料喂量，保证种公兔营养。如果种公兔出现消瘦现象，应停止配种 1 个月，待其体况和精液品质恢复后再参加配种。在长期不使用种公兔的情况下，应降低饲喂量，否则容易造成种公兔过肥，引起性欲降低和精液品质变差。为改善配种效果，宜采用重复配种和双重配种的方式，提高母兔受胎率。最后，要做到"五不配"，即达不到初配年龄和初配体重不配，食欲不振、患病不配，换毛期不配，吃饱后不配，天气炎热且无降温措施不配。

（五）定期检查精液品质

为保证精液品质，对种公兔精液应经常检查，以便及时了解日粮是否符合营养需要，饲养管理是否符合要求，特别是种公兔是否可以参加配种，及时淘汰生产性能低、精液品质不良的种公兔。在配种旺季前 10～15 天应检查 1 次精液品质，特别是秋繁开始前，由于夏季高温应激，对种公兔精液品质影响较大，及时进行精液品质检查有利于减少空怀。

（六） 控制疾病

兔笼应保持清洁干燥，经常洗刷消毒。除常规的疫病防治外，还要特别注意对种公兔生殖器官疾病的诊治，如公兔的阴茎炎、睾丸炎或附睾炎等，对患有生殖器官疾病的种兔要及时治疗或淘汰。

（七） 作好配种记录

在种公兔的引进与选留时应结合其父母、半同胞、同胞的生产成绩，对其作详细、全面的检查，以得到准确的评分。有条件的兔场应该建立健全种兔的系谱资料，避免近亲交配而导致的生殖器官畸形和性腺发育不全。配种时，一定要按配种计划进行，不能乱交滥配。记录配种公兔耳号、笼号，与配母兔耳号、笼号及配种时间。

七、种母兔饲养管理要点

种母兔在肉兔养殖业中占有十分重要的地位。根据母兔不同饲养阶段的生理状态有着显著的差异，对空怀母兔、妊娠母兔、哺乳母兔进行分阶段饲养，采取相应的饲养管理措施，有利于母兔生产力水平的提高。

（一） 空怀母兔的饲养管理

空怀母兔是指性成熟后或仔兔断奶到再次配种受胎之前这段时间的母兔，也叫休产期母兔。母兔空怀的长短视繁殖密度而定。如年产4胎，每胎休产期为10～15天；而实行频密繁殖的，如年产7胎以上，就没有休产期。此期饲养管理的要求是母兔能正常发情与受胎，对长期不发情或屡配不孕的母兔要采取措施。

母兔由于哺乳期消耗了大量养分，身体比较瘦弱，需要多种营养物质来补偿和提高其健康水平。所以在这个时期要给以优质的青绿多汁的饲料，并适当喂给精料。以补给哺乳期中落膘后复膘所需用的一些养分，使它能正常发情排卵，以便适时配种受胎，这个时期的母兔不能养得过肥或过瘦。饲喂上坚持"看膘给料"的原则，即根据母兔的膘情调整其营养水平，即过瘦时加料，过肥时减料，

甚至不喂精饲料，只喂青粗饲料。空怀时期的母兔所用的饲料，最好饲喂全价颗粒饲料。也可以因地制宜，就地取材，夏季可多喂青绿饲料，冬季一般给予优良干草、豆渣、块根类饲料，再根据营养需要适当的补充精料，还要保证供给正常生理活动的营养物质。但配种前 15 日应转换成怀孕母兔的营养标准的全价颗粒饲料，使其具有更好的健康水平。母兔在自由采食颗粒饲料时，每只每天的饲喂量不超过 140 克；混合饲喂时，补喂的精料混合料或颗粒饲料每只每天不超过 50 克。

为空怀母兔创造适宜的环境条件，如温度、湿度要适宜，光照要充分，加强母兔运动。特别是笼养母兔，每天定时将其放到舍外运动场随意运动，接受阳光照射。

促进母兔发情。对长期不发情的母兔可采用诱情法，即增加与公兔的接触次数，通过追逐、爬跨刺激，诱发母兔性激素分泌、提高受胎机会。如采取和公兔关在同一个笼内，或者与公兔一起放到运动场让公兔追逐，以刺激母兔发情。也可以采取注射孕马血清促性腺激素（1 次肌内注射 100 国际单位）或苯甲酸求偶二醇（每只注射 1 毫升）等办法促进母兔发情。对采取上述措施仍不怀孕的母兔应予以淘汰。

加强配种管理。母兔属刺激性排卵动物，是经公兔交配刺激后排卵的，所以应在第 1 次配种后间隔 8～10 小时再复配 1 次，即重复配种。第 1 次交配的目的是刺激母兔排卵，第 2 次交配的目的是正式受孕，这样可提高母兔受胎率和产仔数。8 时和 17 时左右配种为最佳时间。一只母兔连续与两只公兔交配，中间相隔时间不超过 20～30 分钟，这叫作双重配种。采用重复配种或双重配种，可使母兔受胎率提高 10%～20%，产仔数增加 1～3 只。

（二）妊娠母兔的饲养管理

妊娠母兔是指母兔配种受胎后到分娩产仔这段时间的母兔。母兔的妊娠期为 30～30 天。整个妊娠期可分为 3 个阶段，即胚胎期12 天，胎前期 6 天，胎儿期 12 天；也可分为两个阶段，即妊娠前期和妊娠后期，妊娠前期指孕后前 18 天，包括胚胎期和胎前期。

在妊娠期间，母兔除维持本身生命活动外，还有胚胎、乳腺发育和子宫的增长代谢增强等方面都需要消耗大量的营养物质。怀孕母兔在饲养管理上主要是供给母兔全价营养物质，保证胎儿正常发育；加强护理防止流产。所以在母兔交配 7 天后要马上进行怀孕检查，若确实已经受胎的要做好下列工作。

1. 加强营养

母兔在怀孕期间特别是怀孕后期能否获得全价的营养物质，对胚胎的正常发育和母体健康以及产后的泌乳能力关系密切。因前期胚胎增重速度很慢，需要的营养物质不多，饲养水平稍高于空怀母兔即可。妊娠后期即胎儿期，从妊娠第 19 天开始，胎儿增重很快，这一阶段的增重为初生仔兔重量的 $70\% \sim 90\%$，所以妊娠后期的饲养水平要比空怀期高 $1 \sim 1.5$ 倍。对怀孕母兔在怀孕期间特别是怀孕后期要给予母兔良好的饲养条件，母体健康，泌乳力强，所产仔兔发育良好，生活力强；相反则母兔消瘦，泌乳力减少，仔兔生活力差。所以，在怀孕期间应给予营养价值高的饲料。尤其是怀孕后期，饲料的数量和质量对胎儿的生长关系很大，应根据胎儿的发育情况除要逐步增加优质青绿饲料外，也需补充豆饼、花生饼、豆渣、麸皮、骨粉、食盐等含蛋白质、矿物质丰富的饲料，自受胎到15 天饲料量要相应增加，直到临产前 3 天才减少精料量，每天只喂较少的精料，但要多给青饲料。怀孕母兔的喂料量每天控制在$140 \sim 180$ 克，如以青粗饲料为主补加精饲料时，精饲料的量应控制在 $100 \sim 120$ 克。注意给母兔喂料要视母兔消化和膘情情况而定，不能突然加料，以免引起母兔消化不良或过度肥胖。临产前 3 天减少精饲料的喂量，增加青绿饲料的喂量。

2. 防止流产

母兔流产一般多在妊娠后 13 天和 23 天。不要捕捉妊娠母兔，特别是在妊娠后期更应加倍小心。必须捕捉时，要保持母兔安静、温顺，应该用两只手操作，一手抓颈部，一手托臀部，并保证不使母兔身体受到冲击，轻捉轻放。妊娠期间保持兔舍内环境安静，禁止突然声响，避免母兔受到干扰。摸胎时动作要轻柔，已断定受胎者尽量不要再触及腹部。到怀孕 15 天后，应单笼饲养。如若因条件所限，在怀孕母兔舍内又养有其他各种家兔（哺乳兔、幼兔、中兔、成兔）时，在每天喂料时应先喂怀孕母兔，尤其是怀孕后期的母兔。严禁喂给发霉变质及冰冻的饲料，否则易引起母兔流产。冬季应饮用温水，水太凉会引起子宫收缩，导致流产。保持笼舍清洁干燥，防止潮湿污秽。毛用兔在妊娠期特别是妊娠后期禁止采毛。

3. 做好产前准备

规模兔场母兔大多是集中配种，集中分娩。因此，最好将兔笼进行调整。对怀孕已达 25 天的母兔均调整到同一兔舍内，以便于管理；兔笼和产箱要进行消毒，消毒后的兔笼和产箱应用清水冲洗干净，消除异味，以防母兔乱抓或不安。消毒好的产箱即放入笼内，让母兔熟悉环境，便于衔草、拉毛做窝。产仔箱内的垫草可随气温变化多放或少放，但不能不放。产房要有专人负责，冬季室内要保温，夏季要防暑、防蚊。

4. 分娩及产后管理

分娩时保持兔舍及周围环境的安静。分娩后及时提供清洁饮水，因母兔分娩后口渴，如无供水会咬伤甚至吃掉仔兔。生产中为了防止母兔食仔，可给母兔提供糖盐水。

（三）哺乳母兔的饲养管理

哺乳期是指从母兔分娩到仔兔断奶这段时期。哺乳母兔要分泌大量乳汁，加上自身的维持需要，每天都要消耗大量的营养物质，而这些营养物质必须从饲料中获取。这就要求哺乳母兔的饲料必需营养全面，富含蛋白质、维生素和矿物质。同时，仔兔在哺乳期的生长速度和成活率，主要取决于母兔的泌乳量。因此，保证哺乳母兔充足的营养，是提高母兔泌乳力和仔兔成活率的关键。

哺乳母兔的饲喂量要随仔兔的生长发育逐渐增加，充分供给饮水，以满足其不断增长的营养需要。饲喂量不足，会导致营养缺乏，从而消耗大量体内储存的营养，母兔很快消瘦，既影响母兔的健康，又影响下一胎次的妊娠和仔兔的生长发育。应根据仔兔的周龄，随时调整母兔饲料的用量。也就是在母兔分娩后，要将母兔与仔兔分别称重。前3周每周称重1次。若仔兔能正常发育，则生后1周龄的仔兔比初生的仔兔体重增加1倍，第2周龄在第1周龄的基础上又增加1倍，第3周龄又在第2周龄的基础上增加1倍。如果仔兔体重增长情况符合这个规律，母兔体重也不下降，则说明母、仔生长良好。否则，说明饲料配合不当，应立即增加营养丰富的饲料。在自由采食颗粒料的同时适当补喂青绿多汁的饲料。

具体饲喂上，在产仔1～4天内应多喂豆科、唇形科、菊科、伞形花科的青饲料。豆科的如白三叶草、紫花苜蓿草等，多喂可以增加产奶量，菊花科的如小峨草（苦麻菜）、蒲公英、剪刀草、牛舌头等，有白浆味极苦的草清热败毒，防治母兔乳腺炎效果好。保证母兔奶质好，奶量大。4天后母兔食量大增，喜欢吃颗粒饲料，少吃青饲料，饲料品质要优质，数量要大，不应限制母兔采食量，并每隔3～7天喂1次豆科、菊科青饲料。严禁喂含水分重的青料，如菜叶、红苕藤等，否则尽管母兔产奶量大，但奶汁清稀，有效养分不足，仔兔能吃饱，但排尿多，越来越瘦，衰竭死亡。

兔场自制颗粒饲料的配方中应加入大量的优质草粉，如豆科类紫云英、三叶草、紫花苕、苜蓿草等。还必须加入具有败毒消炎而且营养丰富的杂草如野菊花、蒲公英、艾蒿、青蒿、米汤蒿、牛尿蒿、白脸蒿、紫苏、夏枯草、黄蒿、茵陈蒿、飞镰草、苍耳草、牛蒡子等制作的草粉，在饲料配方中用量在40%～50%，这些是保证母兔不发生乳房炎的基础。

另外，还可根据巢箱中仔兔的粪、尿调整母兔的饲料日粮。如仔兔在睁开眼之前所吃的乳汁大部分都被消化吸收，粪尿很少，说明喂给母兔的饲料日粮比较正常。若巢箱内尿水很多，说明母兔吃的饲料含水分过多。若仔兔粪便过多时，则属于母兔饲料中水分太少。应及时对母兔饲料日粮进行适当的调整。

需要注意母兔分娩前后的正常反应。由于产前3天母兔分娩生理反应和产后3天内脏器官组织的逐渐恢复，在此期间母兔腹痛分娩继续反应厉害，表现扒窝扯毛含草，喜吃青料厌吃颗粒饲料精料，喜饮水。由于摄入养分浓度不足，需要消耗自身体内储积的营养以维持生命和泌乳，因而身体略有消瘦，属正常现象，不应乱用药物而干扰肠道菌群，否则母兔会出现厌食、绝食的现象。母兔喂奶是母兔的主动行为，正常情况下不需人为干预。

对产前未拉毛做巢的母兔进行人工辅助拉毛，供做窝絮巢之用，并刺激母兔泌乳。及时清理产仔箱，清除被污染的垫草、毛和死胎，并盖好仔兔。经常检查维修产仔箱、兔笼，减少乳房、乳头被擦伤和剐伤的机会；保持笼舍及其用具的清洁卫生，减少乳房或乳头被污染的机会。母兔哺乳时保持安静，以防吊乳和影响哺乳。除正常检查外不准捕捉母兔，不准用脏手触摸哺乳母兔乳头。经常检查母兔的乳房、乳头，了解泌乳情况，如发现乳房有硬块、红肿，应及时进行治疗，防止诱发乳腺炎。

八、仔兔寄养方法

一般情况下，母兔只有8个乳头，母兔哺乳仔兔数应与其乳头数一致。对于产仔数过少的母兔可为产仔多的、无奶、死亡的、产后发生乳房炎的及母兔食仔的母兔代乳，称为寄养。实行工厂化养兔的商品兔场，对同期分娩的所有仔兔根据体重大小、强弱等，进行统一调整，重新分组哺乳，也是利用寄养的方法实现高产高效的。

由于兔子具有嗅觉相当发达，但视觉较弱的特性。因此，母兔是通过嗅觉来识别亲生或异窝仔兔的。如果母兔嗅出不是自己的仔兔，不但不哺乳还会将仔兔咬伤咬死。所以，在仔兔需要并窝或寄养时要采用特殊的方法使其辨别不清，从而使寄养或并窝获得成功。

（一）代养母兔的选择

代养母兔及俗称的"保姆兔"，要求选择体型较大，体况好，性情温顺，母性好，抗病力强，采食量大，泌乳能力强的母兔作为保姆兔。带仔数取决于母兔的泌乳能力，母兔泌乳能力强，带仔数就多。反之，带仔数就少。

据有关资料介绍，母兔分娩前拉毛与不拉毛，泌乳量差异极显著。同胎次、同条件的母兔泌乳量差异显著；同一母兔的后代，不同胎次泌乳量差异也显著。需要饲养员对每个母兔都要细心观察。

（二）寄养的方法

寄养方法有个别寄养、全窝寄养和并窝寄养等。个别寄养适用于母兔乳量不足，胎产过多，发育不均，可挑选体强的仔兔寄养；全窝寄养适用于母兔缺乳或母性差，体弱有病或有恶癖，抑或品种母兔亟需频密繁殖时，可将仔兔全窝寄养；并窝寄养适用于当两窝产期相近且仔兔都发育不全时，将仔兔按体质强弱或体形大小调整成两窝。新组合成一窝的仔兔，日龄差异应控制在 3 天以内，体重差异 10 克以内较为适宜。否则因拼乳能力差异大而导致仔兔的差异越来越大，尤其对偏弱仔兔的生长发育不利。由乳质多且质量高、母性好的母兔哺乳弱小部分。

可以采用三种办法实施寄养。

第一种寄养方法是混合仔兔与保姆兔的味道。通过被寄养仔兔接触保姆兔产箱原来兔毛和垫草的味道，遮盖仔兔身上的味道，以及实现仔兔身上原有味道与保姆兔产箱内味道的混合，达到寄养成功。首先将保姆兔从产箱里拿出来，然后把被寄养的仔兔放入窝中心，盖上兔毛、垫草，2～3 小时后再将母兔放回产箱内即可完成。

第二种寄养方法是改变仔兔身上味道。首先将保姆兔从产箱里拿出来，然后把被寄养的仔兔身上涂抹数滴保姆兔乳汁或尿液，将被寄养的仔兔放入产箱内，盖上兔毛、垫草，2～3 小时后再将保姆兔放回产箱内。

第三种寄养方法是扰乱母兔嗅觉。首先将保姆兔从产箱里拿出来，用石蜡油、碘酒或清凉油涂在母兔鼻端，以扰乱母兔嗅觉，然后把被寄养的仔兔放入产箱内，盖上兔毛、垫草，2～3 小时后再将保姆兔放回产箱内。

7 日龄以内的仔兔，每天哺乳 1 次。7～15 日龄的仔兔每天哺乳 2 次。16～21 日龄，由母兔自由哺乳。22～25 日龄，每天哺乳

2 次。26 日龄以上，每天哺乳 1 次，直到断乳。

吃饱的仔兔，肤色红润、肚大腰圆、安睡不动；缺奶的仔兔，皮肤皱缩灰暗、瘦弱体小、在窝内乱爬不眠，以手触摸，兔头向上窜，并发出"吱吱"叫声。

（三）要求

① 应果断地将发育不良、个体小、患病、衰弱的仔兔丢弃掉。弃仔应在产后 3 天内进行，越早越好。

② 肉兔的带仔数以 6～8 只为宜。如果需要哺乳的仔兔数量过多，可以采取让泌乳能力强、采食量大、母性好的母兔分批哺乳，将仔兔按照大小、强弱分成两组，母兔早上乳汁多，给体重小的一组仔兔哺乳，晚上给体重大的一组仔兔哺乳。头 3 次哺乳最好进行人工辅助，先让弱小的仔兔吃奶，然后再让健壮的吃。也可每天让弱小的仔兔吃 2 次奶。一般经 5～7 天，弱小的仔兔即可追上生长发育快的大兔。

③ 被寄养的仔兔应尽量在亲生母兔或其他刚分娩母兔那里吃足初乳。因初乳的营养价值高，含有高浓度的母源抗体，能增强仔兔的免疫力，且能够促进仔兔胎粪的排出。早吃、吃足初乳，可保证仔兔生长发育良好，体质健壮，充分发挥生产性能。这一环节不能省略。

④ 寄养必须在母兔产后 7 天内进行，需要寄养的两窝仔兔日龄相差不超过 3 日龄为宜，而且承担哺乳的保姆兔乳汁充足且健康无病。

⑤ 调整仔兔时，应做到"静、轻、准、快"。寄养操作时不要带进异味，不能把寄养仔兔原产箱的垫草、兔毛等带进保姆兔的巢内，更不能将仔兔直接送给保姆兔喂奶。

⑥ 保姆兔放回产箱后要注意随时观察保姆兔对仔兔的态度。如发现保姆兔咬被寄养的仔兔，应迅速将寄养仔兔移开，重新按照以上方法再做一遍即可。

⑦ 寄养的仔兔如果将用作种兔，为了确保血缘清楚，通常不宜实行寄养。确需寄养的，要做好记录。

⑧ 加强保姆兔的饲养管理。保姆兔责任大，需保证自身及哺乳的营养需要。如新西兰肉兔，营养需要为蛋白质 20%、消化能 11.3 兆焦/千克、精氨酸 0.8%、赖氨酸 0.75%、蛋氨酸＋胱胺酸 0.6%、钙 1.1%、磷 0.8%、钠 0.4%、氯 0.4%。参考饲料配方：玉米 25%、豆粕 20%、麦麸 10%、米糠 10%、草粉 30%、骨粉 3%、食盐 1.5%、生长素 0.5%。每只哺乳母兔日喂 300～500 克全价颗粒饲料，青饲料自由采食。同时做好舍内温度、湿度、光照、通风换气、卫生消毒和疾病防控等方面的工作。

九、仔兔受冻的急救法

仔兔出生后身上没有毛，非常怕冷。如果在寒冷的冬季，舍内温度低，常发生初生仔兔离群或吊乳冻僵和休克的现象，需要立即采取急救措施，生产中常采用以下方法。

（一）利用温水急救法

将 40℃ 左右的温水倒入盆内，把受冻的仔兔全身浸泡在水中，仅露出鼻孔用来呼吸。然后用手轻轻地托起仔兔的头部，在温水中慢慢地晃动，经过 10～20 分钟，当仔兔开始蠕动时，将仔兔提出水面，把全身的水轻轻地擦干，用柔软的棉絮把仔兔包裹起来，放回到原来的产仔箱内。

（二）利用毛巾包裹取暖法

用干净、柔软的毛巾将受冻的仔兔包裹好，只露出头部，然后把包裹好的仔兔放在炉火旁或装有温水的热水袋上，也可以用 25～40 瓦白炽灯照射取暖，不断地翻动，直至仔兔苏醒为止。

（三）利用兔体互相取暖法

将受冻的仔兔放入同窝或另一窝比受冻仔兔稍大一些的仔兔群体中去，然后用毛巾或布片将此窝兔全部盖上（不可盖得过厚，以防闷死仔兔），2～3 小时后，受冻的仔兔就会慢慢地苏醒过来。

（四）利用人体体温急救

将受冻仔兔放入贴身怀里，用人的体温抢救。10 分钟左右，如发现在怀中蠕动，即可放入产箱内保温。

十、仔兔断奶的技巧

仔兔断奶要根据兔子的品种、繁殖安排、仔兔体重和仔兔体质强弱等情况而定。断奶的原则是即使母兔有充分时间调养，准备再生育，又可早日锻炼幼兔的适应性，使各器官健康发育，有利成长。

（一）断奶时机

一般情况下种兔、长毛兔和獭兔，以 30～40 日龄断奶为宜；商品肉兔可在 28～35 日龄断奶。

如果采用频密繁殖法，凡是进行血配的，仔兔在 28 日龄前必须断奶，否则就会影响母兔正常分娩和下一胎仔兔的正常生长发育。不实行血配的，一般都采用 42 日龄断奶。

对于小型品种兔体重达 500～600 克，大型品种兔体重达到 1000～1200 克，40 日龄左右，已经能够独立生活时，即可断奶。断奶仔兔体重越大，说明母兔饲养水平越高，母兔泌乳量越足，这样的仔兔断奶后越容易饲养，成活率就越高。

对于仔兔生长发育整齐健壮，可以实行仔兔 35 日龄断奶，如果仔兔瘦弱、发育不良，要适当延长断奶的日龄。

（二）断奶方法

在生产中，断奶有两种方法，即一次性断奶和分批断奶。要根据全窝仔兔体质的强弱而定。如果全窝仔兔生长发育均匀，体质健壮，可采取一次性断奶法，即在同一天将母、仔分开饲养。断奶母兔在断奶后的 2～3 天内只喂给青粗饲料，停喂精饲料，使其断奶。如果全窝仔兔生长发育不均匀，可采取分批断奶法，即先将身强体壮的仔兔断奶，而个小瘦弱的仔兔留下，继续让母兔哺乳，让其再多吃几天母乳。晚几天离开断奶，有利于弱小仔兔的发育，可减少死亡现象的发生。

在断奶前 2～3 天，应减少精料和多汁饲料的饲喂量，可多喂些优质青干草，让母兔收奶，防止发生乳腺炎。同时，为了实现仔兔顺利断奶，在仔兔出生 18 天左右开始补料，使断奶后仔兔能依靠自行采食饲料正常的生长发育，并在断奶后继续饲喂同样饲料几天后再逐渐过渡到育肥饲料。

（三）断奶后仔兔管理

① 仔兔断奶后不宜立即离开原兔舍，实行饲料、环境、管理三不变。实践证明，仔兔断奶后，继续在原兔笼舍饲养 3～5 天再放到幼兔笼舍，其成活率会高些。因仔兔刚一断奶马上转移到陌生、变化较大的新环境里，看不到母兔，闻不到原笼舍气味，就会表现不安，胆小怕惊，导致应激反应多，食欲不振，生活力下降等。如在原兔笼舍过渡几天后，再转移到新的环境里，可提高仔兔对新环境的适应能力，有利于减少伤亡。

② 断奶时应对断奶仔兔进行编号，并将公母分群饲养。分窝的小兔，最低 2 个一窝。不使他们孤单。

③ 断奶第 1 天不喂饲料，清理胃肠，以免引起饲料应激。水中加药，预防大肠杆菌病和球虫病的发生。第 2 天开始加料，但只喂一顿。第 3 天两顿，半饱。直到第 5 天达到正常量。有个别拉稀的要及时隔离，单独饲养。每只拉稀仔兔注射庆大霉素 1 毫升，止血敏 0.5 毫升。一般一次即可治愈。

④ 断奶后不要急于给仔兔注射疫苗，待仔兔适应新环境以后再开始进行免疫接种，以免引起疫苗应激，注射后有死亡。

十一、地窝繁育技术

地窝繁育法是在大规模立体养殖的基础上，在地下修建与底层笼位一对一的地洞。此种地窝繁育法完全回归了兔子繁殖的自然习性，又适合于大规模的集约化养殖，简化了过去兔子繁育技术中繁杂的操作程序，解决了仔兔人工哺乳的劳动量过大、死亡率过高等问题，也解决了挂式产仔箱、仔母笼等技术上的不足。

（一）地窝的形式

地窝的建造可以根据兔舍内的条件因地制宜，尽可能做到少占

地、少用工，少投入、多产出。可采取多种形式，可分为地下式、半地下式、地上式三种。

① 地下式：地窝全部建在地下。优点是接触地气好，冬暖夏凉的效果好，但进出口坡道长，占地面积大。

② 半地下式：地窝建造时一半在地下，既可借地气又能节省占地空间。

③ 地上式：由于条件限制只能在水泥地上做地窝，模仿地下的环境。

（二）地窝的建造

地窝的建造要根据各兔场兔舍的具体情况，笼具的摆放结构形式而确定地窝的选择形式。可用砖、水泥预制板或者其他材料来砌筑。

① 九棱式地下繁育洞：即以九块普通红砖块砌成的洞穴。该类型繁育洞建造较复杂，打扫卫生劳动强度较大，但应用效果良好。

② 预制件组装式地下繁育洞：即以水泥预制件制成两个半圆锥形的洞穴。该类型繁育洞建造快捷，应用效果良好，但打扫卫生劳动强度较大。

③ 条沟式地下繁育洞：即以普通红砖块垒砌的两堵墙。然后在中间打成小隔断，隔断的四角要磨圆。

以上三种形式地下繁育洞的保温性和避光性都很好，唯一缺点是洞口偏小，卫生清理和管理不方便。

④ 套箱式地下繁育洞：即在母兔笼前挖建一方坑，将普通产箱（木质或特种防潮材质）放入，上面覆盖一块大小适宜的水泥板。其建造和使用方便，特别便于清理卫生。

（三）地窝建造技术要点

① 场地选择：要选择地势高燥，地下水位较低的地方。

② 防潮处理：地下繁育洞的底部和四周都要做防潮处理，通常选用塑料薄膜等防潮材料。

③ 洞口入口尺寸：（13～15）厘米×26 厘米。

④ 跑道坡度和出入口尺寸：坡度≤40°，尺寸为 14 厘米×17 厘米。

⑤ 产仔室尺寸：25 厘米×30 厘米（中型兔、大型肉兔适当大些），下大上小，圆形或椭圆形，不留死角。

⑥ 观察口尺寸：约 10 厘米×10 厘米，以一砖盖住为宜。

⑦ 洞穴深度：40～60 厘米，根据当地冬季和夏季温度确定。

⑧ 施工技巧：先挖沟后建洞。

（四）　地窝建造的几个注意事项

① 地窝建设要选择地下水位比较低，不能上水，不能过于潮湿处建造。如果地下比较潮湿或者舍内的粪道有渗漏的情况，地窝的建设最好选择地上。

② 地窝建设不能过深，深度不宜超过 0.5 米。这样便于日常检查、消毒、清理卫生等工作。

③ 地窝进出口通道不能过长、过陡、过于狭窄。地窝内建造的尺寸要适当。尺寸过大刚下生的仔兔不集中，容易乱爬，温度过低，造成仔兔吃不上奶，甚至死亡；尺寸太小时，母兔难于转身。

④ 地窝检查口和通道盖板要能封闭牢固，开启方便，既能关住兔子，又能方便清理卫生。

⑤ 地窝盖板与地面要平，这样便于行走，便于打扫卫生。

⑥ 地窝砌砖要用水泥砂浆，砖间的缝隙抹死。以防老鼠和昆虫繁殖。

⑦ 地窝内的底板最好是活动的，这样便于取出，能彻底清理和消毒。

（五）　地窝养殖的管理

地窝繁育法虽然具有很多优点，但养兔的最终成败还要看人的管理。因而，加强母兔舍的管理十分重要。

① 三层笼位的循环使用。地窝繁育法母兔室一般为立式兔笼，分为三层（或二层），接地一层与地窝形成一一对应的连接。这样

一、二、三层循环使用，合理运用笼位空间，方便了管理和操作。

第一层可放临产母兔和产仔 18 天之内的母兔。给母兔创造一个天然舒适的繁殖环境，减少外界的干扰。

第二层笼位高度适宜，便于检查和配种管理。可以安排空怀母兔或已交配完和摸胎后的母兔。

第三层是仔兔层，与人的视线相平，便于观察仔兔的生长状态。当仔兔生长到 18 天即开食前，将母仔同时转移到上面第三层笼位，在饲喂母兔时诱导仔兔吃食。这样可以弥补母兔的奶水不足，促进仔兔的生长。

② 母兔在产仔前 4～5 天可以进窝，此时要轻拿轻放，将母兔直接放入地窝内，关严窝门，让母兔自己钻出地窝，进入笼内，可促使母兔提前熟习和适应地窝环境，减少应激反应。

③ 临产母兔放入地窝后，要每日打开地窝盖检查，发现母兔不进地窝或者不撕毛的，应该反复将母兔关入地窝内，以求母兔能尽快地适应地窝环境，顺利地在地窝内产仔。但是仍会有极个别母兔不在地窝内产仔，则需要加倍注意。

④ 母兔产仔后应该及时检查清理地窝，擦干母兔血迹，清除粪便和胎盘，拿出死胎和病伤仔兔，清点数量，做好记录。地窝繁殖每窝预留仔兔的数量，应控制在 8～9 只为宜。有些好的母兔可以带到 11～12 只仔兔。在一些管理好、繁殖率高的兔场一只母兔年产商品兔 50 多只。

⑤ 地窝繁育应在每日上午检查 1 次。要重点检查仔兔有没有死亡的、吃没吃饱、粪便是否正常、有没有异味和黄尿现象、有没有兔毛和草梗缠裹仔兔情况等等，要及时作好处理。注意一定要捡出死兔。如仔兔吃饱了，安静不动，数量又看得很清楚，最好不要去惊动它们，以防影响仔兔的休息。

⑥ 要根据兔舍的温度变化情况，适当地增减地窝内的垫草和兔毛。夏天可少留一些毛；冬天一定要多垫草和毛，注意防寒。

⑦ 腾空的地窝笼位要彻底清理粪便、杂草、兔毛、泥土、残食。先用火焰彻底火烧杀菌，地窝内也可以撒上少许生石灰。打开

地窝上盖，晾至 2～3 天后，方可再继续使用。

⑧ 地窝在使用前最好再进行 1 次火焰消毒，铺上些干草（铺草的量可视季节和室内的温度而定）。

十二、42 天周期工厂化养殖模式

42 天繁殖模式是指母兔两次配种的时间间隔为 42 天，于母兔产子后 11 天再次配种，哺乳和怀孕同时进行 24 天，仔兔在 35 日龄断奶，仔兔断奶后 7 天母兔再次产仔，开始新的一轮哺乳、再过 11 天配种，以此类推。42 天繁育模式日常工作计划管理见表 4-2。

表 4-2　42 天繁育模式日常工作计划管理表

周次	周一	周二	周三	周四	周五	周六	周日
第 1 周	配种-1						
第 2 周	配种-2				催情-3	摸胎-1	
第 3 周	配种-3				催情-4	摸胎-2	
第 4 周	配种-4				催情-5	摸胎-3	
第 5 周	配种-5	安产箱-1	产仔-1	产仔-1	产仔-1 催情-6	摸胎-4	
第 6 周	配种-6	安产箱-2	产仔-2	产仔-2	产仔-2 催情-7	摸胎-5	休息
第 7 周	配种-7	安产箱-3	产仔-3	产仔-3	产仔-3 催情-1	摸胎-6	
第 8 周	配种-1	安产箱-4	产仔-4 / 撤产箱-1	产仔-4	产仔-4 催情-2	摸胎-7	
第 9 周	配种-2	安产箱-5	产仔-5 / 撤产箱-2	产仔-5	产仔-5 催情-3	摸胎-1	
第 10 周	配种-3	安产箱-6	产仔-6	产仔-6	产仔-6 催情-4	摸胎-2	

注：此表是指将全场的母兔分为 7 批进行繁殖管理。

该模式可以将复杂的繁殖工作变成流程化、固定化，降低员工劳动强度，大大减轻了管理难度。可实现每年产仔 7～8 窝，最大限度地挖掘母兔的繁殖潜力，提高生产力，是国际上应用广泛的高效繁育技术。

要求：

① 需要同期发情、同期排卵和人工授精等繁殖技术的配合。

② 这种繁育模式对母兔和公兔的生理压力较大，必须供给充足和较高的营养。

③ 必须有"全进全出"的现代化养殖制度配合。如果条件不允许，至少要在一栋舍内将不同批次的母兔分开饲养。

十三、49天周期工厂化养殖模式

49天繁殖模式原理同42天繁殖模式一样，只是母兔2次配种的时间间隔变为49天，于母兔产子后18天再次配种，哺乳和怀孕同时进行31天，仔兔在35日龄断奶，仔兔断奶当天母兔再次产仔。可实现每年产仔6窝。49天繁育模式日常工作计划管理见表4-3。

表4-3　49天繁育模式日常工作计划管理表

周次	周一	周二	周三	周四	周五	周六	周日
第1周					催情-1		
第2周	配种-1				催情-2		
第3周	配种-2				催情-3	摸胎-1	
第4周	配种-3				催情-4	摸胎-2	
第5周	配种-4				催情-5	摸胎-3	
第6周	配种-5	安产箱-1	产仔-1	产仔-1	产仔-1 催情-6	摸胎-4	休息
第7周	配种-6	安产箱-2	产仔-2	产仔-2	产仔-2 催情-7	摸胎-5	
第8周	配种-7	安产箱-3	产仔-3	产仔-3	产仔-3 催情-1	摸胎-6	
第9周	配种-1	安产箱-4	产仔-4	产仔-4 撤产箱-1	产仔-4 催情-2	摸胎-7	
第10周	配种-2	安产箱-5	产仔-5	产仔-5 撤产箱-2	产仔-5 催情-3	摸胎-1	
第11周	配种-3	安产箱-6	产仔-6	产仔-6	催情-4	摸胎-2	

要求同42天繁殖模式一样。

也可以将全场的母兔分成 7 个批次进行管理，每个批次间的间隔为 1 周时间，每个批次在 49 天轮回 1 次生产。

十四、"四同期"法生产模式

据潘雨来《再谈家兔"四同期"法规模化生产模式》一文的介绍，"四同期"法即"同期配种、同期产仔、同期断奶、同期出栏"生产管理模式。其中同期配种是"四同期"法的基础，其核心是人工授精。

（一）"四同期"法生产模式的建立

生产中，根据家兔的繁殖周期和工作计划，所以时间周期均以周（7 天）为单位，实行标准化、工厂化生产，做到每星期任务一致，实行"每周工作制"，实现模式化生产管理。

生产流程：星期一利用人工授精技术进行配种；星期二将怀孕 29 天（4 周＋1 天）的母兔统一安置产仔箱；星期三重点对达到一定周龄的兔子进行测定（包括 3 周龄母兔泌乳能力，4 周龄、8 周龄等体重）；星期三至星期五则对所有初生仔兔进行测定，星期五下午对因难产或推迟出生的母兔统一注射催产素，确保产仔的同期性，并对仔兔进行选留淘汰，实行统一带仔数；星期六对配种已达 13 天（1 周＋6 天）的母兔摸胎，受孕母兔进入怀孕期管理、空怀兔进入下周一继续配种；星期日则为轮流休息。

对于仔兔断奶的时间，各国不一，而据资料报道，国外在科学饲养管理的前提下和母兔营养状况良好的条件下，大型商品兔场通常实行 28 日龄断奶，但也有更早的断奶报道，如法国有 21 天断奶，英国提倡 21～24 天断奶。我国家兔饲养因受技术和营养水平的影响，对仔兔基本上实行 35 日龄或 42 日龄断奶。

"四同期"法生产模式日工作表（表4-4），采用 28 日龄 1 次性断奶技术（即在配种后的第 9 周的星期三进行），断奶后母兔在下一个星期一再进入新的生产周期，整个繁殖周期为 63 天。国内外学者根据群体同步理论也有提出 42 天或 49 天的繁殖循环模式，即产仔后 11 天或 18 天同期配种。

表 4-4　"四同期"法生产模式日工作表

周次	星期一	星期二	星期三	星期四	星期五	星期六	星期日
第 1 周	配种 1						
第 2 周	配种 2					摸胎 1	
第 3 周	配种 3					摸胎 2	
第 4 周	配种 4					摸胎 3	
第 5 周	配种 5	挂产箱 1	产仔 1	产仔 1	产仔 1	摸胎 4	轮
第 6 周	配种 6	挂产箱 2	产仔 2	产仔 2	产仔 2	摸胎 5	
第 7 周	配种 7	挂产箱 3	产仔 3	产仔 3	产仔 3	摸胎 6	流
第 8 周	配种 8	挂产箱 4	产仔 4	产仔 4	产仔 4	摸胎 7	
		撤产箱 1					休
第 9 周	配种 9	挂产箱 5	产仔 5	产仔 5	产仔 5	摸胎 8	
		撤产箱 2					息
		断奶 1					
第 10 周	配种 1	挂产箱 6	产仔 6	产仔 6	产仔 6	摸胎 9	
		撤产箱 3					
		断奶 2					
		测定 1					

（二）家兔"四同期"法规模化生产模式应用的意义

采取"四同期"法模式生产和管理，能以工厂化方式扩大或复制，有利于规模化生产，实行工作周期化、管理科学化、防疫简单化、任务日常化，无需管理者天天布置安排。生产中可根据所饲养种群规模大小、销售计划和季节等多种因素综合考虑兔群繁殖的时间和数量，制订一个详细的繁殖计划和合理工作流程。并能有效解决现行生产模式中效率低、规模小、管理落后的难题，利于龙头企业的培育，加速"产＋销"一条龙的形成，利于现代兔业生产管理体系的形成，促进兔产业的规模化快速发展。

十五、肉兔快速育肥技术

肉兔在断奶后，即可开始进行快速育肥。为了达到用最少的饲料，在短期内迅速增加肉量、改善肉质的目的，肉兔育肥应做好以下几个方面的工作。

（一）　选用优良品种和杂交组合

育肥兔的选择有 3 条途径：一是优良品种直接育肥，即选生长速度快的大型品种（如比利时兔、塞北兔、哈白兔等）或中型品种（如新西兰兔、加利福尼亚兔等）进行纯种繁育；二是经济杂交，一般来说，国外引入的品种与我国的地方品种杂交，均可表现一定的杂种优势，用国外引进良种公兔和本地母兔或优良的中型品种交配，如比利时兔×太行山兔，新西兰兔×塞北兔，也可以 3 个品种轮回杂交；三是饲养配套系，目前我国配套系主要有伊拉配套系、齐卡配套系、艾哥配套系和伊普吕配套系，我国培育的康大 1 号、康大 2 号、康大 3 号和齐兴肉兔等。大型养兔场可以直接饲养配套系。

（二）　育肥方式及饲料

肉兔育肥通常分为直线育肥和阶段育肥两种形式，直线育肥也称为"一条龙"育肥，是一种高产高效的育肥方法；而阶段育肥，可充分利用青粗饲料，节约饲料成本，但育肥时间长，不符合快速育肥的要求。

快速育肥宜采用直线育肥的方法。由于肉兔的育肥期很短，从断奶到出栏仅 60 天左右。应采取直接育肥法，即满足幼兔快速生长发育对营养的需求，使日粮中蛋白质达到 17%～18%、能量达到 10.47 兆焦/千克以上，保持较高的水平，粗纤维控制在 12% 左右。使其不因营养不良而使生长速度减退或停顿，并且一直保持到出栏。

具体可参照以下配方：动物蛋白类（鱼粉、肉骨粉、蚕蛹、蝇蛆等）12%，植物蛋白类（豆饼、花生饼、菜籽饼、豆类等）13%，能量饲料类（大麦、玉米、谷子、高粱等）58%，青绿多汁饲料 11%，粗纤维类饲料（各种树叶、干草等）5%，添加剂 1%。在饲喂方法上，以自由采食最好。只要饲料配比合理，让兔自由采食饮水，既可保持较高的生长速度，又不至于造成兔子消化不良，比传统的定时定量、少喂勤添效果更好。

（三）育肥前准备

育肥前的准备分为5个方面。一是特别弱小和个别有病的断奶仔兔应及时淘汰。二是兔舍、笼具、饲喂设备等安装准备到位。兔舍防风雨、夏季防暑降温、冬季防寒保暖以及彻底进行消毒，笼具数量充足、坚固耐用、结构合理。饲喂设备主要有自动饮水器和料槽安装位置合理。三是适时去势。家兔去势后的体内代谢、氧化作用均降低，可以减少增重所消耗的饲料量；同时兔长得个较大，毛纤维细而致密，肉质肥嫩，性情温顺，不好运动，大多数不再咬斗，并耐粗饲、抗病力强，可以群养，但必须比笼养的要特别加强管理。注意清洁卫生，防止咬伤、中暑、潮湿等。公兔应在3～4月龄进行阉割，也就是刚性成熟时。公兔去势的方法较简便的有阉割法和结扎法。四是分群编组。育肥应实行小群笼养，切不可一兔一笼。分组时最好原笼原窝饲养，即采取移母留仔法。实行大群饲养的，也可按幼兔体质强弱、日龄大小，将断奶日期接近或生长发育差异不大的幼兔编群分组，群养的每组20～50只，每平方米1.0～1.5只；笼养时每笼以3～4只为宜。五是准备好过渡期饲料和育肥用的全价配合饲料，最好是颗粒饲料，颗粒饲料可提高增重和饲料利用率。要做好饲料过渡，断乳后1～2周内要继续饲喂断乳前的饲料，以后逐渐过渡到育肥料。切忌突然改变饲料，否则肉兔会在2～3天出现消化系统疾病。

（四）营造良好环境

育肥效果的好坏，在很大程度上取决于环境控制。环境控制包括养兔的温度、湿度、密度、通风和光照等。温度过高或过低都是不利的，最好保持在25℃左右。湿度过大容易患病，应保持环境干燥，湿度控制在55%～65%；密度根据温度及通风条件而定。在良好的条件下，每平方米笼底面积饲养育肥兔18只是完全可以的；通风不良，不仅不利于家兔的生长，而且容易患多种疾病。育肥兔饲养密度大，排泄量大，对通风的要求比较强烈；光照对于家兔的生长和繁殖有影响。根据国外的经验，育肥期实行弱光或黑暗，仅让兔子看到采食和饮水，有抑制性腺发育、促进生长、减少活动、避免咬斗、提高饲料利用率等多种作用。

（五）做到自由采食和饮水

有研究表明，让育肥兔自由采食和保证充足的饮水，可保持肉兔较高的生长速度。只要饲料配合合理，不会造成育肥兔的消化不良、过食等现象。总的原则是，保证育肥兔吃饱吃足，饮水充足。只有多吃不断水，方可快长。

（六）适当使用添加剂

除了满足育肥兔在能量、蛋白、纤维等主要营养的需求外，还可适当使用添加剂。如稀土添加剂具有提高增重和饲料利用率的功效；喹乙醇有促进蛋白质合成及防病的作用；腐殖酸添加剂可提高肉兔生产性能；多酶制剂可帮助消化，提高饲料利用率；维生素、微量元素及氨基酸添加剂对于提高育肥效果可起到举足轻重的作用。可根据本场情况选择使用，上述添加剂总量控制在占总饲料量的1%左右为宜。

（七）预防疾病

育肥期间，由于缺乏阳光和运动，对疾病抵抗力差，所以要特别注意环境卫生，预防疾病的发生。不喂霉烂变质的饲料，有杂质泥土的饲料不喂。兔笼舍、食具和工具等经常消毒。可用日光暴晒或煮沸消毒；也可用药剂消毒，如2%烧碱溶液（只能用于兔笼和地面消毒），2%的石灰乳，20%的草木灰水溶液，5%的来苏尔液均可。

育肥期肉兔的主要疾病是球虫病、腹泻和肠炎、巴氏杆菌病及兔瘟。球虫病是育肥期的主要疾病，尤以6～8月多发。采取药物预防、加强饲养管理和搞好卫生工作相结合；腹泻和肠炎主要是在饲料的合理搭配，粗纤维的含量、搞好饮食卫生和环境卫生；预防巴氏杆菌病一方面要搞好兔舍的卫生和通风换气，加强饲养管理，另一方面在疾病的多发季节适时进行药物预防；再就是定期注射疫苗；兔瘟只有注射疫苗才可控制。断乳后，每只皮下注射 1 毫升，一次即可出栏。

（八）适时出栏

出栏时间根据品种、季节、体重和兔群表现而定。在正常情况下，90 日龄达到 2.5 千克即可出栏。大型品种，骨骼粗大，皮肤松弛，生长速度快，但出肉率低，出栏体重可适当大些；中型品种骨骼细，肌肉丰满，出肉率高，出栏体重可小些，达 2.25 千克以上即可；冬季气温低，耗能高，不必延长育肥期，只要达到出栏最低体重即可；其他季节，青饲料充足，气温适宜，兔子生长较快，育肥效益高，可适当增大出栏体重；当兔群已基本达到出栏体重，而此时环境条件恶化（如多种传染病流行，延长育肥期有较大风险），应立即结束育肥。

十六、公兔的阉割技术

非种用的公兔去势，可使其变得性情温顺，便于群养，利于有计划选种配种，避免近亲繁殖，提高品种质量。肉用公兔去势可提高肉品品质及增重。

（一）阉割时机

除少数留种兔外，其余公兔应在 2.5～3 月龄时阉割。若为淘汰的种公兔，或患有睾丸疾病的公兔，阉割则不受年龄限制。

（二）保定方法

保定是确保公兔阉割的顺利进行，有横卧保定法和抱起保定法两种方法。

① 横卧保定法　术者左手提起公兔颈、背部的皮肤，右手托住臀部，使公兔左侧着地横卧，术者左脚掌踩住兔的两耳根部，右脚掌踩住尾根部。左手腕向前压住兔右后肢，充分显露术部。

② 抱起保定法　保定者坐在小板凳上，将兔头向上，臀部向下，背朝保定者怀内，腹朝外，夹于两大腿间，两手分别抓住两侧前后肢保持固定。

（三）　阉割方法

常见的去势方法有结扎法、刀割法和药物法 3 种。

① 结扎法　将兔腹部朝上，用绳把兔四肢分开绑在凳子上，将公兔睾丸挤到阴囊中，再在精索处用尼龙线扎紧，或用橡皮筋套紧。两侧睾丸分头进行，切断睾丸血液供应，几天后结扎的睾丸便枯萎脱落，达到去势目的。

② 刀割法　使公兔腹部朝上，四肢分开固定，将睾丸由腹腔推入阴囊并用手捏住防止回抽，用碘酒消毒切口处，然后用消毒手术刀片或刮脸刀片，在阴囊中线处顺阴囊方向作一纵向切口，再将睾丸用力挤出。如果是成年大公兔，由于血管较粗，为防止流血过多，可采用捻转止血法止血，也可先进行结扎然后切断精索。用同样的方法摘除另一侧睾丸，最后在切口处用碘酒消毒，切口不必缝合。手术后将兔放于干燥兔舍内，垫上柔软干草，防止伤口感染。一般 5～6 天伤口即可愈合。

③ 药物法　用 3% 碘酒注入睾丸，每只睾丸 0.5～1 毫升。注射后睾丸肿胀、半个月后逐渐萎缩消失。此法适用于性成熟后睾丸下降到阴囊中的较大公兔。一定要将药液注射在睾丸正中，药液注在睾丸外时可引起公兔死亡。

（四）　注意事项

① 对于规模大、养殖条件好、技术力量强的养兔场，如果条件允许，还是将公兔去势育肥较好，可增加饲养密度，养殖空间得到充分利用。而对于中小规模的养兔场（户）不去势也可以。

② 被阉割的家兔必须健康无病，做好阉割前后的消毒和卫生管理。

十七、兔的健康检查方法

兔的健康检查很重要，是养殖人员每天必须做的工作之一。通过观察和检查，可及时发现病兔，采取有效防治措施，做到无病早防、有病早治。以杜绝各种疾病的发生和蔓延。一般采用看、听、摸、查四步进行。

（一）看

一看精神状态。健康兔躯体匀称，肌肉结实丰满，背毛光滑。健康兔听到声音，两耳竖起，表现出很机灵的样子。卧伏时，前肢伸直互相平行，后肢合适地置于腹下。跳动时，轻快敏捷，除觅食外，大部分时间假睡和休息。夏天常卧伏和伸长四肢；冬天则蹲伏。休息时眼睁开，假睡时眼半闭，稍有动静就睁眼抬头。如听到声音无反应或反应很小，是有病的表现，背凸起也是病兔表现。

二看食欲。食欲能反映全身及消化道的健康状况。食欲旺盛是家兔健康的表现，吃得多而快。喂给正常量饲料一般在15～30分钟就能吃完。每次喂料前如果料槽内没有饲料，兔子会用两前肢趴在笼门等待饲养人员饲喂，甚至如果喂料不足会出现用两前肢扒食槽找食吃的现象。当饲料添加在料槽里，嗅后立即采食，如喂料前不活动，给食不吃或想吃而吃不进，则是有病的早期征兆。

如果少吃或不吃是有病的表现。有时吃青不吃精，一般是患有伤食痢疾，慢性出血败症及41℃以下炎症疾病；吃软青饲料表示缺水分或便秘；各种料都不吃，则是患41℃以上炎症疾病、痢疾、肠炎的后期等较重疾病。

三看饮水。健康兔饮水较少，随着外界气候的冷热变化稍有增减。如果饮欲增强，可能患有某些发热性疾病、胃肠炎、毛球病及食盐中毒等。相反，饮水量异常减少或不饮水，可能患了消化不良、腹痛和其他较严重的疾病。

四看粪便。健康兔的粪便呈球形或椭圆形，大小均匀，外表光滑圆润，有弹性，松散均匀，呈黑褐色，新鲜粪便略带光泽；从外观上看应该是粪球独立，大小适宜、质地软硬适中且具弹性、外观光滑、地点固定集中。成年兔粪便的大小在0.5～1厘米，排便一次5～6粒。

如果粪便湿烂量多，呈堆状或长条状，带有酸臭味，这是由于贪食过量的精料而引起消化不良；粪便干黑、大小不匀，排粪量减少，粪粒表面粗糙，是因为缺水或采食了过量的干粗饲料；如果粪粒变软增大、相互粘连、呈黑色或草绿色，是青饲料喂量过多，精粗饲料喂量较少所致；如果粪便稀薄似粥状，是由于冬季寒风侵袭、夏季兔舍过潮或家兔吃了带有露水、雨水、变质不洁饲料引起；如果粪便干小，一头尖或稀薄交替发生，并带有难闻的臭味，最常见的是家兔吃了腐败变质的饲料或冰冻饲料，引起胃炎或胀膨病；如果粪便干硬，粪粒大小不均或成串，内有兔毛，多为毛球病；粪便坚硬，表面发黑，排粪困难或停止排粪多是便秘；如果粪便先干硬，后水样，或干硬与水样交替发生，有时带有血液者多为急性球虫病；如果胶冻样黏液性稀便或带有明胶黏液两端尖的鼠粪状粪便，多为家兔急、慢性大肠感染；粪便水样恶臭，呈灰白色或浅黄色多为家兔沙门杆菌感染；如果粪便稀薄如水，混有泡性黏液或血液，并有特殊的腥臭味急剧下痢，腹部有流水者，多是魏氏棱菌感染。

五看排尿。兔的正常尿液为淡黄色、混浊状。一旦发现血尿，即可视为患有泌尿系统的疾病。排尿失禁或带疼痛感，排尿量和排尿次数过多或过少，也是患病的表现。

六看皮毛。健康兔皮肤结实，有弹性，背毛浓密、柔软顺滑有光泽；如背毛粗糙蓬乱易脱落、身上沾有粪尿以及草等则为病兔的表现。如果臀部被毛上有粪便，可能发生了腹泻；如果被毛上有黏液，可能发生了泌尿生殖道炎症。

七看眼睛。健康家兔眼睛明亮有神，眼结膜无红肿流泪，眼睑润净。如眼睛红肿、流泪、有眼屎，眼裂变小，眼睑沉滞或干燥，半张半闭，眼球凝视，反应迟钝，眼湿流泪或出现黏液，精神萎靡，均为患病表现。

眼结膜也是检查的重点。健康肉兔的眼结膜一般都接近于粉红色。单眼结膜潮红可能是眼睛局部发生炎症；双眼结膜潮红多标志着全身循环状态改变；眼结膜弥漫性充血常见于各种伴有发热的疾病，如感冒、急性传染病或肺炎等；眼结膜树枝状充血常见于脑炎、心脏病等；眼结膜苍白主要见于各种贫血（营养不良性、出血性、溶血性的）；眼结膜发绀（结膜呈蓝紫色）是血液含氧量极度降低、机体严重缺氧的表现，常见于各种伴有心、肺功能障碍的急性病症和多种中毒性疾病，常伴有呼吸困难或呼吸微弱等症状。

八看鼻。健康兔鼻端应干净无分泌物。鼻端出现分泌物是患病的表现，如病兔的鼻孔不洁有污物，鼻液增多，有痒感，打喷嚏。

九看耳朵。白色健壮兔耳呈淡粉色。耳郭苍白、发黄常表示循环不良，营养缺乏，或患有贫血、慢性消耗性疾病、肝脏疾病等；耳内无垢物，耳尖耳背无癣痂。耳部皮肤结痂，常见于疥癣；耳廓有较多黄褐色积垢，可能发生了中耳炎。

十看乳房：非泌乳期母兔的乳腺不充盈，泌乳期乳腺发育。当患有乳腺炎时，乳房有红、肿、热、痛的表现。严重时整个乳房化脓，并伴有全身性症状，如高热、食欲减退、精神不振、卧立不安等。

十一看生殖器：正常情况下母兔的外阴，公兔的睾丸、阴囊、包皮和龟头等清洁干净。当有炎症时，多红肿，有分泌物。患有梅毒时，红肿严重，结痂，呈菜花状。患有睾丸炎时，睾丸肿胀，严重时睾丸积脓。

（二）听

健康兔群兔舍内很少听到咳嗽声，或偶尔咳一两声，借以排除呼吸道内的分泌物和异物，这是一种正常的保护性反应。如果出现频繁的或连续性的咳嗽，就是患病的表现。

（三）摸

一摸腹部：健康兔的腹部应软而有弹性，如果腹部涨紧是有病表现。用手摸盲肠，应无明显感觉，如发现盲肠中有较大较多的块物，一般是患肠便结；用手触摸直肠其中的粪便排列比较均匀属正常。用手触摸子宫，健康的子宫有软感，如发现子宫硬而粗或子宫较大结疖都是病态的表现。

二摸耳朵：健康肉兔的耳朵手握有温暖感，健康肉兔的耳朵在春秋季上半耳凉下半耳热，冬天耳凉，耳根热，夏天耳身热。否则是得病的表现。如耳红烫手，体温高，耳色发青，手握发凉是体温低，都是兔的病态。耳朵变白色且耳温很凉，一般是消化道疾病，如伤食、菌痢、便秘、盲肠便结等体温都偏低；耳色过红，温度较热，一般是患有高热疾病，如肺炎等。

（四）查

一查体温：家兔正常体温是 38.5～39.5℃，青年和壮年兔高于成兔，老兔低；一天中中午最高，晚上最低；夏季高，冬季低；当患有兔瘟、巴氏杆菌病等传染病时，体温多升高；当患大肠杆菌病、魏氏梭菌病等，体温多无明显变化；患有慢性消耗性疾病时，体温多低于正常值。

体温测定采用肛门测温法。将兔保定，把温度计插入肛门 3.5～5 厘米，保持 3～5 分钟。

二查脉搏：成兔正常和安静状态下脉搏每分钟 120～150 次。兔在剧烈运动或受到惊吓时，脉搏可产生生理性的急剧上升。除了这些因素出现脉搏减慢或加快的，就是兔身体某器官出现了病理变化。当患有热性病、传染病、疼痛或受到应激时，脉搏数增加。脉搏数减少见于颅内压升高的脑病、严重的肝病及某些中毒症。

脉搏测定在兔子安静状态下，可在左前肢腋下、大腿内侧近端的股动脉上检查；或直接触摸心脏；或用听诊器，计数 1 分钟内心脏跳动的次数。

三查呼吸：健康兔呈胸腹式呼吸。即呼吸时胸部和腹部运动协调，强度一致。病兔则呼吸急促，不协调，呈单纯的胸式或腹式呼吸。

健康成兔呼吸次数为每分钟 50～60 次，幼兔稍快，妊娠、高温和应激状态呼吸次数增加。心脏和肠胃有病则呼吸加快，患肺炎、中毒、传染病时呼吸困难。

观察兔子胸壁或肋弓的起伏次数。呼吸次数与体温、脉搏有密切关系，一般而言，体温升高多伴随呼吸和脉搏的增加。

十八、兔病治疗技术

兔病的治疗方法有注射法、内服给药、直肠给药和外用给药 4

种，不同的用药方法，直接影响兔体对药物的吸收速度、吸收量以及药物的作用强度。因此，养兔户应该掌握常用的给药方法。

（一）注射法

注射法包括皮下注射、肌内注射、静脉注射、腹腔内注射、气管内注射。此法的优点是药物吸收快且完全，剂量和作用确实，但要严格消毒，注射部位要准确。

1. 皮下注射

皮下注射（图4-1）就是将药物注入皮下结缔组织中，经毛细血管、淋巴管吸收进入血液，发挥药效作用，达到防治疾病的目的。由于皮下有脂肪层，注入的药物吸收比较慢。皮下注射的药物不如肌内注射那样很快地随血液进入身体的所有组织，但是它会大大减少对于胴体外观的损害。如需注射大量药液时，应分点注射。

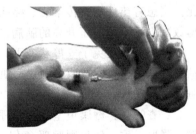

图4-1　皮下注射

注射部位一般在耳根后面、腹下中线两侧或腹股沟附近等皮肤松弛、容易移动的部位注射，先剪毛，再用酒精或碘酊消毒，然后，用左手将皮肤提起，右手将针头刺入被抓皮肤的三角形基部，大约皮下0.8厘米，将药物注入。注意针头不能垂直刺入，以防进入腹腔。拔出针头后要对注射部位重新消毒。必要时可对局部进行轻度按摩，促进吸收。凡是易溶解、无强刺激性的药品及疫苗、菌苗及肾上腺素和阿托品等，均可作皮下注射。该方法主要用于疫苗接种。

2. 肌内注射

　　由于肌肉内血管丰富，注入药液后吸收很快，另外，肌肉内的感觉神经分布较少，注射引起的疼痛较轻。一般药品都可肌内注射。肌内注射（图 4-2）是将药液注于肌肉组织中，一般选择在肌肉丰富的臀部和颈侧的厚重肌肉无大血管和神经的区域。注射前，调好注射器，抽取所需药液，对拟注射部位剪毛消毒，然后将针

图 4-2　肌内注射

头垂直刺入兔的肌肉适当深度，回抽活塞无回血即可注入药液。注射后拔出针头，注射部位涂以碘酊或酒精。注意，在注射时不要把针头全部刺入肌肉内。不要在近尾部的大腿肌肉进行肌内注射，这可能会导致跛行和坐骨神经损害。一次药量不能超过 10 毫升，若药量多应更换注射部位。注意不能伤及血管、神经和骨骼。为了避免针头误入血管内，应抽一下注射器的活塞，看注射器内是否回血。如果有血液出现，要完全退出针头，在新的部位重新刺入针头。

　　一般刺激性较强和较难吸收的药液，进行血管内注射。而有副作用的药液、油剂、乳剂而不能进行血管内注射的药液，为了缓慢吸收，持续发挥作用的药液等，均可应用肌内注射。过强的刺激药，如水合氯醛、氯化钙、水杨酸钠等，不能进行肌内注射。

3. 静脉注射

　　静脉注射是利用药品注入血管后随血流迅速遍布全身，药效迅速，药物排泄快的特点，常用于急救、输血、输液及不能肌内注射的药品。适用于急性的严重病例。

　　静脉注射时通常选择两耳外缘的耳静脉或股静脉注射（图 4-3）。剪毛后，若耳静脉太细不易注射时，可用手脂弹击耳廓边缘，或用酒精棉球用力擦，使血管怒张，用左手捏住耳尖，食指在耳下支

撑，右手持注射器，将针头顺静脉平行刺入耳静脉内，见有回血，迅速放开被压迫的耳基部，将药物慢慢注入。做肌静脉穿刺时，将病兔腹部朝上平卧，四肢用绳固定，用食指、中指在髂窝处摸到搏动最强地方稍靠外侧进针，针头与皮肤成30°角刺入1.5厘米左右抽回血，若回血为暗红色即可推药，若为鲜红色则误入动脉内，立即拔出针头按压3~5分钟，换另一侧重新注射。注射完毕，用酒精棉球按压2分钟。注射液内不得有气泡、小颗粒或异物。注射量大时，应将其加热到与体温相近的温度再注射。在注射前要排净注射器内的空气，以免形成栓塞死亡。注射刺激性的药液时不能漏到血管外。油类制剂不能静脉注射。

图4-3 静脉注射

注射过程中如发现推不动药液、药液不流或出现注射部位肿胀时，采取如下措施：一是针头贴到血管壁上。轻轻转动针头，即可恢复正常；二是针头移出血管外。轻轻转动注射器稍微后拉或前推，出现回血再继续注射；三是拔出后重新刺入。

4. 腹腔内注射

腹腔内注射用于补充体液。注射部位任选腹部脐后，用碘酊或酒精棉球消毒。使兔后躯抬高或倒提后肢，然后向腹内进针；回抽无血液、无气体后即可注药。注意进针不能太深，以防损伤内脏。药量多时应加温，使其温度与体温相同。

5. 气管内注射

气管内注射在兔颈部上1/3正中线处摸到气管，家兔的注射部位局部消毒后将针头垂直刺入，回抽有气体后缓缓滴注药液。此方法用于治疗气管、肺等的疾病。

（二）内服投药法

内服给药包括自行采食法、投服法、灌服法和胃管投药。此法的优点是简单易行，适用于多种剂型投药。但缺点是吸收慢、吸收不规则、药效迟等。

① 自行采食法：对于量较少又没有特殊气味的药物，可按一定比例将药物拌入少量适口的饲料中，让病兔自行采食；对于易溶于水又没有苦味的药物，可按一定比例将药物直接放入饮水中任兔饮用。

② 投服法：适用于药量少、有异味的药物，或兔拒食时，由助手保定，操作者固定兔头并握着面颊使口张开，用筷子或镊子夹取药片送入口中，令其吞下。

（三）灌服法

对于拒食的病兔，可用汤勺或注射器、塑料眼药水瓶吸取药液，缓慢地从口角缓缓注入口腔，对于片剂要研细，用厚纸折起，慢慢倒入病兔口腔，然后喂水服下。注意要防止误入气管及呛入呼吸道，引起异物性肺炎。

（四）胃管给药

对于有异味、毒性较大的药物，或拒食的病兔，可采用胃管给药，即将开口器置入病兔口腔，由上颚向内转动直到兔舌被压于开口器与下颚之间为止，可把导尿管作为胃管，前端涂石蜡润滑油，沿开口器中央小孔置入口腔，再沿上颚后壁轻轻送入食道约 20 厘米以达胃部，将胃管另一端浸入水杯中灌药，若有气泡冒出，应立即拔出重插。为了避免胃管内残留药物，需再注入 5 毫升生理盐水，然后拔出胃管。切忌投入肺中。

（五）直肠给药法

直肠给药是指通过肛门将药物送入肠管，通过直肠黏膜的迅速

吸收进入大循环，发挥药效以治疗全身或局部疾病的给药方法。操作简单，无创伤，对不能吞服的病兔更适合此法给药，药物在直肠吸收较口服为快，尤适宜于便秘的治疗，见效快，疗效可靠，无明显不良反应和副作用。

直肠给药对于便秘的病兔，可将兔侧卧保定，将后躯抬高，用一根适当粗细的橡皮管或塑料管涂上凡士林润滑，缓缓插入病兔肛门内 7～8 厘米，再把吸有药液的注射器接在橡皮管上，把药液注入直肠，可软化并让其自然排除直肠积粪。注意药液的温度应接近体温；发生便秘毛球病时内服给药效果不好，也可用直肠灌注法。

（六）外服给药法

外用给药包括洗涤、涂搽、药浴、点眼。对于外伤、体表寄生虫病、皮炎、皮癣等需要从外部施药。对这种病兔要单笼饲养，以防止其他兔误食药中毒。

① 洗涤法：将药物制成适宜浓度的溶液，清洗局部皮肤或鼻、眼、口及创伤部位等。

② 涂搽法：涂搽法是将药物制成洗剂或酊剂、油剂、软膏等剂型，涂搽于皮肤或黏膜表面患处的一种外治法。

依据病情选药物，然后把药物研成细末，因患病部位及皮损不同，可把药末与水、酒精、植物油、动物油或矿物油调成洗剂、酊剂、油剂、软膏等不同剂型外涂患处。在配制洗剂时，应尽量将药物研细，以免刺激皮肤。因酊剂有刺激性，凡疮疡破溃后，或皮肤病有糜烂者，或皮肤薄嫩处，或皮肤黏膜交界处。均应禁用。急性皮炎和有明显渗液之皮损处忌用软膏。局部有感染时，需先用清热解毒、抗感染制剂，感染控制后，再针对原来皮损，选用剂型与药物。先用低浓度制剂，根据病情需要提高浓度。随时注意药物的过敏反应，一旦出现过敏现象，应立即停用，并及时处理。

③ 药浴法：即用药液或含有药液水洗浴全身或局部的一种方法。药浴时将药物制成适宜浓度的溶液，浸泡去除病兔被毛的患部。

④ 点眼法：点眼法是将眼药水点入兔子的眼角内，以治疗疾

病的一种方法，也是眼病常用的外治法。点眼操作时先用棉签或食指充分地翻开兔的上眼皮，然后在眼皮内的组织上滴2滴眼药水，然后再把下眼皮向外拉开，在下眼皮靠近前眼角的位置与眼球之间的缝隙中滴入2滴眼药水，不宜滴太多，以免浪费药液。之后轻轻按住兔的眼睛，使之闭眼，让药液充分地分布在眼内，尽可能让兔闭眼1分钟以上再松开，以防药水外溢。如有药液流出眼外可用药棉或纸巾或干净毛巾擦去。双眼滴药时，首先滴健眼，后滴患眼。滴眼时，切勿让滴眼液滴管口接触眼部，至少距眼睑1~2厘米，以免污染滴眼液。若使用两种或两种以上滴眼液时，两者间应隔5分钟以上，否则第二种药物会将第一种药物冲洗掉或者两者之间发生反应而影响疗效。混悬剂滴眼液滴用前需摇匀；需另加溶媒溶解的滴眼液，使用前请将主药加入溶媒中溶解摇匀后使用。

十九、肉兔场常用的消毒方法

（一）紫外线消毒

紫外线杀菌消毒（图4-4）是利用适当波长的紫外线能够破坏微生物机体细胞中的DNA（脱氧核糖核酸）或RNA（核糖核酸）的分子结构，造成生长性细胞死亡和（或）再生性细胞死亡，达到杀菌消毒的效果。兔场的大门、人行通道可安装紫外线灯消毒，工作服、鞋、帽也可用紫外线灯照射消毒。紫外线对人的眼睛有损害，要注意保护。

图4-4 养殖人员更衣室紫外线消毒

图4-5 地面火焰消毒操作

（二）火焰消毒

火焰消毒（图4-5）是直接用火焰杀死微生物，适用于一些耐高温的器械（金属、搪瓷类）及不易燃的圈舍地面、墙壁、瓷砖和金属笼具的消毒。即可单独使用，也可与其他消毒方法配合使用。火焰消毒时烧灼效果可靠，但对消毒对象有一定的破坏性。应用火焰消毒时必须注意房舍物品和周围环境的安全。对金属笼具、地面、墙面可用喷灯进行火焰消毒。

（三）煮沸消毒

煮沸消毒（图4-6）是一种简单的消毒方法。将水煮沸至100℃，保持5～15分钟可杀灭一般细菌的繁殖体，许多芽孢需经煮沸5～6小时才死亡。在水中加入碳酸氢钠至1%～2%浓度时，沸点可达105℃，既可促进芽孢的杀灭，又能防止金属器皿生锈。在高原地区气压低、沸点低的情况下，要延长消毒时间（海拔每

图4-6　煮沸消毒器

增高300米，需延长消毒时间2分钟）。此法适用于饮水和不怕潮湿耐高温的搪瓷、金属、玻璃、橡胶类物品的消毒。

煮沸前应将物品刷洗干净，打开轴节或盖子，将其全部浸入水中。锐利、细小、易损物品用纱布包裹，以免撞击或散落。玻璃、搪瓷类放入冷水或温水中煮；金属橡胶类则待水沸后放入。消毒时间均从水沸后开始计时。若中途再加入物品，则重新计时，消毒后及时取出物品。

（四）喷洒消毒

喷洒消毒（图4-7）是养兔场最常用的消毒方法，消毒时将消毒药配制成一定浓度的溶液，用喷雾器对消毒对象表面进行喷洒。要求喷洒消毒之前应把污物清除干净，因为有机物特别是蛋白质的存在，能减弱消毒药的作用。消毒操作的顺序为从上至下，从里至

外。适用于兔舍、场地等环境消毒。

图 4-7　喷洒消毒操作

（五）生物热消毒

生物热消毒（图 4-8）指利用嗜热微生物生长繁殖过程中产生的高热来杀灭或清除病原微生物的消毒方法。将收集的粪便堆积起来后，粪便中便形成了缺氧环境，粪中的嗜热厌氧微生物在缺氧环境中大量生长并产生热量，能使粪中温度达 60～75℃，这样就可以杀死粪便中病毒、细菌（不能杀死芽孢）、

图 4-8　堆肥发酵

寄生虫卵等病原体。适用于污染的粪便、饲料及污水、污染场地的消毒净化。

（六）焚烧法

焚烧法（图 4-9、图 4-10）是一种简单、迅速、彻底的消毒方法，是消灭一切病原微生物最有效的方法，因对物品的破坏性大，故只限于处理传染病动物尸体、污染的垫料、垃圾等。焚烧应在专用的焚烧炉内进行。焚烧时要注意安全，须远离易燃易爆物品，如氧气、汽油、乙醇等。燃烧过程中不得添加乙醇，以免引起火焰上窜而致灼伤或火灾。对兔舍垫料、病兔死尸可进行焚烧处理。

图 4-9　深坑焚烧后填埋　　　　　　图 4-10　焚烧炉焚烧

（七）　深埋法

深埋法（图 4-11）是将病死禽、污染物、粪便等与漂白粉或新鲜的生石灰混合，然后深埋在地下 2 米左右之处。

图 4-11　深埋操作

（八）　高压蒸汽灭菌法

高压蒸汽灭菌（图 4-12）是在专门的高压蒸汽灭菌器中进行的，是利用高压和高热释放的潜热进行灭菌，是热力灭菌中使用最普遍、效果最可靠边的一种方法。其优点是穿透力强、灭菌效果可靠、能杀灭所有微生物。高压蒸汽灭菌法适用于敷料、手术器械、药品、玻璃器皿、橡胶制品及细菌培养基等的灭菌。

图 4-12　高压蒸汽
灭菌器

（九）　发泡消毒

发泡消毒法是把高浓度的消毒药用专用发

泡机制成泡沫散布兔舍内面及设施表面。主要用于水资源贫乏地区或为了避免消毒后的污水进入污水处理系统破坏活性污泥的活性以及自动控制兔舍环境，一般用水量仅为常规消毒法的1/10。

二十、颗粒饲料加工技术

颗粒饲料是用颗粒机将粉状配合料压成颗粒状的一种饲料。这种饲料的制作程序是根据兔的饲养标准、饲料原料的营养价值、饲料资源的数量与价格，用多种饲料和多种添加剂按一定方法配制而成的混合料。如果配合饲料中各种营养物质的种类、数量及相互比例都适合家兔的营养需要，这样的配合饲料就称为全价配合饲料。如果将兔用全价配合饲料用兔用颗粒机将粉状制成颗粒，即为兔用颗粒饲料。养兔场可以购买大型饲料厂生产在颗粒饲料，也可以自行制作。自行制作颗粒饲料的方法有用颗粒饲料机制作和手工制作两种。

（一）　颗粒饲料机制作颗粒饲料的办法

1. 混合

混合是兔用颗粒饲料加工的重要环节，是保证其质量的主要措施。购买大型饲料厂生产的专业预混料或者将微量添加物料制成预混合料。自行生产预混料的养兔场，为了提高微量养分在全价饲料中的均匀度，凡是在成品中的用量少于1％的原料，均首先进行逐级稀释预混合处理。否则混合不均匀就可能会造成动物生产性能不良，整齐度差，饲料转化率低，甚至造成动物死亡。

对添加剂预混料的制作，应按照从微量混合到小量混合到中量混合再到大量混合逐级扩大进行搅拌的方法。

2. 原料的准备

被混物料之间的主要物理性质越接近，其分离倾向越小，越容易被混合均匀，混合效果越好，达到混合均匀所需的时间也越短。物理特性主要包括物料的粒度大小、形状、容重、表面粗糙度、流动特性、附着力、水分含量、脂肪含量、酸碱度等。水分含量高的物料颗粒容易结块或成团，不易均匀分散，混合效果难以令人满意，所以一般要求控制被混物料的水分含量不超过12%。

制造兔用颗粒饲料所用的原料粉粒过大会影响家兔的消化吸收，过小易引起肠炎。一般粉粒直径以1～2毫米为宜。其中添加剂的粒度以0.6～0.8毫米为宜，这样才有助于搅拌均匀和消化吸收。

3. 适宜的装料量

混合机主要靠对流混合、扩散混合和剪切混合三种混合方式使物料在机内运动达到将物料混合均匀的目的，不论哪种类型的混合机，适宜的装料量是混合机正常工作并且得到预期效果的重要前提条件。若装料过多，会使混合机超负荷工作，更重要的是过多的装料量会影响机内物料的循环运动过程，从而造成混合质量的下降；若装料过少，则不能充分发挥混合机的效率，浪费能量，也不利于物料在混合机里的流动，而影响混合质量。

各种类型的饲料混合机都有各自合理的充填系数，实验室和实践中已得出了它们各自较合理的充填系数，其中分批（间歇式）卧式螺带式混合机，其充填系数一般以0.6～0.8为宜，物料位置最高不应超过其转子顶部的平面；分批立式螺旋混合机的充填系数一般控制在0.6～0.85；滚筒式混合机为0.4左右；行星式混合机为0.4～0.5；旋转容器式混合机为0.3～0.5；V形混合机为0.1～0.3；双锥形混合机为0.5～0.6。各种连续式混合机的充填系数不尽相同，一般控制在0.25～0.5，不要超过0.5。

4. 物料添加顺序

正确的物料添加顺序应该是配比量大的组分先加入或大部分加入机内后，再将少量及微量组分加在它的上面；在各种物料中，一般是粒度大的组分先加入混合机，后加入粒度小的组分；物料之间的相对密度差异较大时，一般是先加入相对密度小的物料，后加入相对密度大的物料。

对于固定容器式混合机，应先启动混合机后再加料，防止出现满负荷启动现象，而且要先卸完料后才能停机；而旋转容器混合机则应先加料后启动，先停机，后卸料；对于 V 形混合机，加料时应分别从两个进料口进料。

5. 严格控制混合时间

一般卧带状螺旋混合机每批混合 2～6 分钟，立式混合机则需混合 15～20 分钟。注意混合时间不可过短，也不可过长。因为混合时间过短，物料在混合机中得不到充分混合便被卸出，混合质量肯定得不到保证。但是，也并非混合时间越长，混合的效果就越好。试验证明，任何流动性好、粒度不均匀的物料都有分离的趋势，如果混合时间过长，物料在混合机中被过度混合就会造成分离，同样影响质量，且增加能耗。因为在物料的混合过程中，混合与分离是同时进行的，一旦混合作用与分离作用达到某一平衡状态，那么混合程度即已确定，即使继续混合，也不能提高混合效果，反而会因过度混合而产生分离。

6. 颗粒的含水量要求

为防止颗粒饲料发霉，水分应控制，北方低于 14％，南方低于 12.5％。由于食盐具有吸水作用，在颗粒料中，其用量以不超过 0.5％为宜。另外，在颗粒料中还加入 1％的防霉剂丙酸钙，0.01％～0.05％的抗氧化剂丁基化羟甲苯（BHT）或丁基化羟基氧基苯（BHA）。

7. 控制适宜蒸汽量

以保证颗粒具有一定硬度和黏度，使粉化率不高于 5％。

8. 装袋时温度

装袋时颗粒料温度不高于环境温度 7～8℃。

9. 颗粒的规格

成品颗粒饲料的直径以 4～5 毫米、长度以 8～10 毫米为宜。用此规格的颗粒饲料喂兔收效最好。

10. 纤维含量

颗粒料所含的粗纤维以 12%～14% 为宜。

11. 注意加工过程中养分流失问题

制粒过程中的变化在制粒过程中，由于压制作用使饲料温度提高，或在压制前蒸汽加温，使饲料处于高温下的时间过长。高温对饲料中的粗纤维、淀粉有些好的影响，但对维生素、抗生素、合成氨基酸等不耐热的养分则有不利的影响，因此，在颗粒饲料的配方中应适当增加那些不耐高温养分的比例，以便弥补遭受损失的部分。

（二）手工制作颗粒饲料的方法

手工制作颗粒饲料有以下三种方法。

第一种方法是将配合饲料搅拌均匀后，放入柳筐或面盆内，再把适量的新鲜青绿饲料用刀切成含粉料里，双手握住柳筐或面盆做圆周转动，使草粒在筐内滚动（和滚元宵的做法一样）。少时粉料便会均匀地黏附在草粒上，如不黏，可喷撒少量温开水，直到滚成如兔粪大小的颗粒，即可放入食盆内饲喂。可现滚现喂，也可晒干储存备用。

第二种方法是将混合饲料加适量水搅拌，以手握成团而指缝不滴水为宜（如混合饲料中不含添加剂可用开水调制）。然后把拌匀的混合饲料，分次倒入绞肉机内，摇动摇把，即可加工成圆柱形颗粒饲料。最好用多少加工多少。加工的饲料如短期喂不完，可烘干或晒干储存备用。

第三种方法是将混合饲料加水调和后（料中可适当加入少量小麦粉）用擀面棒加工，再用刀切成面条状放入阳光下晾晒，干后喂兔即可，干制面条要妥善保管，以防受潮而发霉变质。

第五章

满足肉兔的营养需要

品质优良的饲料是肉兔获得高产的物质基础。针对肉兔在育成、空怀、妊娠、分娩、哺乳等不同阶段的营养需要，采用科学的配方和优质的原料，提供安全、全价、均衡的优质日粮，满足肉兔的营养需要，肉兔的生产潜力才能得以充分发挥，实现肉兔高产。只有高产才能降低饲养成本，而饲养成本越低，经济效益就越高。

一、了解和掌握肉兔对营养物质需要的知识

家兔的营养需要是指保证家兔健康和充分发挥其生产性能所需要的饲料营养物质数量。要养好兔，首先必须了解家兔需要哪些营养物质，需要多少，缺少某种营养物质，家兔会有什么表现。了解和掌握家兔的营养需要，是制定和执行家兔饲养标准，合理配合日粮的依据。所以，了解家兔的营养需要，对提高养兔的生产水平及养兔的经济效益十分重要。

（一）能量需要

家兔机体的生命与生产活动，需要机体每个系统相互配合与正常、协调地执行各自的功能。在这些功能活动中要消耗能量。饲料中包含碳水化合物、脂肪和蛋白质等有机物质都含有能量。

饲料中的营养物质不是都能被家兔所利用。不消化的物质从粪中排除，粪中也含有能量，饲料中总能减去粪能称为可消化能

（DE）。食糜在肠道消化时也会产生以甲烷为主的可燃气体，也含有能量。被吸收的养分，也有些不能被利用的从尿中排出，这些甲烷气体和尿液里所含的能量都不能被家兔所利用。因此，饲料的消化能减去甲烷能和尿能称代谢能（ME），代谢能也称为生理有用能。

代谢能是提供家兔生命活动和物质代谢所必需的营养物质，它与其他营养物质有一定比例要求，因而，使各种营养物质与可利用能量保持平衡。这一点在给家兔配合日粮时非常重要，配合高能日粮时，其他的营养素也应有一个相应高的水平，配合低能量日粮时要适当降低其他营养素的水平。使家兔在采食的日粮中，能量水平与其他营养总是合乎比例要求。这样饲料利用才会经济合理。配合日粮要为能量而"转"，家兔也是为"能"而采食的，对高能量的日粮，家兔采食到足够它需要的能量时，它就不采食了；对低能量的饲料，家兔就采食多一些，以满足它对能量的需要。

生长兔为了保证日增重达到 40 克水平，日喂量在 130 克左右饲料情况下，每千克日粮所含的热能为 12558 千焦。为了保证生长兔最大的生长速度，每千克日粮最低能量也应保持在 10467 千焦以上。妊娠母兔的能量需要随着胎儿的发育而增加。泌乳母兔每千克日粮应含 10467～12142 焦耳的消化能，才能保持正常泌乳。

（二）蛋白质需要

蛋白质是生命的基础，是构成细胞原生质及各种酶、激素与抗体的基本成分，也是构成兔体肌肉、内脏器官及皮毛的主要成分。如果饲料中蛋白质不足，家兔生长缓慢，换毛期延长，公兔精液品质下降，母兔性机能紊乱，表现难孕、死胎、泌乳下降；仔兔瘦弱、死亡率高等。相反，日粮蛋白质水平过高，不仅造成浪费，还会产生不良影响，甚至引起中毒。家兔对粗蛋白质的需要量：维持需要 12%，生长需要 16%，空怀母兔 14%，怀孕母兔 15%，哺乳母兔 17%。

蛋白质是由氨基酸构成的，所以兔对蛋白质的需要，实际上就是对氨基酸的需要。动物需要氨基酸有 20 多种，有的氨基酸不能在动物体内合成或合成量少，称为必需氨基酸，共有 10 种，即赖氨酸、蛋氨酸、色氨酸、苯丙氨酸、亮氨酸、异亮氨酸、缬氨酸、苏氨酸、组氨酸和精氨酸。其中，赖氨酸、蛋氨酸、色氨酸极易缺乏，常把这 3 种氨基酸称为限制性氨基酸。对生长兔来说，最必需的有精氨酸（要求占日粮的 0.6%）、赖氨酸（占日粮的 0.6%）、含硫氨基酸（蛋氨酸和胱氨酸，占 0.6%）。

日粮中能量和蛋白质含量要有一定的比例。若日粮中的能量不足，将分解大量的蛋白质满足能量的需要，降低了蛋白质的价值；若能量过高，影响家兔的采食量，造成家兔生产力下降。所说的"能量蛋白比"就是两者关系的指标。

（三）脂肪需要

脂肪是能量来源与沉积体脂肪的营养物质之一，一般认为家兔日粮需要含有 2%~5% 的脂肪。脂肪是由甘油和脂肪酸组成的。脂肪酸中的亚麻油酸、次亚麻油酸、花生油酸在家兔体内不能完成，必须由饲料供给，所以这 3 种脂肪酸称为必需脂肪酸。若家兔的日粮中缺乏这 3 种脂肪酸，就会影响家兔的生长，甚至造成死亡。

饲料中的脂溶性维生素 A、维生素 D、维生素 E、维生素 K，被家兔采食后，不溶于水，必须溶解在脂肪中，才能在体内输送，被家兔消化吸收和利用。如家兔的日粮中缺乏脂肪，维生素 A、维生素 D、维生素 E、维生素 K 不能被家兔吸收利用，将出现维生素缺乏症。

日粮中脂肪含多少直接影响家兔的采食量，家兔喜欢吃脂肪含有 5%~10% 的日粮；日粮中脂肪含量低于 5% 或高于 20% 时，都会降低兔的适口性。一般认为脂肪的添加量：非繁殖成年兔 2%，怀孕和哺乳母兔 3%~5.5%，生长幼兔 5%，肥育兔 8%。

（四）粗纤维的需要

粗纤维不易消化，吸水量大，起到填充胃肠的作用，给兔以饱的感觉；粗纤维又能刺激胃肠蠕动，加快粪便排出。成兔粗纤维过少，食物通过消化道的时间为正常的2倍。日粮中粗纤维不足引起消化紊乱，发生腹泻，采食量下降，而且易出现异食癖，如食毛、吃崽等现象。6～12周龄家兔，粗纤维含量应为日粮的8%～10%。其他各类兔，日粮中粗纤维含量应以12%～14%为宜。

（五）矿物质需要

矿物质是饲料中的无机物质，在饲料燃烧时成灰，所以也叫粗灰分，其中包括钙、磷及其他多种元素。

钙和磷：钙和磷是构成骨骼的主要成分。钙能帮助维持神经肌肉的正常生理功能，维持心脏的正常活动，维持酸碱平衡，促进血液凝固。各类家兔日粮中钙的需要量：生长兔、肥育兔为1.0%～1.2%，成年兔、空怀兔为1.0%，妊娠后期和哺乳母兔1.0%～1.2%。磷影响兔的骨骼和身体细胞的形成，对碳水化合物、脂肪和钙的利用等都是必需的。各类兔对磷的需要量：生长兔、肥育兔为0.4%～0.8%，妊娠后期和哺乳母兔为0.4%～0.8%，成年兔、空怀兔为0.4%。钙、磷比例以维持2:1为好，并且应保证有维生素D的供给。

豆科牧草含钙多；粮谷、糠麸、油饼含磷多；青草野菜含钙多于磷；贝粉、石灰石粉含钙多；骨粉、磷酸钙等含钙和磷都多，但钙比磷至少多1倍，是家兔最好的钙、磷补充饲料。

氯和钠：氯和钠广泛分布于体液中，维持体内水、电解质及酸碱平衡，并维持细胞内外液的渗透压。钠还能调解心脏的正常生理活动。氯也是形成胃酸的原料，是胃液的主要组成部分。

如果兔的日粮里补盐不足，兔食欲下降，增重减慢，且易出现乱啃现象。一般植物饲料里含钠和氯很少。必须通过给食盐来补充。兔对食盐需要量，一般认为应占日粮的0.5%。对哺乳母兔和肥育母兔可稍高一些，应占日粮的0.65%～1%。

钾：钾在维持细胞渗透压和神经兴奋的传递过程中起着重要作用。家兔缺乏钾会发生严重的进行性肌肉营养不良等病理变化。钾是钠的拮抗物，所以二者在代谢上密切相关。日粮中钾与钠的比例为（2～3）:1对机体最为有利。常用的兔饲料含钾元素高，日粮中不需要补钾，一般也不会发生缺钾现象。

铁、铜和钴：这3种元素在体内有协同作用缺一不可。铁是组成血红蛋白的成分之一，有担负氧的运输功能，缺铁会引起贫血症。每千克日粮应含铁100毫克左右才能满足兔的生理要求。铜有催化血红蛋白形成的作用，缺铜同样贫血。每千克日粮中应含有5～20毫克为宜。据试验，日粮添加高水平铜，主要通过硫酸铜的形式补给。钴是维生素B_{12}的成分，而维生素B_{12}是抗贫血的维生素，缺少钴就妨碍维生素B_{12}的合成，最终也会导致贫血。仔兔每天需要钴不低于0.1毫克，成兔日粮中，每千克饲料应添加0.1～1.0毫克，以保证兔的正常生长发育与繁殖。

锰：锰主要存在于动物肝脏中，参与骨组织基质中的硫酸软骨素形成，所以是骨骼正常发育所必需。锰与繁殖及碳水化合物和脂肪代谢有关。家兔缺锰表现为骨骼发育不良，腿弯曲骨脆，骨骼的重量、密度、长度及灰分含量均减少。兔的日粮中，生长兔每千克日粮含0.5毫克，成年兔含2.5毫克，就可防止锰的缺乏症。锰的摄取量范围为每千克日粮含10～80毫克。

锌：锌是兔体内多种酶的成分，如红细胞中的碳酸酶，胰液中的羧肽酶等。锌与胰岛素相结合，形成络合物，增加胰岛素的结构，延长作用时间。日粮中如缺锌，常出现食欲不振，生长缓慢，皮肤粗糙结痂，被毛粗劣稀少和生殖机能障碍。家兔对锌的需要量为每千克日粮含30～50毫克。

碘：碘的作用在于参与甲状腺素、三碘酪氨酸和四碘酪氨酸的合成。如碘摄入过多，每千克日粮碘超过250毫克，会招致家兔大量死亡。缺碘会引起甲状腺肿大。最适宜含量为每千克日粮0.2毫克。

硫：兔体内的硫，主要存在于蛋氨酸、胱氨酸内，维生素中的硫胺素（维生素B_1）、生物素中含有少量硫。兔毛含硫5%，多以胱氨酸形式存在，硫对兔毛、皮生长有重要作用。兔缺硫时食欲严重减退，出现掉毛现象。

硒：硒和维生素 E 一样具有抗氧化作用，在机体内生理生化过程中，硒对消化酶有催化作用，对兔生长发育有促进作用。缺硒时，家兔出现肝细胞坏死、空怀、死胎等。家兔的每千克饲粮中，添加 0.1 毫克就可以满足要求。

（六）维生素需要

维生素是兔体的新陈代谢过程中所必需的物质，对家兔的生长、繁殖和维持其机体的健康有着密切的关系。家兔虽然对维生素的需要量微小，但缺乏时，轻者生长停滞，食欲减退，抗病力减弱，繁殖机能及生产力下降；重者，家兔死亡。

维生素主要分两大类：脂溶性维生素和水溶性维生素。前者主要有维生素 A、维生素 D、维生素 E、维生素 K 等，后者包括整个 B 族维生素和维生素 C。对兔营养起关键性作用的是脂溶性维生素。

青绿饲料及糠麸饲料中均含多种维生素，只要经常供给家兔优质的青绿饲料，一般情况下不会造成缺乏。

（七）水需要

家兔体内的水约占其体重的 70%。在血液中可达到 80%，骨骼、肌肉、内脏的含水量为 45%～75%。水参与兔体的营养物质的消化吸收、运输和代谢产物的排出，对体温调节也具有重要的作用。

给家兔喂水是至关重要的，若缺少水就会使家兔的新陈代谢发生紊乱。生产实践表明，兔在停止喂食后，在失去体重 40% 的情况下还可以生存。若停止供水，失水 5% 时，就会导致家兔食欲不振，精神委顿；失水 10% 时，就会引起发病；失水 20% 就会造成家兔的死亡。家兔需水量的多少与季节、年龄、生理状态、饲料特性等有关。炎热的夏季，家兔的需水量随气温的升高而增加，所以，供水不能间断，要给家兔充足的饮水。热天多、冷天少，晴天多、阴天少。喂干饲料多供水，喂青饲料少供水；饲料质优要多供水，饲料质劣要少供水。对肥胖兔多供水，对瘦小兔少供水；对便秘的兔增加供水，对拉稀兔减少供水。对发热兔多供水，对有汗的兔供盐水，为防病可供加药的饮水。幼龄兔由于生长发育旺盛，需水量高于成年兔。妊娠、泌乳的家兔需水量都比较大。特别是正处在分娩时的家兔易感口渴，若此时饮水不足，易发生残食仔兔的现象，所以此时应供给充足的饮水，以温水为宜（饮水时注意放入少量的食盐）。供给家兔饮水时，还应考虑饲料特性等因素，若喂给颗粒或粉状饲料，供水量就要适当加大。

家兔对水的需要量，一般为摄入干物质总量的 1.5～2 倍。各类兔对水的需要量如表 5-1 所示。

表 5-1　各类兔每天适宜的饮水量

不同时期的兔	需水量/升
空怀或妊娠初期的母兔	0.25
成年公兔	0.28
妊娠后期母兔	0.57
哺乳母兔	0.60
母兔和哺育 7 只仔兔(6 周龄)	2.30

二、掌握肉兔营养需要的特点

（一）种公兔的营养需要特点

饲养种公兔的目的在于配种繁殖，以获得更多更好的后代。尽管种公兔数量很少，但作用很大，是其他任何家兔所不能取代的。优良的种公兔表现在体质健壮，配种力强，繁殖的后代多而好。而营养与种公兔的配种能力有密切关系。因为精液主要由优质蛋白质组成，而精子在合成过程中，需要大量的维生素和微量元素等营养。如果营养供应不足，会影响精液的质量、公兔的性欲和配种能力，这直接和间接影响配种后的受胎率。但过高地提供营养，过多地供应饲料，会造成种公兔的体型过大，性情迟钝，降低了配种能力。所以，为保持较好的精液品质，一般公兔能量需要应在维持需

要的基础上增加 20%，蛋白质的需要与同体重的妊娠母兔相同。同时还需要注意矿物质和维生素的需要。

矿物质对种公兔同样重要，如钙、磷与精液的品质有关，钙磷比例应为 (1.5～2)∶1。除此之外，还要注意补充锌和锰。

维生素对于精液的品质有重大影响，提高维生素的含量，特别是维生素 A 和维生素 E 的水平，对于提高配种效果有显著作用。因此，规模型养兔场，饲喂全价配合饲料一定要添加足够的维生素。当压制颗粒饲料时，还应适当提高维生素含量，以补充由于压粒过程中的高温对维生素的破坏。对于青饲料丰富的季节且能够充足供应的养兔场，可降低维生素的水平，冬季可用富含胡萝卜素的多汁饲料代替一部分维生素 A。种公兔日粮中应保证矿物质的含量，特别是钙和磷的含量。它们不仅影响公兔的体质，还影响精子的生长。

由于精子的生成是一个缓慢的过程，大约需要一个半月的时间，因而不能因为公兔在非配种季节立即降低饲养标准，到配种繁忙时，才马上提高营养水平。一般来说，在空闲期可适当降低营养水平，或减少饲喂量，在配种季节到来 3～4 周之前，逐渐提高营养水平。

（二） 繁殖母兔营养需要的特点

繁殖母兔包括空怀母兔、妊娠母兔和哺乳母兔，这是母兔繁殖的三个阶段，每个阶段母兔对营养需要各不相同，各有重点。

1. 空怀母兔营养需要的特点

饲喂的重点是使初产母兔或经产母兔保持合适的体况。如果母兔长期处于低营养水平，可导致卵巢正常机能受阻，使种母兔不能正常发情、排卵。相反，营养水平过高不仅不经济，而且对繁殖也造成不良影响。生产实践中，常常出现体膘过肥的家兔不育就是这个原因。种母兔体况过肥，卵巢被脂肪浸润因而卵泡发育受阻，引起发情无规律或不发情，配种延迟，甚至造成母兔不能繁殖。特别是对于经产母兔来说，由于在哺乳期间消耗了大量养分，空怀母兔需要供给充足的营养物质来恢复体质，为下次妊娠做准备。

初产母兔本身正处于发育阶段，其营养水平视其体况而定，一般按维持需要水平，对体况稍差的可稍高于维持水平。经产母兔的营养水平一般保持七八成膘为宜，按维持需要供给营养。

为防母兔过于肥胖，使母兔能正常发情、排卵和妊娠，降低胚胎在附植前后的损失，母兔在自由采食颗粒饲料时，每只每天的饲喂量不超过140克；混合饲喂时，补喂的精料混合料或颗粒饲料每只每天不超过50克。

2. 妊娠母兔营养需要的特点

母兔从配种妊娠到分娩的这一时期称妊娠期。此期的中心任务是供料营养全面，保证胎儿的正常生长发育。胎儿90%的体重是在妊娠后期累积的，因此妊娠母兔饲养管理的重点应在妊娠后期。

母兔妊娠期间除维持自身的生命活动外，子宫及胎儿的生长、乳腺的发育等需要大量的营养物质，尤其是妊娠后期能否提供全面的营养物质对胎儿的正常生长发育、母兔的健康和产后的泌乳能力有直接影响。妊娠母兔所需要的营养物质以蛋白质、维生素和矿物质最为重要。妊娠期母兔的营养需要量是平时的1.5倍，所以在妊娠期应给予富含蛋白质、维生素和矿物质的饲料，并逐渐增加饲喂量。尤其是在妊娠后期，母兔获得充足的营养，泌乳力就高，仔兔生长发育好，成活率高；反之，母兔消瘦，泌乳力低，仔兔生活力弱、死亡率高。

在满足妊娠母兔营养需要的前提下要限制饲养，防止母兔过肥，减少胚胎在附植前后的损失，保持母兔较好的繁殖力。在生产实践中，可用同一日粮，采取前期限量、后期增量的办法。也可按妊娠期的营养需要另行配制日粮。注意对增加矿物质钙、磷、锰、铁、铜、碘及维生素A、维生素D、维生素E、维生素K等的供给。母兔自由采食颗粒料，每只每天的饲喂量不超过150~180克；混合饲喂时，补喂的混合精料或颗粒饲料每只每天

不超过 100～120 克。临产前 3 天减少精饲料的喂量，增加青绿饲料的喂量。

3. 哺乳母兔营养需要的特点

从母兔分娩到仔兔断奶这段时期为哺乳期。哺乳母兔要分泌大量乳汁，加上自身的维持需要，每天都要消耗大量的营养物质，对营养物质的需要较高，能量和蛋白质的需要是维持需要的 4 倍。而这些营养物质必须从饲料中获取。由于需要的消化能高，势必要降低饲粮中粗纤维水平，会破坏家兔正常的消化生理。因此，饲料必须营养全面，富含蛋白质、维生素和矿物质，消化能一般为 10.88～11.3 兆焦/千克，日粮粗蛋白水平不低于 18%，在自由采食颗粒料的同时适当补喂青绿多汁的饲料。并注意提高饲粮的适口性。仔兔在哺乳期的生长速度和成活率，主要取决于母兔的泌乳量。可见，保证哺乳母兔充足的营养，是提高母兔泌乳力和仔兔成活率的关键。

哺乳母兔的营养需要按照母兔体重、仔兔数量、泌乳量、乳成分及乳的合成效率确定，哺乳母兔的饲喂量要随仔兔的生长发育逐渐增加，充分供给饮水，以满足其不断增长的营养需要。饲喂量不足，会导致营养缺乏，从而消耗大量体内储存的营养，母兔很快消瘦，既影响母兔的健康，又影响下一胎次的妊娠和仔兔的生长发育。

兔乳中含有大量的矿物质和维生素，特别是钙、磷、钠、氯和维生素 A、维生素 D 等。因此，泌乳母兔对其需要量也增加。另外，由于泌乳过程中泌乳量、乳成分的变化，在实践中应注意泌乳母兔营养需要的阶段性、全价性和连续性。

（三）肥育兔营养需要的特点

肥育是指在家兔屠宰前，进行催肥饲育，提高屠宰率和肉品质。肥育兔对能量需要因年龄、体重、增重速度和肥育阶段不同。幼兔和育肥前期每单位增重所需能量较少，需要的饲料也少，而需要的蛋白质、矿物质和维生素较多。随着年龄的增长和育肥期的进展，单位增重所需能量增多，而对蛋白质和矿物质等需要相对减少。但日粮中要保证矿物质和维生素的含量。由于形成体脂的主要原料是碳水化合物，因此在家兔肥育期应多喂含有可溶性碳水化合物的饲料，如薯类、禾谷类及其副产品等。

三、熟悉兔的消化特性，掌握正确饲喂方法

兔是单胃草食家畜，与其他动物相比，有其独特的消化特点，主要表现在以下几个方面。

（一）胃的消化特点

在单胃动物中，兔子的胃容积占消化道总容积的比例最大，约为35.5%。由于兔子具有吞食自己粪便的习性，兔胃内容物的排空速度是很缓慢的。试验表明，饥饿2天的家兔，胃中内容物只能减少50%，这说明兔子具有相当的耐饥饿能力。胃腺分泌胃蛋白酶原，它必须在胃内盐酸的作用下（pH＝1.5）才具有活性，15日龄以前的仔兔，胃液中缺乏游离盐酸，对蛋白质不能进行消化，16日龄以后胃液中才出现少量的盐酸，30日龄时胃的机能基本发育完善，在饲养中应注意这一特点。

（二）对粗纤维的消化率高

家兔消化的最大特点在于发达的盲肠及其盲肠内微生物的消化，兔子消化道复杂且较长，容积也大，大小肠极为发达，总长度为体长的10倍左右，体重3千克左右的兔子肠道长5～6米，盲肠约0.5米，因而能吃进大约相当于体重的10%～30%的青草。

兔子盲肠有适于微生物活动所需要的环境，较高的温度（39.6～40.5℃，平均40.1℃）、稳定的酸碱度（pH＝6.6～7.0，平均6.79）、厌氧和适宜的湿度（含水率75%～86%），给以厌氧为主的微生物提供了优越的活动空间。盲肠微生物的巨大贡献是对粗纤维的消化，它们可分泌纤维素酶，将那些很难被利用的粗纤维分解成低分子有机酸（乙酸、丙酸和丁酸），被肠壁吸收。兔子对粗纤

维的消化率为60%～80%，仅次于牛羊，高于马和猪。

粗纤维是家兔的必备营养，是任何其他营养所不能替代的，当饲料中粗纤维含量不足时，易引起消化紊乱、采食量下降、腹泻等。兔子消化道中的圆小囊和蚓突有助于粗纤维的消化。圆小囊位于小肠末端，开口于盲肠、中空、壁厚、呈圆形，有发达的肌肉组织，囊壁含有丰富的淋巴滤泡。有机械消化、吸收、分泌三种功能。经过回肠的食物进入圆小囊时，发达的肌肉加以压榨，经过消化的最终产物大量的被淋巴滤泡吸收，圆小囊还不断分泌碱性液体，以中和由于微生物生命活动而形成的有机酸，保持大肠中有利于微生物繁殖的环境，有利于粗纤维的消化。蚓突位于盲肠末端，壁厚，内有丰富的淋巴组织，可分泌碱性液体。蚓突经常向肠道内排放大量淋巴细胞，参与肠道防卫机能，即提高机体的免疫力和抗病能力。盲肠和结肠发达，其中有大量的微生物繁殖，是消化粗纤维的基础。

（三） 对粗饲料中蛋白质的消化率较高

兔子对粗饲料中粗纤维具有较高消化率的同时，也能充分利用粗饲料中的蛋白质及其他营养物质。兔子对苜蓿干草中的粗蛋白质消化率达到了74%，而对低质量的饲用玉米颗粒饲料中的粗蛋白质，消化率达到80%。由此可见兔子不仅能有效地利用饲草中的蛋白质，而且对低质饲草中的蛋白质有很强的消化利用能力。

（四） 能耐受日粮中的高钙比例

兔子对日粮中的钙、磷比例要求不像其他畜禽那样严格（2∶1），即使钙、磷比例达到12∶1，也不会影响它的生长，而且还能保持骨骼的灰分正常。这是因为当日粮中的含钙量增高时，血钙含量也随之增高，而且能从尿中排出过量的钙。试验表明，兔日粮中的含磷量不宜过高，只有钙、磷比例为1∶1以下时，才能忍受高水平磷（1.5%），过量的磷由粪便排出体外。饲料中含磷量过高还会降低饲料的适口性，影响兔子的采食量。另外，兔日粮中维生素D_3

的含量不宜超过 1250～3250 国际单位，否则会引起肾、心、血管、胃壁等的钙化，影响兔子的生长和健康。

（五）　消化系统的脆弱性

兔子容易发生消化系统疾病。仔兔一旦发生腹泻，死亡率很高。故农村流传着"兔子拉稀——没治了"的歇后语。造成腹泻的主要诱因是低纤维饲料、腹壁冷刺激、饮食不卫生和饲料突变。对低纤维饲料引起腹泻一般认为是由于饲喂低纤维、高能量、高蛋白的日粮，过量的碳水化合物在小肠内没有完全被吸收而进入盲肠，由于过量的非纤维性碳水化合物在一些产气杆菌大量繁殖和过度发酵。因此，破坏了肠中的正常菌群。有害菌产生大量毒素，被肠壁吸收，造成全身中毒。由于肠内过度发酵，产生小分子有机酸，使后肠渗透压增加，大量水分子进入肠道。且由于毒素刺激，肠蠕动增强，造成急性腹泻。肠壁受凉常发生于幼兔卧于温度较低的地面、饮用冰凉水、采食冰凉饲料的情况。肠壁受到冰凉刺激时，蠕动加快，小肠内尚未消化吸收的营养便进入盲肠，造成盲肠内异常发酵，导致腹泻。饲料突变及饮食不卫生，胃肠不能适应，改变了消化道的内环境，破坏了正常的微生态平衡，导致消化机能紊乱。

四、掌握常用饲料原料的营养特性

（一）　精饲料

精饲料主要包括能量饲料和蛋白饲料。

能量饲料主要包括玉米、大麦、稻谷和麦麸等。其特点是淀粉含量丰富，适口性好，消化率高，粗纤维含量少，蛋白质含量不高，含磷、硫较多，含钙较少，维生素含量不全面。

蛋白质饲料主要包括植物性蛋白质饲料和动物性蛋白质饲料。植物性蛋白质饲料（如黄豆、豆粕、豆饼、菜粕和棉粕等）的特点是蛋白质含量丰富，氨基酸平衡，营养比较全面，有大量脂肪、维生素 E 和 B 族维生素，气味芳香，适口性好，一般在日粮中所占

比例为 20％～40％（菜籽饼中含有芥籽素，味苦而辣，在混合料中的比例一般应控制在 5％左右）；动物性蛋白质饲料（如鱼粉、血粉、蚕蛹粉和骨肉粉等）的特点是蛋白质含量高，有较多的必需氨基酸，尤其是赖氨酸、蛋氨酸和色氨酸含量丰富，有较多的维生素及无机盐，是常用的蛋白质添加饲料。鱼粉常用于调整和补充某些必需氨基酸，但因价格较高，且有特殊的鱼腥味，适口性差，肉兔不喜欢采食，在混合料中的比例一般控制在 3％左右。

此外，饲料酵母含有丰富的蛋白质、维生素、脂肪和无机盐类，其营养价值接近于鱼粉，在兔日粮中的用量为 2％～5％。

（二）粗饲料

粗饲料主要包括青干草（禾本科、豆科及其他科青干草）和秸秆（稻草、豆秸、玉米秸等荚壳类）两种。其特点是含水量低、粗纤维含量高、可消化物质少、适口性差、消化率低，但来源广、数量大、价格低，是兔饲料中不可缺少的原料之一，一般在日粮中所占的比例为 30％左右。其中，青干草因气味芳香，适口性好，宜作为家庭养兔的主要粗饲料；如果饲喂荚壳类，最好经粉碎后与其他精料混合制成颗粒料饲喂。

（三）青绿饲料

青饲料也被称为青绿饲料，是指供给兔子饲用的幼嫩植株、茎秆或叶片等，包括栽培牧草、天然草地牧草、幼枝嫩叶、叶菜类及非淀粉质茎根瓜果藤类等。栽培青饲料有豆科牧草，如苜蓿、三叶草、毛叶苕子、紫云英、黑麦草、野豌豆等，这类饲料的适口性好，含优质蛋白高；禾本科牧草如燕麦草、扁穗鹅冠草等；蔬菜如胡萝卜叶、甘蓝、菠菜、白菜等，因蔬菜水分含量高，需晾干萎软后再喂。野草应选择叶多而纤维较少的野草。常用的有蒲公英、车前草、野荠菜、刺儿菜、马齿苋、艾蒿等。树叶可选用蛋白质含量高且营养价值高的树叶，如槐树叶、桑叶和椿树叶等。

青绿饲料是来源广泛而且很经济的一种主要饲料。青饲料蛋白质含量高、富含叶绿素、富含多种纤维素、维生素、较柔嫩汁适、适口性好、消化率高，且来源广、品种齐全、成本低、采集方便、加工简单，能较好地兔子利用。

选择时以当地有的品种为主，因地制宜，运输距离不能过大，否则导致饲料成本高。特别要注意鉴别兔子绝对不能喂的青饲料。

（四）多汁饲料

主要指块根、块茎及瓜类饲料。如胡萝卜、萝卜、甘薯、马铃薯、甜菜和南瓜等。这类饲料的特点是嫩而多汁，适口性好，营养丰富，便于储藏，在冬季枯草季节，可弥补青饲料的不足。尤其是胡萝卜，不仅适口性好，而且具有较好的调养作用。哺乳母兔供给适量的多汁饲料可提高泌乳量，促进仔兔生长；对繁殖母兔则具有促进发情，提高受胎率的作用。值得注意的是，块根块茎类和瓜类有轻泻作用，饲喂时不宜过量，应与青干饲料结合供给。

（五）矿物质饲料

一般天然牧草、野草、谷物类和豆科类饲料中含的矿物质基本上能满足兔的需要，尤其是日粮中含有大量豆科牧草时，一般不缺乏。但当日粮缺乏豆科牧草，而以禾本科牧草为主时，需补充矿物质。肉兔常用的矿物质补充料有食盐、骨粉和石粉等，在肉兔日粮中的用量很少，但作用很大，是必不可少的肉兔日粮组成成分。

食盐是钠、氯的重要来源，具有增进家兔食欲，促进营养物质的消化吸收和维持体液平衡等作用，用量一般占风干日粮的 $0.3\%\sim0.5\%$。食盐可以混入精料中或溶于水中供兔饮用。

家庭养兔用的骨粉可以自制，即将食用后的畜禽骨骼高压蒸煮 $1\sim1.5$ 小时，使骨骼软化，敲碎晒干后即可喂兔。喂量可占日粮的 $2\%\sim3\%$。

石粉是兔日粮中最经济实惠的补钙饲料。贝壳粉也是一种廉价钙补充料，磷酸氢钙是钙、磷补充料。食盐用量一般占配合饲料的 $2\%\sim3\%$，用量过大易引起中毒；当日粮中缺少钙、磷时，可补充

骨粉，用量一般为3%。

（六）饲料添加剂

添加剂饲料是指添加于配合饲料中的某些微量成分，对提高兔群健康、促进生长、繁殖等均有明显作用，饲料添加剂可分为营养性和非营养性两类。

常见的兔用非营养性添加剂有生长促进剂和驱虫保健添加剂（如磺胺喹噁啉、磺胺二甲基嘧啶、黄霉素、盐酸氯苯胍等）、防霉剂（丙酸钙、丙酸钠等）、调味剂（乳脂香、糖精）及中药添加剂（如鸡内金、山楂、神曲、白术、橘皮、青蒿、艾叶和麦芽等）和酶制剂等。

据报道，日粮中加入20%～30%磺胺二甲基嘧啶，或在饮水中加入20%的磺胺甲基嘧啶，或加入30%～40%的磺胺喹噁啉，均能有效控制肉兔球虫病。另外，洋葱、大蒜、韭菜等亦有防治消化道疾病和球虫病的功能。

常见的兔用营养性添加剂有氨基酸（主要是胱氨酸、蛋氨酸及赖氨酸）、维生素（维生素A、维生素D粉、维生素E粉及兔用多维素）和矿补剂（石粉、贝壳粉、食盐和复合微量元素）。

添加剂饲料对肉兔的生长、饲料转化及疾病防治等均有一定的作用。添加时应遵循肉兔饲养标准，缺什么补什么，缺多少补多少，不能滥用乱用。尤其是抗生素之类，长期使用会产生耐药性，并能够抑制盲肠微生物的活动。因此，使用时应特别注意。

五、兔用饲料的选用原则

（一）根据家兔的营养需要选用饲料

家兔需要的营养来源于饲料，只有喂给营养物质的种类、数量、比例都能满足家兔营养需要的日粮，才能促进家兔健康和高产。所以选用营养丰富、适口性好的饲料，才会提高家兔的饲料利用效率和生产效益。实践证明，家兔一天采食的饲料总量，应该在多种多样饲料基础上，经过合理搭配，使其营养需要的种类和数量能基本达到家兔的饲养标准所规定的指标，又具有良好的适口性、消化性及符合经济要求。

（二）　根据家兔的采食性和消化特点选用饲料

家兔对饲料具有很强的选择性，喜欢采食颗粒饲料、植物性饲料、带甜味的饲料等。这些特点应是选择饲料的依据。实践证明，根据这些特点选用饲料，就能增加家兔的采食量，减少饲料浪费。

家兔具有较强的消化能力，但是家兔的消化道壁薄，尤其是回肠壁更薄，具有通透性。幼龄兔的消化道壁更薄，通透性更强，且微生物区系未能很好地建立，所以，用于家兔的饲料，特别是幼龄家兔的饲料，应根据这一特点，选用容易消化的饲料。

（三）　根据饲料特性选用饲料

目前，我国养兔以青料为主，补以精料，这些饲料各有特点，用于家兔的青料以幼嫩期的品质好；精料以新鲜、全价、颗粒饲料为佳。两种类型的饲料都要注意其营养性、适口性、消化性和饲料容积，才能促进饲料的转化率，提高饲料的利用效果。

六、兔日粮配合的原则

（一）　因兔制宜

家兔生产可以分为长毛兔、肉兔和獭兔生产三个方向。不同生产方向的饲养标准是有一定差异的，家兔生产者应该了解这些差异并能在实际生产中加以应用。应根据不同年龄、体重来配制日粮，因为幼兔、青年兔、妊娠兔、哺乳兔等所需要的饲养标准不同。

长毛兔生产中可以参考的饲养标准有原西德 Klaus（1985）和法国 Rougeot（1994）给出的产毛兔的营养需要，但两者差异很大。中国科技工作者刘世民、张力等在 1994 年提出了适合我国国情的中国"安哥拉兔饲养标准"，并已在实际生产中得到了广泛的应用。

肉兔生产者在肉兔的日粮配合中可以参考的饲养标准有美国的NRC标准、法国Lebas的营养需要量标准和法国的AEC兔的营养需要量标准。国内有关肉兔的饲养标准很少见，仅有张晓玲等在1988年用新西兰兔、日本大耳兔和青紫蓝兔筛选出的妊娠、哺乳、生长、肥育和种公兔的日粮标准，其适宜营养浓度均接近于美国NRC和法国Lebas的结果。

国内外獭兔的饲养标准基本上是空白，獭兔生产者在实际生产中大多采用肉兔的饲养标准，在獭兔的日粮配合中应考虑獭兔和肉兔在营养需要上（如蛋白质、赖氨酸、含硫氨基酸）的区别，并及时观察在实际应用中的效果。家兔的营养需要量或饲养标准并不是一成不变的，养兔者在实际生产中应根据各地的具体情况和自己的经验适当地进行调整。

家兔饲养标准中给予的指标有很多，实际应用时应根据具体情况，如能查到的饲料原料的指标数、使用原料的种类及计算方便与否等确定选择指标数，一般配方中考虑能量、蛋白质、赖氨酸、蛋氨酸、钙、磷、粗纤维即可。

所以在目前国内尚未有统一饲养标准的情况下，应参照建议标准，来配制日粮，以满足不同生长时期各类獭兔的营养需要。

（二）　充分利用当地饲料资源

利用饲料要因地制宜，要了解当地哪些饲料数量最多，来源最广，价格最便宜，以保持饲料的品种和配合比例不会有很大的变化。

（三）　日粮营养要全面

日粮应尽可能用多种饲料配成，以便发挥各种营养物质的互补作用，必要时还应补充饲料添加剂，如生长素、必需氨基酸等，以提高饲料的消化利用率。使用粗饲料、能量饲料、蛋白质饲料或矿物质饲料等原料时，一般以4～6种为宜，不同属性的原料之间是不能互相替代的，还要注意营养成分变化很大的玉米秸、地瓜秧、花生秧、草粉、苜蓿粉等粗饲料原料。

（四） 粗纤维含量要适宜

家兔日粮的配制应严格按照不同的生产目的（肉、毛和皮）、不同的生理状况（妊娠、哺乳、生长、育肥和种公兔）进行配制。特别是仔兔、幼兔和成年兔的日粮中粗饲料的比例一定要有所区别，仔兔和幼兔的日粮中粗饲料的含量应适中，太少会影响消化器官的发育，太多则造成消化不良。有的饲料给量过多会引起便秘，而有些饲料过多则会引起腹泻，对这些饲料必须控制用量，以免招致不良后果。

在配合饲料中，粗纤维含量一般不能低于1%，以利于维持正常的消化功能，避免肠道疾病的发生。

（五） 适口性要好

配制家兔日粮时不仅要考虑饲料的营养价值，而且要考虑其适口性。利用适口性很差的饲料如血粉、菜籽饼等配制日粮时，必须限制其用量。由于家兔是草食家畜，因此动物性原料如鱼粉、肉骨粉等在日粮中占的比例不应太多，否则不仅会影响日粮的适口性，而且会增加饲料的成本。

（六） 日粮要保持相对稳定

一经确定兔喜食、生长快、饲料利用率高、成本低的日粮配方后，则应使日粮保持相对的稳定性，不宜变化太大、太快，以免造成应激所引起的影响，若要更换，应采取逐步过渡的饲喂方法，给兔有一个逐渐适应的过程。

（七） 安全性要好

选择任何饲料原料，都应按照对兔无毒无害，同时也要保证生产出的兔产品无毒无害，符合安全性的原则。因此，对于易受农药污染的青饲料及果树叶等，要在确保不受污染的情况下使用；需要注意含有游离棉酚的棉籽饼（粕）、含有黄曲霉毒素的花生饼（粕）、含有芥子苷的菜籽饼（粕）、含有龙葵碱的马铃薯、含有抗营养因子的大豆饼（粕）、含有单宁的高粱等等的脱毒处理，在无脱毒或脱毒不彻底的情况下，要按规定的限制量使用；块根块茎类饲料应无腐烂；所有饲料原料保证不发霉变质，无毒无害，无不良气味，绝对不允许添加违禁药品。

（八）肉兔全价配合饲料参考配方

1. 1~3 月龄仔兔全价配合饲料

草粉 30%、大麦或玉米 19%、小麦或燕麦 19%、豆饼 13%（炒熟粉碎最佳）、麦麸 15%、鱼粉 2%、肉粉 1%、骨粉 0.5%、食盐 0.5%，另每吨饲料添加电解多维 200 克，硫酸亚铁 100 克，碳酸钙 25 克，碳酸锌 14 克，硫酸铜 3 克。

2. 3~5 月龄仔兔全价配合饲料

草粉 40%、大麦或玉米 24%、小麦或燕麦 10%、豆饼 10%（炒熟粉碎最佳）、麦麸 12%、鱼粉 2.5%、肉粉 0.5%、骨粉 0.5%、食盐 0.5%，另每吨饲料添加多维 200 克，硫酸亚铁 100 克，碳酸钙 25 克，碳酸锌 14 克，硫酸铜 3 克。

3. 哺乳母兔全价配合饲料

混合草粉 20%、玉米粉 40%、豆饼（粕）20%、麦麸 12.5%、鱼粉 4%、骨粉 3%、食盐 0.5%，另每吨饲料添加多维 200 克，氯化胆碱 400 克，硫酸亚铁 100 克，硫酸铜 10 克。

4. 妊娠母兔全价配合饲料

混合草粉 28%、玉米粉 40%、豆饼（粕）15%、麦麸 10.5%、鱼粉 4%、骨粉 2%、食盐 0.5%，另每吨饲料添加多维 200 克，氯化胆碱 400 克，硫酸亚铁 100 克，硫酸铜 10 克。

5. 生长育肥兔全价配合饲料

混合草粉 20%、玉米粉 40%、豆饼（粕）20%、麦麸 12.5%、鱼粉 4%、骨粉 3%、食盐 0.5%，另每吨饲料添加多维 200 克，氯化胆碱 400 克，硫酸亚铁 100 克，硫酸铜 10 克。

6. 生长育肥兔全价配合饲料

配方一：优质干草粉 30%、秸秆粉 10%、大麦或玉米 16%、小麦或燕麦 16％、麦麸 9％、豆饼（粕）14％、鱼粉或肉粉（含粗蛋白质 55％～65％）2％、饲料酵母或骨粉 1％、骨粉 1.5％、食盐 0.5％，另每吨饲料添加多维 200 克，硫酸亚铁 100 克，碳酸钙 25 克，碳酸锌 14 克，硫酸铜 3 克。

配方二：优质干草粉 20％、秸秆粉 20％、大麦或玉米 14％、小麦或燕麦 14％、麦麸 9％、豆饼（粕）18％、鱼粉或肉粉（含粗蛋白质 55％～65％）2％、饲料酵母或骨粉 1％、骨粉 1.5％、食盐 0.5％，另每吨饲料添加多维 200 克，硫酸亚铁 100 克，碳酸钙 25 克，碳酸锌 14 克，硫酸铜 3 克。

以上配方摘自《肉兔安全生产技术指南》。

七、养兔采用配合饲料加青草的日粮结构最经济

在生产实践中，为了提高经济效益，降低饲料成本是其重要环节之一。要降低饲料成本，就必须在满足饲料多样化（组成成分）的基础上，应尽量选用价格较低，但营养价值相当的饲料，并合理地将各种饲料搭配起来使用。

通常人们将饲料大体分为青饲料、粗饲料和精饲料三种。青饲料来源广；粗饲料价格低廉，粗纤维含量较高；精饲料营养价值高，适口性好，但价格较贵。所以从节约饲料成本的角度出发，养兔应优先选用青饲料，对兔来讲，其适口性也好，但水分较多，营养浓度低，若全部采食青饲料，不能满足獭兔的营养需要，因此还必须选用一定的粗饲料和精饲料。最好是将粗饲料和精饲料合理搭配并制成配合饲料。用配合饲料的好处在于它是以肉兔的营养需要为依据，符合獭兔的营养消化特点，适口性好，肉兔喜欢采食。若只采用粗饲料，首先是其营养含量不能满足獭兔的营养需要；其次是其适口性差，影响肉兔采食量，使肉兔生长发育不良，影响繁殖性能等。若只用精料，一是其价格过于偏高，增加饲料成本；二是精料中粗纤维含量较低，会导致肉兔某些消化道疾病，不利于健康生长。在配料过程中，遵循多种原料，各原料所占比例少的原则。在整个配方中最主要的成分还是粗饲料，如干草粉、玉米秆等。

综上所述，采用配合饲料加青草的日粮结构是最经济的，以青草为主，配合饲料为辅。

八、粗饲料选择须知

兔用粗饲料主要包括干草和秸秆两大类。其中常见的有干青草、干苕糠、干甘薯藤、豆秸、玉米秆、统糠等。这些粗饲料要怎样选用才好，我们可以其处理方法和营养价值为标准来选用。就干草来说，可用自然干燥和人工干燥两种方法来完成青草的干制。自然干制是利用阳光或环境温度使饲料脱水，达到干制目的。此法所制干草营养成分损失在 20％左右，胡萝卜素损失在 70％～80％。其中豆科干草的营养价值最好。人工干制（低温干制和高温干制）的优点是营养素损失少，仅为自然干制损失的 1/10～1/3。人工干制中，低温干制是将热源温度控制在几十摄氏度到 500℃之间，经数小时，使饲料中水分降低到 14％～17％。总的来说，有机物质的损失程度自然干制大于人工干制，低温干制大于高温干制，所以选用人工高温干制的干草营养价值较高，但若考虑饲料成本，则以自然干制的成本最低；豆科干草较禾本科干草营养价值高，应优先考虑。应注意的是：人工干制的干草维生素损失较大，使用时应考虑饲料中维生素的缺乏，相应添加维生素或专用多维来满足。

秸秆类中，小麦草质地粗糙、坚硬、叶带盲刺，有机物消化率低；大麦草质地优于小麦草，春大麦草又比冬大麦草质量好；燕麦草质地软，秆光滑，不带盲刺，是农作物秸秆中最好的；稻草木质素含量低，硅含量高，饲养价值低，因而喂兔效果不好，适口性差，饲料报酬极低。总之，此类饲料质地坚硬，粗纤维中木质素含量高，饲用价值不高。可见，粗饲料中用干草喂兔较秸秆饲料为好。一般干草在配合饲料中可占 20％～30％，而秸秆饲料则不能超过 10％。另外，粗饲料一般宜粉碎以后与精料混合使用（制成颗粒或拌湿）。优质禾本科干草可直接喂兔。粉碎时不宜过细，过细的粉末反而不利于獭兔的正常消化和排泄。其细度以便于与其他精料混匀，獭兔喜欢采食为度。特别值得注意的是统糠，在农村中用得很广，它是一种质量较差的粗饲料，但很多农户都用它与麸皮等混合来喂兔，然而统糠喂断奶兔不适宜，就是喂大兔和肥育兔时，其用量也不宜超过 15％。

九、掌握购买饲料的方法

市场上出售用于肉兔的全价配合饲料比较少，我国现有的饲料产品中只有少量的颗粒饲料、矿物质饲料添加剂、预混料等产品。养兔场自行配制肉兔饲料的，要根据当地的饲料资源状况选择购买饲料原料来进行配合。为了选择到理想的饲料，可以从以下 3 个方面考察。

（一）到饲料生产企业现场考察

1. 看工厂的规模

看其是否有雄厚的经济实力，良好的企业管理、生产设施和生产环境。企业部门的设置，企业的各个职能部门是否设置齐全，这是企业是否正规的一个指标，尤其是质检、采购、配方师等。一个完整的队伍，是完成任务的保证。小饲料厂往往没有这些部门，所有的工作都由老板自己承担，既要管原料的采购，又要管配方，还要管生产加工和销售，一个人的精力毕竟有限，顾此失彼，不可能全部照顾周到。还有的饲料厂临时外请技术人员负责配方或购买别人的现成配方，不能够根据客户反馈适时调整配方，原料改变了但为了节省购买配方的钱也不能够及时调整配方，这些情况下，饲料的质量很难保证。

2. 看生产原料

原料的好坏直接影响饲料成品的好坏，看生产原料要到仓库实际查看，不能听信厂家的介绍，因为原料的价格、含量、成分、产地等等差别很大，厂家往往都会说他们使用的进口蒸汽鱼粉，维生素是包被的、豆粕是高蛋白的等等，只有到仓库一看便知，即使你对原料不是十分懂，但你可以从实物上看，是否有产品质量检验合格证和产品质量标准；是否有产品批准文号、生产许可证号、产品

执行标准以及标签认可号；标签应以中文或适用符号标明产品名称、原料组成、产品成分分析、净重、生产日期、保质期、厂名、厂址、产品标准代号、使用方法和注意事项；进口饲料添加剂应有国务院农业行政主管部门登记的进口登记许可证号，有效期为5年，产品必须用中文标明原产国名和地区名。不明白可以抄录或拍照回去查资料了解。而没有合格证和质量标准的，没有标签或标签不完整的，没有中文标识的，应为不合格产品。

3. 看原料和成品的保管

主要看仓储设施。主要原料如玉米是否有大型的仓库或者储料塔。看其他原料的质量主要看储存的条件和生产厂家。原料储存和供应是否充足，质量是否可靠。大型饲料企业每天的生产量都在几百吨甚至上千吨以上，如果原料供应不上，原料现进现加工，很难保证饲料的稳定供应，不能因为原料供应不及时而时断时续，储存条件要好，没有露天风吹日晒、虫害、鼠害、鸟害等，原料要保证卫生和不发霉变质。

4. 看生产设备

好的生产设备是生产合格产品的保证。而简陋的设备不可能生产出质量稳定的产品，时好时坏，加工不好的饲料会导致粒度变化、成分混合不充分、肉兔挑食、饲料利用率降低、生产性能下降，极端情况下，会引起严重的健康问题。

（二）到饲料用户咨询

百闻不如一见，实践是检验真理的唯一标准。要了解饲料质量好坏，就要亲自到用户家亲自看一看。要到附近的养兔场走访了解，走访的养兔场，既要多去养殖比较好的肉兔场，也要去养得不好的肉兔场了解，看人家长期使用什么牌子的饲料，饲喂的效果如何。多走访几家，从市场反馈情况来看哪个厂家的饲料质量稳定，上市时间长，饲料销售的地区覆盖面大。一般生产饲料的时间越早，在市场上反应好的饲料是较好的饲料。有的饲料厂在创立初期或新品种刚上市时，用好的原料生产，以占领市场，一旦用户反馈好，销量上来以后，就偷工减料，用一些质量差廉价的原料替代质优价格贵的原料，因为用户不能马上使用就出现问题，这样一段时间后，等用户又反馈说饲料有问题时，他们一面派技术人员去找肉兔场在管理方面的毛病，让养肉兔场相信是自己饲养管理方面的问题，而不是饲料的质量问题，因为没有几个肉兔场能做到完全的科学管理，都或多或少的在饲养管理上存在问题，一面又改用好的原料生产，这样时好时坏地生产。要坚决不与这样的商家合作。

还要了解是否有高素质的专家作技术保证，是否有技术信誉。售后是否周到、及时、完善，技术服务能力能否为用户解决技术疑难，如根据具体情况，设计可行的饲方；指导养殖场防疫，饲养管理；诊断肉兔的疾病，介绍市场与原料信息等。

（三）　通过实际饲喂检验

第一次使用某一厂家生产的饲料时，最好进行饲养试验，根据食欲及健康状况、增重和饲料消耗情况对配合饲料质量作出科学判断。通过小规模的对比试喂一段时间，看适口性、增重、粪便、发病率高低等，也可以检验一个饲料的好坏，为决策作参考。

十、重视霉菌毒素的危害性

因为饲料或原料中含有的水分较多或者在压制成颗粒饲料后没有及时摊晾风干，在适宜的温度下，饲料中的真菌大量繁殖，产生毒素。霉变饲料又往往含有不止一种霉菌毒素，霉变饲料中毒经常都是由多种霉菌毒素之间的互作效应造成的。

发霉饲料主要表现为三种类型，第一类是粗饲料发霉中毒，以花生秧、花生壳和红薯秧为主；第二类是精饲料发霉中毒，以麦麸、玉米和花生饼为主；第三类为颗粒饲料发霉，主要是小型颗粒饲料机在压粒过程中加水过多，没有及时干燥而发霉。

在我国北方由于盛产草粉，在长期的保存过程中，极易受到雨、雪和露水的作用而发生霉变。在南方，由于气候湿润多雨，规模化兔场所用的草粉和玉米等原料大都需要从北方调入，同样在保管和使用的过程中容易发生草料霉变。最为常见的是草粉、玉米或压制成的颗粒饲料霉变。引起饲料霉变的真菌常见的有黄曲霉、赤霉、棕霉、黑霉、白霉、甘薯黑斑病霉等。它们产生的毒素具有耐热性，在普通的高温下不易被破坏，毒力又非常强，例如黄曲霉毒素 B_1 是目前已知霉菌毒素中毒性最强的一种，是引起人及其他动物中毒的主要霉菌毒素之一，它主要引起肝脏的损害，其毒性仅次于肉毒毒素，比氰化钾高 100 倍，但在养兔生产中，杂霉引发的霉菌毒素中毒比黄曲霉毒素中毒更为多见。

发病季节一年四季均有，但以春末夏初最多。家兔与其他畜禽相比，对霉菌毒素特别敏感，一旦被家兔摄入就会发生霉变饲料中毒，霉菌毒素对种兔造成的危害远远高于幼兔和成年兔，常造成繁殖障碍，妊娠后期的母兔"瘫软症"和引起妊娠母兔死胎。严重的霉菌毒素中毒往往突然发生批量死亡，且不分老幼、强弱。

因此，种兔场和养兔户在饲喂家兔时，应严把饲料质量关，杜绝饲喂发霉变质的饲料。

第六章

实行精细化饲养管理

以肉兔为本就是按照肉兔的生物学特性、生理特点及福利要求，将温度、湿度、通风、光照、密度、微生物调整到最佳状态，为肉兔创造适合其维持、生长及繁育的理想条件，满足肉兔的营养需要，保证兔体健康和尽最大可能地发挥肉兔的生产潜能，提高繁殖率、成活率、出栏率、成品优质率，争取多生、少死、快长、优质。从而让所饲养的肉兔为我们创造财富。

精细化管理就是注重饲养管理的每一个细节，将管理责任具体化、明确化，并落实管理责任，使每一位养殖参与者都有明确的职责和工作目标，尽职尽责地把工作做到位，生产中发现问题及时纠正，及时处理，每天都要对当天的情况进行检查，做到日清日结等等。

一、规模化养肉兔场必须实行精细化管理

规模化养兔场，在兔场的日常管理的过程中，一定要针对本场肉兔的品种、健康状况、饲养条件，以及饲养管理人员的技术水平和能力等实际情况，制订和完善生产管理制度，调动养殖参与者的生产积极性，做到从场长到饲养员达到最佳的执行力，形成自己的管理特色。为了做到精细化管理，要从以下四个方面入手。

（一） 制订科学合理的生产管理制度

科学合理的生产管理制度是实现精细化管理的保障，规模化养

兔场要想做大做强，必须有与之相适应的、完善的生产管理制度。养兔场的日常管理工作要制度化，做到让制度管人，而不是人管人。将养兔场的生产环节和人员分工细化，通过制度明确每名员工干什么、怎么干、干到什么程度。这些生产管理制度包括工作计划安排、人员管理制度、物资管理制度、饲养管理技术操作规程、肉兔病防制操作规程等。

1. 工作人员岗位职责

要分工明确责任到人，给每位员工要规定具体的工作责任。如管理人员职责、技术人员职责、饲料保管员职责、饲养员职责等。

（1）养兔场场长职责（仅供参考）

① 组织实施养兔场的长期、短期规划。

② 拟定养兔场的内部管理方案。

③ 拟定养兔场的基本管理制度。

④ 全面管理家兔养殖场的日常工作，执行股东会的决议。

⑤ 制订养兔场各类职员的具体职责。

⑥ 聘请养兔场的技术顾问，聘用养兔场的技术人员、饲养员、饲料加工员和专业清洁员。

⑦ 协调养兔场所有员工的工作关系。

⑧ 监督检查技术员、饲养员、饲料加工员和专业清洁员的工作及其履行职责的具体情况。

⑨ 负责协调养兔场与其他外部有关部门的关系。

⑩ 其他应当履行的职责

（2）技术顾问职责（仅供参考）

① 对养兔场的养兔技术问题提供全面的技术指导。

② 培训养兔场的技术人员。

③ 培训养兔场的饲养员。

④ 培训养兔场的专业清洁员。

⑤ 培训养兔场的饲料加工员。

⑥ 其他应当由技术顾问提供的技术指导工作。

（3）技术员职责（仅供参考）

① 负责养兔场家兔的防疫、免疫工作。

② 每天巡视养兔场，观察家兔并向饲养员、专业清洁员了解家兔的有关情况，做到对兔的病情早发现早治疗。

③ 负责养兔场病兔的治疗。

④ 负责养兔场种兔的繁育、配种工作，优选良种。

⑤ 负责建立保存养兔场种兔的档案。

⑥ 负责监督指导专业清洁员对家兔、兔场、兔舍的消毒。

⑦ 负责监督指导饲养员对家兔用具的消毒。

⑧ 负责家兔饲料免疫性检查，防止家兔病从口入。

⑨ 对病兔和死兔进行解剖，了解研究病因、病症。

⑩ 负责诊治病兔，并指导饲养员对病兔的日常护理工作。

⑪ 每日与饲养员沟通，了解掌握种母兔的发情、受孕、临产等情况，提高家兔的繁殖质与量。

⑫ 定期与饲料输入和加工人员沟通，开发配制适合各种家兔的饲料。

⑬ 其他应当由技术员负责的工作。

（4）饲养员职责（仅供参考）

① 负责种兔、幼兔、商品兔的喂养，负责家兔的配种、摸胎和接生，并做好喂养的各项记录。

② 指导、协助专业清洁员对兔场、兔舍清理及消毒，并做好消毒记录。

③ 负责家兔用具的消毒。

④ 服从技术员对家兔的防疫、免疫及育种工作的指示和安排。

⑤ 配合技术员对家兔的防疫、免疫及育种工作。

⑥ 向技术员汇报家兔的日常情况，提供家兔免疫、防疫第一手材料。

⑦ 准确记录所喂养家兔的饲料种类及饲料的添加量和家兔的采食量。

⑧ 向饲料加工人员反馈饲料的效率和效果，配合饲料加工人员做好各种家兔饲料的开发和利用。

⑨ 记录家兔异常反应，并及时与技术员沟通，从中发现饲养中家兔的问题，对家兔的疫情做到早发现，早治疗。

⑩ 应当由饲养员负责的其他工作。

（5）饲料保管员职责（仅供参考）

① 凭收货通知单收货。收货保管员必须在收到由本公司原料部开具的原料（药品、编织袋等）收货通知单（或业务洽谈卡），并在确认所到原料（药品、编织袋等）的情况与"收货通知单（或业务洽谈卡）"内容相符后，方可对新到货物进行抽样检验。

② 严格足量抽样。抽样比例按品管部要求执行，且抽样面积应尽可能宽、层数尽可能多。

③ 把好感官检验关。收货保管员必须首先对所抽样品进行外观检验和口感检测，检验内容如下。

a. 原料的水分、色泽、气味、粒度、生熟度、纯度以及有无含杂和霉变结块情况等。

b. 色泽、气味、粒度、纯度以及有无含杂和霉变结块情况等。

c.（会同品管部）按总部技术部制订的验收标准对新到编织袋进行验收。

④ 初检合格，送样化验。外观检验（及口感检测）合格的货物，应填写《抽样单》，随样品一起送公司品管部进行化验。外观检验或口感检测不合格的，应耐心向原料客户讲明情况，并及时通知原料部。

⑤ 化验合格过磅卸车。

a. 新到货物原则上要待化验合格，并收到由品管部负责人（或委托人）签署的"同意收货"的化验单之后方可过磅卸货（特殊情况需得到总经理同意后方可卸货）。过磅时至少应两人在场，分别负责司磅、监磅；过磅单必须由电脑打印。

b. 公司根据实际情况，也可在外观（及口感检验）合格之后即安排过磅、卸货，但在正式化验结果未出来之前，保管人员必须给该批原料挂上"禁用牌"，并不得提前办理入库手续。

⑥ 卸货现场监督抽检。卸货时验收人员必须在堆码现场，指

挥装卸工按定置管理要求，安全地将原料（药品、编织袋等）整齐地堆码在指定地点，并监督堆码质量；原料卸货过程中，验收人员必须随时对该批原料的外观和口感进行抽检，及时剔出不合格原料，抽检比例必须在70％以上。

⑦ 卸车结束清理现场。卸货结束后，指挥装卸工将抽检出的不合格货物重新装车拉出库房，过磅除皮（如是车皮，可单独堆放在指定地点并挂牌标志）；监督装卸工将卸货现场和垛脚清扫干净，将散洒原料、药品装袋堆码整齐。

⑧ 核算数量办理入库。根据实收数量和检验结果，翔实地填写原料入库单，然后将原料入库单结算联和原料过磅单结算联一并交原料客户，并立即将原料入库单财务联及由电脑打印的原始过磅单一并送交财务部。

⑨ 上账挂卡，账实相符。原料办理了入库手续之后要立即入账，并在入库后2小时之内对原料填、挂原料囤位卡。每隔1～3天要对原料进行盘点，随时做到账实相符。盘点后要在囤位卡或标识上填写相应内容。

⑩ 禁用货物必须挂牌。库房中因各种原因暂时不允许使用的原料，保管员必须给其挂上"禁用牌"，防止误取。

⑪ 持先进先出原则。根据"先进先出"原则或生产上的特殊需要（需有总经理、品管部经理的书面通知）及时通知并监督车间取用原料，对不听指挥乱拉乱取原料的人员，有权建议生产部给予处罚。

⑫ 加强检查，防止异常。经常检查仓库原料垛中的温、湿度情况，发现潮湿、发热等异常情况及时报告生产部（或品管部）经理；随时保持库房的清洁、整齐、安全。

⑬ 正确填报有关表单。保管员每日根据实际出库情况开具领料单，并根据领料单上各品种领出数量填报原料进耗存日报表、添加剂进耗存日报表，分别报送生产部、财务部、原料部和总经理，添加剂进耗存日报表、原料进耗存日报表同时报送品管部。

⑭ 保持库房整洁、安全。随时保持库房的整洁、安全，注意

防火、防盗、防潮，发现安全隐患及时上报，并协助消除隐患。

2. 兔场生产例会与技术培训制度（仅供参考）

为了定期检查、总结生产上存在的问题，及时研究出解决方案，有计划地布置下一阶段的工作，使生产有条不紊地进行。全面提高饲养人员、管理人员的技术素质，提高全场生产管理水平，特制订生产例会和技术培训制度。

① 每周日晚 7：00～9：00 为生产例会和技术培训时间。

② 该会由场长主持。

③ 时间安排：一般情况下安排在星期日晚上进行，生产例会 1 小时，技术培训 1 小时。特殊情况下灵活安排。

④ 内容安排：总结检查上周工作，安排布置下周工作；按生产进度或实际生产情况进行有目的、有计划的技术培训。

⑤ 程序安排：组长汇报工作，提出问题；生产线主管汇报、总结工作，提出问题；主持人全面总结上周工作，解答问题，统一布置下周的重要工作。生产例会结束后进行技术培训。

⑥ 会前组长、生产线主管和主持人要做好充分准备，重要问题要准备好书面材料。

⑦ 对于生产例会上提出的一般技术性问题，要当场研究解决，涉及其他问题或较为复杂的技术问题，要在会后及时上报、讨论研究，并在下周的生产例会上予以解决。

3. 操作规程管理

（1）制订操作规程

操作规程是兔场生产中按照科学原理制订的日常作业的技术规范。兔群管理中的各项技术措施和操作等均通过技术操作规程加以贯彻。做到三明确，即分工明确、岗位明确、职责明确，使饲养员知道什么时间应该在什么岗位，以及干什么和达到什么标准。要根据不同饲养阶段的兔群按其生产周期制订不同的技术操作规程。明确不同饲养阶段兔群的特点及饲养管理要点，按不同的操作内容提出切实可行的要求。如母兔饲养操作规程、仔兔饲养技术操作规程，育肥兔饲养操作规程等，对饲养任务提出生产指标，使饲养人员有明确的目标，做到人人有事干，事事有人干，人人头上有指标。

（2）饲养管理的日常操作规程

某兔场饲养员一日操作规程见表6-1。

表6-1 某兔场饲养员一日操作规程（仅供参考）

时间	项目	内容	备注
6:00～7:30	兔群检查	兔舍温度、湿度、空气新鲜度、兔群精神、粪便状态、死亡、分娩、母兔发情、供水系统及料盒剩料情况等	每天的第一件工作
	喂料	根据兔子的大小及生理阶段添加不同的饲料和数量	注意食欲
	喂奶	实行子母分离法，将产箱放入母兔笼中	注意对号入座
	卫生	清理兔舍粪便，然后冲洗	注意空气新鲜程度，及时开关窗户
8:30～11:30	配种	给发情母兔进行人工授精配种，并做好相关记录	
	摸胎	对配种或输精10天的母兔摸胎	未配上的要及时补配
	仔兔管理	整理产箱；检查仔兔健康情况；给留种仔兔打耳号；给商品公兔阉割；断奶等	
	免疫	按免疫程序进行免疫	定期进行，做好记录
	补料	对仔兔和泌乳母兔补料1次	
	病兔处理	对患兔隔离、治疗，并给患兔笼消毒	
	清毒	按消毒制度进行	
15:00～17:00	复配	非人工授精时，要对上午配种母兔进行复配	
	管理	完成上午未完成的工作	
	喂料	第2次全群大喂料	

续表

时间	项目	内容	备注
19:30～ 21:00	整理	整理一天的记录,填写相关表格	
	补料	对仔兔和泌乳母兔补料1次	
	检查	全场进行1次检查	
	关灯休息	离开兔舍,要关灯	
	其他	安排会议或学习培训	

4. 工具管理

工具管理是规范兔场管理,合理利用兔场的物力、财力资源,使公司生产持续发展,不断提高企业竞争力的管理措施,也是实施精细化管理的主要内容。

(1)生产工具管理办法

目的:使兔场生产工具得到有效管理,规范生产工具的申领、使用、保管、报废等,对生产工具实施有效监控和保管,避免工具的流失,提高工具有效利用率。

范围:适用于兔场内生产使用的所有工具,分为共同使用和个人专用的工具两种。

(2)操作流程及职责要求

① 现有工具的清理　现有兔场共同使用和个人专用的工具,由×××科(员)负责统计,建立工具台账,明确责任人,员工专用工具由具体使用人负责。

对目前生产外借出去的工具等要重新核对,落实到班组或个人,规范台账。做到日清月结,台账、工具数量相符。

② 工具申领、使用及保管程序　工具首次申领使用时,首先填写工具申领单,经班组长同意后,报场长签准,交保管员处领取。保管员应在"生产工具台账"注明用途和保管责任人,台账应注明:领用日期、名称、规格、责任人等。

③ 生产工具使用

a. 应爱护使用，在使用过程中，发现工具不良或损坏，以旧（坏）换新形式换取新工具，并及时填写工具返修单或工具报废单，以旧（坏）换新领用前，由班组长鉴定工具的好坏并说明原因。如仍可使用，请领用人继续使用；如可修复，可联系相关专业人员进行修复，属人为造成的损坏由相关使用人承担，按工具市价赔偿。

b. 工具经确认需要报废的，填写工具报废单，经班组长同意报场长，经场长批准后，方可报废，同时在"生产工具台账"注明报废销账。

c. 原工具丢失或损坏，按市价赔偿后方可再重新领用；如属于工具质量问题，应追究卖场及购货人的责任。

d. 人员离职或工作调动，应将所使用、保管工具按照生产工具台账所登记的如数退还交接，办理保管移交手续，缺少或损坏的工具市价赔偿，否则不予办理离职或工作调动手续。

④ 工具的借用及归还

a. 对生产以外的部门，如需使用生产工具，可办理临时借用手续，使用完毕应及时归还，借用期间生产工具保管人负责跟踪直至归还。

b. 生产工具借用必须填写"生产工具借用"，说明借用时间、归还时间、用途、保管责任人等，经部门负责人签字后，方可借用。

5. 饲料兽药采购、保管、使用制度（仅供参考）

① 饲料、添加剂、兽药等投入品采购应实施质量安全评估，选优汰劣，建立质量可靠、信誉度好、比较稳定的供货渠道。定期做好采购计划。

② 采购饲料产品应具有有效的证、号。不得采购无生产许可批准的产品。

③ 采购兽药必须来自具有《兽药生产许可证》和产品批准文号的生产企业，或者具有《进口兽药许可证》的供应商。所用兽药的标签应符合《兽药管理条例》的规定。

④ 进货入库的饲料、添加剂和兽药应认真核对，数量、含量、品名、规格、生产日期、供货单位、生产单位、包装、标签等与供货协议一致，原料包装应完全无损，无受潮、虫蛀，并作详细登记。

⑤ 兽药、饲料、添加剂应分库存放。所有投入品根据产品要求保管，定期检查疫苗冷藏设备，确保冷藏性能完好。

⑥ 饲料添加剂、预混合饲料和浓缩饲料的使用根据标签用法、用量、使用说明和推荐配方科学使用。铜、锌、硒等微量元素应执行国家规定使用，减少对环境的污染。

⑦ 严格执行《中华人民共和国兽药规范》《药物饲料添加剂使用规范》规定的使用对象、用量、休药期、注意事项，饲料中不直接添加兽药，使用药物饲料添加剂应严格执行休药期制度。严格执行兽医处方用药，不擅自改变用法、用量。

⑧ 禁止使用国家规定禁止使用的违禁药物和对人体、动物有害的化学物质。慎重使用经农业部批准的拟肾上腺素药、平喘药、抗（拟）胆碱药、肾上腺皮质激素类药和解热镇痛药。禁止使用未经农业部批准或已经淘汰的兽药。

⑨ 禁止使用过期失效、变质和有质量问题的饲料和兽药、疫苗。

⑩ 建立饲料添加剂、药物的配料和使用记录。保存期 2 年。

6. 饲料管理

饲料管理主要有原料入库管理、颗粒饲料管理、饲料粉末处理、霉变饲料处理等。

① 原料入库管理：兔场有专门的原料仓库保管员。各种原料和添加剂入库必须要有入库记录，原料仓库与加工车间分开，原料和添加剂出库要有出库清单，做到出入库原料及添加剂的品种和数量账面和实物相符合。

② 颗粒饲料的管理：主要是减少饲料浪费。保持饲料新鲜，随时掌握每位饲养员的喂料情况。饲料车间每次加工饲料都要有每次的各种颗粒饲料加工清单，饲养员领取或销售的各种颗粒料，加

工车间都应有每位饲养员的领料清单或销售清单。

③ 饲料粉末的处理：兔场饲喂颗粒饲料兔不了会有粉末。粉末可回收再加工成颗粒料。但不是所有的粉末都可以再利用。如喂料槽里吃剩倒出的粉末、病死兔料槽里没有吃的饲料或粉末、已发霉变质的粉末都不能回收再利用。粉末回收一定要严格把关。

④ 对霉变饲料的处理：规模兔场应有人检验和登记查明发生霉变的原因。如果是人为的懒惰因素造成要采取相应的措施阻止浪费。

7. 生产统计管理

生产统计是掌握全场生产情况和每位员工工作情况的基础。若发现有异常情况可立即处理。生产统计根据自场情况可设为定期和不定期统计。把每位员工每次统计出来的各种生产数据进行整理并计算出每员工每次批的生产结果。必要时适当公布每位员工的生产结果。对员工的责任心有一定的促进作用。

（二）制订生产指标，实行绩效管理

世界著名管理大师德鲁克教授认为，并不是有了工作就有了目标，而是有了目标才能确定每个人的工作。"目标管理到部门，绩效管理到个人，过程控制保结果"，这句话清晰地勾勒出了企业目标落实到工作岗位的过程。目标管理体系是企业最根本的管理体系，绩效管理体系包含在目标管理体系之中，目标管理最终通过绩效管理落实到岗位。

不同的管理模式会产生不同的效益和效率。有一家种兔场，饲养种兔 408 只，其中种公兔 48 只，种母兔 360 只。起初雇用 6 个饲养员饲养．每人饲养基础母兔 60 只，种公兔 8 只，实行月薪制，每人 500 元，没有明确任务指标，完全大锅饭，这样饲养一年，平均每只种母兔提供合格种兔（9 月龄 2 千克以上的种兔）13.5 只，每人年提供合格种兔 810 只，折合每只合格种兔的人工成本 7.4 元。同时年花费的医药费近 6000 元。每只种兔折合医药费 14.7

元。兔场不但没有赢利，还亏了上万元。后来，改用新的管理模式，解聘了两个饲养员，保留了 4 个责任心强的饲养员，并增加了他们的饲养量，每人基本工资 200 元。每提供一只种兔增加奖励工资 3.5 元。这样试行 1 年，平均每只基础母兔年提供合格种兔 30 只，效率提高了 1 倍；每个饲养员年提供合格种兔 3060 只，效率增加了 2.78 倍。饲养员的工资大锅饭时有 500 元，现在平均达到了 1092.5 元，收入增加 1 倍多。每只合格种兔的人工成本由上年的 7.4 降到 4.28 元，降低了 42.16%。兔场的年医药费用开支为上年的 46%，兔场获得了较好的经济效益。通过以上实例说明，养兔生产中，饲养员是决定的因素。只要政策制订好，起到激励上进的作用，就能调动每个饲养人员的积极性，大幅度提高劳动效率。

在生产经营活动中，根据企业一定时间内的生产条件和技术水平，规定在人力、物力、财力利用方面，应遵守的数量和质量的标准称为定额。制订劳动定额的时候，充分调动和保护职工的积极性，贯彻执行"按劳分配"的原则，使劳动报酬与职工完成的劳动数量和质量相结合。为了客观、合理地制订劳动定额，应该现场进行工作量测定，通常按照一个中等劳力在正常条件下，按照规定的质量要求，积极劳动所能完成的工作量，所能管理的肉兔数量。以测定结果为依据，经过适当调整后制订出劳动定额。测定时要依据本场的生产管理条件，如笼养还是散养等要求，是饲养种兔还是商品兔，饲料是机械添加还是人工添加等等。要综合考虑，对种兔、仔兔、育肥兔等饲养工制订工作量，制订成活率、生长发育指标、饲养规程。对母兔、育肥兔饲养员、饲料加工员等规定工作量和操作规程。对配种员规定工作量和繁殖指标。对技术员、场长应分别规定其职责。各岗位工作人员明白其任务和职责，各司其职。并能根据生产过程中出现的情况随时调整，使之既符合本场实际需要，又科学合理。对完成饲料供应、母兔配种、仔兔成活率、育肥兔出栏率、兔病防治等有功人员，以及遵守操作规程的人员，应予以奖励。

（三） 数字化管理

随着兔业规模的不断扩大，势必给兔场管理带来一些新的问题，大量的育种测定、生产、库存、营销等数据急剧增加，而传统的人工管理模式存在劳动强度大、标准不统一且差错率高等诸多问题，将信息技术应用到兔场管理，以此提高种兔群体质量和养殖效益变得尤为紧迫和重要。兔场数字化管理已成必然趋势，精细化管理也要求兔场实行数字化管理。

利用计算机系统对兔场实行数字化管理。如今利用专业的兔场管理软件对规模化养兔场进行生产管理，技术已经非常成熟，应用效果也非常好，已经从简单的报表管理发展到互联网和云养殖等。如某兔场生产管理系统，通过对肉兔基本资料的统计、整理、录入，可实现对肉兔生长发育、配种和产仔、进销存及疾病等状况的分析和评估，实现对兔场的有效监管。该系统覆盖兔群养殖的整个过程，包括生产管理、种兔育种管理、采购管理、仓库管理、销售管理及预警六个子系统。如中途育种管理主要是兔场工作人员根据种兔各阶段的生产数据，制订选配计划，实行种兔选配，同时对所选的种兔进行性能测定，根据测定情况对种兔进行后备选留、鉴定、育种报表统计，并综合分析育种数据，制订科学有效的育种方案。采购管理子系统主要处理兔场饲料、药品、疫苗、低值易耗品等物资的采购业务。该部分主要管理采购基础资料、采购单据、采购报表等，需要由兔场的采购部、质检部、财务部等的通力合作。首先，采购部根据采购清单向供应商购买物品，质检部需要对所购买的物品进行检验，合格则由仓库工作人员验收入库，反之则作退货处理，最后由财务部对所购物品进行结算并付款。预警系统主要处理兔场生产管理过程中的预警信息，预警信息主要有以下四种情况：对日龄过大后备种兔预警；对断奶或流产后长时间未配种的母兔提出预警；对超预产期未分娩的妊娠母兔提出预警；对满足淘汰条件的种母兔提出预警。该模块有利于兔场工人对肉兔的养殖情况进行实时监测。

兔场管理系统通过前台界面与后台数据库建立连接，并利用宽

带互联网传输数据，实现种兔养殖过程中各个阶段数据的存储和共享，且系统界面全部采用对话框形式，操作简便，只需花费少量时间便可熟练掌握。同时，软件的信息管理自动化与兔场人员的经验相结合，实现了对兔场生产过程的全方位精确掌控，保证了管理的科学性与准确性。兔群历史数据的保留和统计分析，方便养殖人员将肉兔数据与往年结果进行对比，找到现阶段工作的不足，为生产提供有力指导。

规模兔场应高度重视信息化建设工作，充分利用好各类原始数据，使管理由以前的表面管理真正上升到数字化管理，使兔场管理更为科学化和规范化。

（四）注重生产细节，及时解决养肉兔生产过程的问题。

在日常生产管理上，养殖人员要通过细致的观察，把兔场的管理做实做细。如饲养员每天都要对兔舍进行详细的检查，检查兔群饮水量的多少，并结合当时气候变化及采食量进行判断，饮水量是否合理。了解粪便的形状，如糊状、水样、血样、黏膜状或胶冻状以及软硬程度，已便迅速掌握是否发病。每晚要检查采食量的大小和精神状况；如果出现反常的情况，要及时查明原因。听咳嗽声和各种声音。如脚踏声、尖叫声、鸣叫声和仔兔分娩声这些异常病态的声音和异味要引起饲养员高度警惕，查明原因。

还要对个体进行观察，看眼神的明亮或无神，对外界反应的敏感度，眼角是否有眼屎或眼泪。看呼吸，呼吸要平和，鼻部不应有流涕（清涕和脓涕）。看口部是否有流涎。看耳部是否有流脓。看兔子的动作，如双手抓挠、歪颈、转圈、弓背这些现象，凡有异样均要进一步检查。看兔皮毛是否光泽，是否有松乱、脱毛、皮炎、皮癣、疥、红疹、溃疡等皮炎症状，发现有以上症状要及早检查处理。

注意在外界环境温度变化前后及时做好兔群管理工作。如各个不同季节要进行有针对性的调节管理方案和防病防疫方案。气温突然变化要注意仔兔保暖和预防消化道，呼吸道的疾病发生。每次换料后要注意兔子适应情况。兔子换环境的适应情况。

仔兔 28~35 天断奶时需要将断奶仔兔转移到商品兔笼子里，这项工作是养兔场需要经常做的工作之一，怎么样减少小兔出窝的应激，使小兔平稳渡过这一阶段，需要养兔者认真对待。首先要根据每一窝仔兔的数量确定断奶时间，一般窝产仔兔少的，仔兔长势要比窝产多的快，断奶时间可以在 28 天。比如窝产仔兔 5 只左右的 28 天断奶，8 只以上（含 8 只）宜在 30 天断奶，并且在断奶时实行分期分批断奶，要把弱小的仔兔挑出留在母兔身边继续喂几天，到 35 天就完全可以断奶了。

在转入前要对商品兔笼进行彻底消毒，消毒采取火焰消毒或消毒液喷洒消毒，也可两者结合，消毒效果更好。笼位经过彻底消毒，待有刺激性的消毒药液挥发完以后，就可以开始将断奶仔兔转入，转笼后第一步是先给仔兔喂水，在水里添加多种维生素来减少饮水应激，让小兔安静一会儿。第二步是在 3~4 个小时后喂料 1 次，不要多喂，上午转入的到下午就可以正常饲喂了，饲料还要使用和母兔在一起时吃的饲料，不要变，也就没有什么应激。喂料要做到少添勤添，同时水里继续添加多种维生素，这样第 1 天就过了，最重要的就是过夜了，谁都知道，死兔子大都是在夜里，所以夜里要做好管理工作，主要是温度、湿度、不间断供水和夜间加料等，还要做好防暑降温或保温，以及防惊吓等工作。第 2 天，先观察，看哪个精神不好，单独抓出来灌点磺胺药，其余比较精神的正常饲喂。然后注射兔瘟疫苗，单联的，多联的效果不好。水里添加抗球虫的药（迪克珠利之类的），最好是磺胺类的抗球虫药，拒绝使用含有马杜霉素的球虫药。连续 5 天上午用球虫药，下午用电解多维，注意上午和下午的水不能混淆了，下午添水时把上午的水倒掉。这样就度过了 5 天了。再以后就要注射波巴二联疫苗。做到这些就基本上可以了。这样饲养断奶仔兔，死亡率很小，成活率几乎都在 98% 左右，死的也就是本来体弱的。

在配种上，要掌握母兔发情规律进行配种，这样才能取得较好的成绩。如母兔的发情一年中春天发情期长，间情期短；冬季发情期短，间情期长，甚至不发情。一天中发情的时间是在日出前1小时、日落前2小时和日落后1小时，家兔性活动最强。配种就要选择在这个时间。

二、肉兔场经营者要在关键的时间出现在关键的工作场合

作为养兔场的经营管理者，要时刻掌握兔场的一切情况，尤其是生产状况。而兔场经营者要在关键的时间出现在关键的工作场合，这是对经营者最基本的要求。

兔场的关键时间是指养兔场在具体饲养管理过程中执行饲喂、配种、消毒、转群、防疫、配制饲料等工作的时间段。而关键的工作场合就是这些时间段在兔场内的具体工作时的地点。关键的时间出现在关键的工作场合就是在进行以上工作的时间和地点出现，检查和指导一些关键工作的执行情况，随时发现生产管理中出现的问题并随时加以解决。

养兔生产的整个流程是一个连续性的，一环扣一环的工作，要求每个环节的工作都要按照饲养标准确实做到位，才能使养兔生产正常进行。如果其中某一个环节没有到位，一旦出现问题将造成无法弥补的损失。比如，配种管理是兔场的头等大事，涉及种兔的选择、配种时间、配种方式、配种频率、配种后的妊娠检查等一系列问题，种兔选择要求选择的种兔要符合品种标准，选择时要经过窝选、断奶重、青年兔等个体选择；配种时间要求，种公兔的初配年龄，可在性成熟后、体重达到成年兔的80%时开始配种。一般母兔达7~8月龄而体重达2.5千克以上，公兔达9~10月龄，体重达3千克以上，即可开始交配。不可过早使用，母兔如果发育不好就配种的话，容易出现母兔自己不会拉毛，产仔后到处乱跑，影响成活率，甚至死亡、母性不好，不会照顾好仔兔。种公兔发育不好就配种，精液质量以及繁殖的后代不会很优良等情况发生，从而影响繁殖质量。同时，由于品种不同，母兔和公兔的配种年龄和体重的标准也有差异，这一点应加注意，为了避免此类情况的发生，务

必要在种兔发育好的情况下繁殖，以提高繁殖质量和产量（成活率）；配种方式主要是采用人工授精技术还是自然交配；配种频率要求，青年公兔要适当降低配种频率，以后随年龄和体重的增加再增加配种次数。老龄公兔也要减少配种次数。青年种公兔每天交配1次，成年种公兔每天可交配2次，安排在上、下午各1次。配种2天休息1天。平时要定期对公兔进行精液品质检查，发现问题，及时解决。及时淘汰精液品质不良的公兔及老龄公兔；及时准确地做好母兔妊娠检查，是做好繁殖的关键，妊娠检查是一个细心的工作，对饲养员的责任心要求较高。这些工作贯穿在养兔生产过程的始终，每个环节都要做细做实。可是完全靠技术员和饲养员的自动自觉不可能完全做好，况且人人都有疏忽和懈怠的时候，完全指望养殖人员自动自觉地做好任何工作是不可能的，也是不现实的。而多一些检查，多一些督促，就可以把损失减小到最低程度。经营者切不可认为本场有严格的奖惩指标、有奖罚分明的制度、给技术员和饲养员的是最高的工资、最好的待遇，就可以高枕无忧了。

要知道千里之堤毁于蚁穴的道理，出现问题往往不是一天就能造成的，如果经营者能够及早发现及时解决，就不至于出现无法挽回的后果。使本该收获的时候，却无获可收，浪费了人力、物力，增加了养殖成本。而一旦出现大的损失，是你损失大还是技术员和饲养员损失大？这些人会给你赔偿吗？损失只有你自己一个人承担。别人还可以到另外的地方挣钱的。这就要求管理者不能当甩手掌柜的，要亲力亲为，检查到位，指导到位。

所以，在养兔场日常饲养管理工作中，经营者要经常性地亲自到现场，以指导者的身份去查看养殖人员是否在按照操作规程做，以及做得如何，尤其是对新员工或者工作责任心不强的、工作主动性差的、标准不高的员工更要经常的检查督促，使他们养成良好的习惯。

当然，关键的时间和关键的地点也要辩证地看，不是对所有工作都看，不是所有时间都去。要具体根据养殖人员的工作熟练程

度、工作经验、工作态度决定看谁不看谁；根据某项工作的性质确定看还是不看；根据某项工作的持续时间长短决定什么时间去看，去看哪个过程，是看准备情况还是看中间过程或者看结果；根据某项工作的特点决定什么地点看等等。

三、规模化养肉兔场管理过程中需要注意的问题

① 创造良好的环境条件　家兔品种多，生产特点各异，但都有共同的生物学特性：昼伏夜行、胆小怕惊、怕热、怕潮。只要饲养者能根据兔的生物学特性，针对当地的自然生态条件，尽量创造一个良好的小环境，就能养好兔。

② 保持清洁卫生　每天打扫兔笼舍，清除粪便，经常洗刷饲具，勤换垫草，定期消毒，以保持兔舍清洁、干燥、使病原微生物无法滋生繁殖。这是增强兔体质、预防疾病必不可少的措施。

③ 夏季防暑，冬季防寒　兔的最适温度为 $15\sim25℃$，舍温超过 $30℃$ 和低于 $5℃$，持续时间越长，对兔的危害就越大。规模较大的兔场，须设置防暑、保温设备；家庭小规模饲养，则应加强管理。如兔舍周围植树、搭葡萄架、种植丝瓜、南瓜等藤蔓植物，进行遮阴，兔舍门窗打开或安置风扇等，以利通风降温。冬季做好防寒保温工作，尤其是仔兔。

④ 保持环境安静，防止兽害　兔胆小易惊，突然的惊吓，可能导致兔惊慌失措、乱窜不安，甚至引起怀孕母兔流产。在饲养管理上，动作应轻，并保持环境安静，同时还应防止猫、老鼠、黄鼠狼等动物对兔的侵害。

⑤ 分群分笼饲养　兔场所有兔群应按品种、生产方向、年龄、性别等分群分笼饲养，搞好管理。种公兔和种母兔应单笼饲养。

⑥ 严格防疫　严格防疫是家兔饲养管理的重要环节。任何一个兔场或养殖户，都必须建立健全引种、定期消毒、定期进行兔群健康检查、预防注射疫苗、病兔隔离及加强进出兔舍人员的管理等防疫制度。管理人员和饲养员都要严格遵守。

四、春季养肉兔需要注意的问题

常言道：一年之计在于春。肉兔养殖也是如此，春季对肉兔管理的好坏，直接关系到全年的收益。春季天气渐暖，阳光充足，青饲料相继供应，是种兔繁殖的黄金季节，但早春气候多变，是传染病高发期，兔子又进入换毛期。因此，必须加强肉兔的饲养管理。

（一） 继续做好防寒保温，预防倒春寒

春天早晚温差大，气温忽高忽低，容易诱发感冒和肺炎，特别是冬繁的小兔抗病力弱，保温防寒仍然是饲养管理的重点工作。兔舍门窗的开、关应根据天气变化而定，预防肉兔受风、着凉、咳嗽、感冒、肺炎、肠炎等病的发生。

（二） 抓好春繁工作

春季是肉兔繁殖的黄金季节，此时配种受胎率高，产仔数多，仔兔生长快，成活率高。因此，春繁要及早开始，抓住有利时机，采用频密产仔法，要保证春季繁殖至少2胎，最好连产3胎，然后再调整种群，恢复体力。由于这一时期受胎率低，要采取复配，防止母兔空怀。

（三） 加强营养

春季肉兔进入繁殖黄金季节，加上进入换毛期，要喂给营养价值高、不发霉、不变质的优质饲料。对种公兔、种母兔要适当增加精料的喂养，适当提高蛋白质的含量。种母兔怀孕期饲喂量随胎儿增大相应增加；哺乳期应供给优质的精、青、粗饲料和适量的胡萝卜等富含维生素A的饲料，最好在晚上9点钟后加喂1次干粗料。在产仔前后2~3天，给母兔投喂磺胺类抗菌药物，以防止母兔乳腺炎和仔兔黄尿病。母兔奶水不足，可用"催奶片"催奶并增喂青绿饲料或补充豆浆、米汤和红糖水。种公兔加喂胡萝卜、花生饼、豆饼、磷酸氢钙等富含维生素及矿物质的饲料，以提高公兔精液品质。开始饲喂青绿饲料时，要先少后多，逐渐增加喂量，以免喂食

过量造成消化道疾病。在阴雨天要适当增加干粗饲料的投喂比例；在雨后割的青饲料要晾干后再喂，并注意在饲料中合理搭配杀菌健胃药物。

（四） 注意饲料质量

冬储的花生秧、青干草等经过冬雪春雨，容易受潮发霉，同时萝卜、白菜保管不当也会腐烂变质，有引起饲料中毒的可能，应特别注意。

肉兔饲料由干草型向青草型的过渡要逐步进行，控制青饲料饲喂量，做到青干搭配，避免肉兔贪食。

不喂冰冻、霉烂变质或带泥沙、堆积发热的青绿饲料。菠菜、灰菜含有草酸，能与肠道钙离子结合成不易被吸收的草酸钙，不利于高的吸收和利用，应控制喂量。

（五） 搞好环境卫生

注意保持兔舍干燥和清洁卫生，做到勤打扫、勤消毒、勤洗刷、勤消毒，达到笼舍内无积粪、无臭味、无污染。

（六） 预防疾病

春季万物复苏，也是病原微生物及蚊、蝇等复苏滋生的季节，是多种传染病、普通病及寄生虫病的多发季节，要加强笼舍消毒，注意通风换气等。

及时搞好防疫灭病工作，给家兔注射兔瘟、巴氏杆菌、波氏杆菌、大肠杆菌、魏氏梭菌等疫苗，在饲料中交替添加球特（其主要成分为地克珠利）、克球粉等抗球虫药物，给家兔交替饮用0.01%高锰酸钾水、氟哌酸水。另外还要有针对性地投喂一些预防药，预防感冒、口腔炎等。

另外，春季天气变化无常，常有倒春寒，家兔又处于换毛期，要注意防风保暖工作，谨防家兔受凉感冒。

（七） 做好防暑准备

兔舍前加种藤蔓植物，如丝瓜、苦瓜等，以便盛夏遮阴。

五、夏季养肉兔需要注意的问题

夏季气温高、湿度大，而肉兔怕潮湿、怕炎热，在高温环境下，兔的生存力下降，生长发育缓慢，适宜球虫发育，容易发生消化道疾病，对肉兔发育极为不利。因此有寒冬易度、盛夏难养之说。可见做好防暑降温是夏季饲养管理的关键。

（一）防暑降温

夏季避免阳光直射兔笼兔舍，是降温的主要措施。可利用藤蔓植物或搭凉棚遮阴蔽阳。为了改善兔舍环境，应经常开窗开门通风。但要安装纱门纱窗，防止蚊蝇。舍温超过30℃时，兔舍地面应洒凉水。有条件的地方应开排风扇或鼓风机，流通空气，以利防暑降温。

（二）防潮湿

兔子怕潮湿，夏季雨水大，尤其是梅雨季节，兔舍空气潮湿，宜使细菌及多种病原微生物滋生，应从引起兔舍潮湿的因素上区别解决。兔舍内地面、笼具尽量不用水冲洗，兔子用的饮水盆或饮水器要固定好，防止被兔子拱翻或损坏，使水洒出；经常检查饮水器，发现漏水及时修补。兔笼要保持干燥，金属兔笼可用喷灯火焰消毒，但要注意防火。墙壁用20%石灰乳粉刷。兔舍相对湿度超过60%时，地面可撒生石灰粉或草木灰吸收潮湿。注意撒吸湿剂前要把门窗关好，防止舍外的潮湿空气进入舍内。承粪板和兔舍的排粪沟要有一定的坡度，兔舍内的兔粪、兔尿应及时清除，尽量不使粪尿在兔舍内滞留。同时，要经常检查兔舍的屋顶和门窗，防止漏雨和雨水侵入。

（三）合理喂料

采用合理的饲料配方，配合饲料时要减少能量饲料的比例，以青绿饲料为主，调制新鲜饲料，注意饲料品质，严禁饲喂变质、发霉的饲料，以及带有雨水或露水的野草。

对饲喂时间和饲喂量进行调整，早餐要早喂，午餐精而少，晚餐要多喂，晚餐饲喂时间可适当推迟，全日饲喂以晚餐为主。还要增加夜草，把 80％的饲料量集中到早晚。即将晚上 8 时到次日早 7 时作为饲喂时间，分 4～5 次饲喂。其他时间尽可能不喂，让兔充分休息。

（四） 保证充足饮水

当兔舍内温度达到 25℃时，兔子的饮水量开始增加，这时要保证 24 小时不间断供给新鲜、清洁、足量的饮用水，并在水中加入 1％的食盐或电解多维，以起到降温的作用，同时补充兔体液的消耗。

（五） 调整密度

兔舍内的饲养密度不要过大，否则就会空气污浊，二氧化碳、氨等有害气体浓度过高，引发兔呼吸道病。因此，一定要注意兔群的密度，青年兔要隔笼分开喂养，降低饲养密度，保持兔舍内空气清新，以利于兔子安全度夏。

（六） 搞好兔舍内外清洁卫生

夏季蚊虫多，病菌容易繁殖，要切实搞好笼舍、食具和兔场周围的环境卫生，笼舍要勤打扫、勤消毒，饲槽饮水器要勤清洗、勤消毒，粪便要每天清理，每天用 1％～5％来苏水消毒 1 次，同时注意杀虫灭鼠。

（七） 控制繁殖

夏季由于高温高湿，公兔性欲低下，精液品质下降，母兔体能消耗大，自身营养储备不足，即使母兔成功受孕，也会造成胎儿发育不良、母兔产后奶水不足、子兔死亡率高。因此建议在自然环境下，避免母兔在夏季繁殖。配种产仔宜安排到 8 月下旬再集中进行。

（八） 预防疾病

夏季蚊蝇孳生，多种疫病易发生流行，特别是兔瘟和球虫病。适时接种疫苗，投喂一些抗球虫病，如氯苯胍、克球粉、敌菌净，实行母子分养，定期哺乳，以减少互相传染的机会。

（九）　保持安静

兔舍和运动场避免其他小动物进入，防止兔子受到伤害。同时，白天兔舍内只要有充足的饮水，就尽可能不要饲喂兔子，给兔子创造一个良好、安静的环境，以利于兔子充分休息，促进其生长和安全度夏。

六、秋季养肉兔需要注意的问题

秋季温度适宜，饲料充足，是肉兔生长和繁殖的黄金季节。此时，成年兔的换毛季节，体质虚弱，要加强营养，饲养管理上应注意以下问题。

（一）　搞好秋季繁殖

秋季是獭兔繁殖的大好季节，要抓好种兔的繁育工作，要使獭兔尽快恢复盛夏后的弱体质，适应秋季日照较短的特点，这就要求加强营养，精心饲养，使种公兔适应环境，增强体质进行秋繁。

（二）　注意饲料搭配饲喂

秋季是肉兔的换毛期，也是繁殖期，因此要多喂些适口性较好的青绿饲料，适当加一些蛋白质较高的粗饲料。不同饲草所含营养不同，喂料时要注意搭配，确保饲草多样化，以利于家兔健壮生长。除了多喂青绿饲料外，还应适当增喂麸皮、豆粉、鱼粉、玉米等蛋白质含量高的精料。公兔要多喂一些富含维生素的青饲料，如韭菜等，以提高配种能力；母兔要多喂消炎、解毒、化瘀、通乳之类的饲料，如金钱草、益母草等，以提高受胎率。

（三）　精心管理

秋季气温不稳，有时早晚温差达 10~15℃，必须防感冒、肺炎、肠炎和巴氏杆菌病，遇降温天气应关好门窗。群养兔每天早上太阳出来时放出去活动，傍晚应赶回室内，每逢遇到大风或降雨，不能让其露天活动。

（四） 适当增加运动和光照

舍饲和笼养的家兔，每周可让它们在围好的运动场上自由活动一天，以促进新陈代谢，增进食欲，增强抵抗力，同时要经常让家兔晒晒太阳，以促进家兔体内维生素 D 的合成。

（五） 做好消毒和环境清洁卫生

做好兔舍消毒和环境卫生。定期对兔舍、食具和笼具洗刷消毒。秋季早、晚气温较低，应注意保暖。保持空气流通。不喂带露水的草料。

（六） 预防疾病

肉兔度过炎热的夏天后，抗病能力已有所下降，到了秋季又正值换毛和母兔分娩期，所以，抓好疾病预防工作十分重要。

每年进入秋季，家兔饲养就进入了一个消化道问题的怪圈，除了众所周知的腹泻病以外，还有更多的腹胀、腹水、便秘以及一些肠道疾病等问题的出现。所以，此类疾病是防治的重点。法国专家介绍，应用金霉素进行预防及治疗流行性腹胀效果显著，在我国多地实际应用效果不错。同时此期也是球虫病、疥癣等病害的流行季节，也要做好这些病的防治。

注射疫苗。适用的疫苗主要有兔瘟疫苗、兔瘟巴氏杆菌二联苗和 A 型魏氏梭菌灭活菌苗。预防兔瘟、巴氏杆菌和兔腹泻病等。一般断奶以上，不分大、小兔子，每只兔子皮下注射兔瘟蜂胶苗 1毫升以上或者兔瘟普通疫苗 2 毫升，也可以用兔瘟、巴氏、魏氏三联苗每只皮下注射 2 毫升以上。

（七） 做好越冬饲料储备

立秋以后，树叶开始凋落，农作物相继收获，应抓紧时机进行越冬饲料的储存。饲料的储存量可按照整个冬季加上半个春天的需要量计算，并增加 5%～10% 的变异系数。将越冬用蕃芋藤、红薯秧、花生秧、玉米秸、青草、树叶等及时晒干，合理储存，并且有防霉变的措施。

（八）做好越冬兔舍准备

冬季到来之前，必须对所有兔舍进行修整，简易兔舍根据当地气候特点做好防风防寒遮挡和封堵。华北、西北、东北等地区的兔舍要做好防寒准备，封堵北面窗户，在兔舍门外搭设防风门斗，做好供水管线保温，安装冬季舍内增温的火炉、电热取暖器等。

七、冬季养肉兔需要注意的问题

冬季的气候特点是风寒、气冷、日短、夜长，青绿饲料缺乏，给肉兔的饲养带来一些困难，要做好以下几点。

（一）兔舍保温

防寒保温是冬季管理的中心工作，兔舍温度要保持相对稳定，切忌忽冷忽热。肉兔比较耐寒冷，但最适宜的生活和繁殖温度是 $15\sim25℃$，高于或低于这个温度范围都会降低其生产和繁殖性能。尤其是仔兔，要保持产箱内的温度在 $20\sim25℃$。主要采取关门窗、挂草帘、堵缝洞，防止寒风侵入和贼风侵袭，以减少热能的放散，有条件的兔舍可以安装土暖气、生煤火、扣塑料棚，冬季养兔宜增加密度，笼底可垫草或用其他材料进行保温。小兔切莫单笼饲养。

（二）抓好冬繁工作

实践证明，只要做好保温工作，冬季繁殖的仔兔、幼兔成活率高、疾病少。要加强产箱保温，垫草要干燥、柔软、保温性强。

空怀与配种。冬季注意让空怀母兔和公兔多晒太阳，以增加运动提高公兔性欲，刺激母兔排卵。冬季母兔发情时间间隔长，情期短，要勤观察母兔外阴部的变化（浅红早，黑紫迟，大红配种正当时），抓住有利时机促其交配，并要进行复配（即用同一只公兔配后 1 小时之内再配 1 次），以提高母兔受孕率和产仔数。种公兔连续使用两天要休息 1 天，并注意增加青绿多汁饲料和精料。

（三）增补饲料营养

一方面要增加饲喂量，因为冬季寒冷需要热量多，饲喂量要比平时多 20%～30%，另一方面饲料配合时，要适量配合能量饲料的比例，最好保证青绿多汁饲料的供应不间断，粉料要热水拌食，少喂多添，防止剩料结冰。

冬季缺乏青饲料，易发生维生素缺乏症，每天应设法喂一些菜叶、胡萝卜、大麦芽等，以补充维生素的不足。

夜间 8～9 点钟时再加喂 1 次草料，不要饲喂冰冻饲料。

（四）精心管理

为了保温兔舍密闭性好，但通风不良，有害气体增多，因此，晴朗的中午，要打开门窗排浊气。白天应选择风和日暖的天气，将兔放在运动场活动，但必须每个兔有耳号的情况下，否则不可这样做。

（五）做好兔舍清洁卫生

对仔兔巢箱要加强管理，勤清理，勤换垫草，做到清洁、干燥、卫生。清洗食具，保持笼具、食具和舍内的清洁卫生。冬季粪便不可堆积过久，一般 1～2 天清洁 1 次。每隔 7～10 天，选晴朗无风天，选择刺激性小、毒性小的消毒液消毒 1 次兔舍。

（六）防冻伤

若遇刮风、下雪和降温等恶劣天气，一定要仔细检查兔子的身体状况，发现有冻伤的兔子时，要及时救护。将冻伤兔转移到温度高的地方，在冻伤部位涂抹植物油；如果肿胀得厉害，可涂擦碘甘油；若冻伤处出现破溃，可在挤出破溃处的液体后，涂上适量的抗生素软膏，并做必要的包扎。

（七）防疾病

肉兔在 1 月龄时，应全部注射兔瘟、兔巴氏杆菌二联苗。具体的使用剂量：1 月龄兔 1.5 毫升，2 月龄兔 2 毫升。对于怀孕母兔，注射时操作要轻。在做好防疫的同时，还要注意做好对感冒、腹泻等常发病的防治，平时在饲料中按规定剂量加入敌菌净、复方新诺明等药物。如果用药时间过长，除及时停药外，可在饲料中加入微生物制剂以恢复肠道功能。禁止使用土霉素、PPA（盐酸苯丙醇胺）等杀菌药物。

八、做好生产记录

　　养兔生产正向着规模化、集约化的方向发展。生产记录勾画出有关生产日常活动的总体情况，在场内生产记录提供生产参数的信息。这些记录形成兔场内部管理的基础，在管理职能中是最重要的。通过各种完善的生产记录，汇总成生产报表，使管理层可以及时了解兔场生产经营中的各种状况，从而根据分析结果做出决策，例如对成本进行分析，可以找到降低成本的方法。对各种生产指标进行分析比较，可以建立起科学的考核方法，充分调动员工的积极性，提高劳动生产效率。各种记录的完善可以使兔场实行信息化管理，全面提升兔场的管理水平，使各项决策均有据可依。通过对过往疾病的记录，可以了解兔场内每次疫情发生的时间、原因，当时发病的兔群、发病症状，怀疑是什么病、是否经确诊、确诊的结果。当时采取的措施和取得的效果，从中可以获得很好的经验教训。同时使对全场兔群的保健更有依据，在疾病易发时间段前做好预防工作。通过详细的免疫记录可以使兔群免疫计划更完善，详细记录好兔群的免疫情况并定期检查，有效地避免种兔漏打疫苗的情况。

　　做好生产过程中的各种记录，就是向经营管理要效益。经营管理从某种意义上来说就是数字管理。相反，随着兔场规模的增大，如果没有完善的生产记录，就会令生产处于无序混乱状态，如在种兔系谱、档案的管理方面出现混乱，就会导致种兔群系谱不清，档案漏记，这样就没法保证种兔的质量。出现乱交乱配现象，浪费了饲料，增加了成本。

　　养兔场的生产记录包括配种日期、产仔日期、产仔数、断奶日期、断奶数、出栏数等；种兔系谱、生产性能记录；各阶段使用的饲料配方及添加剂成分记录；免疫、用药、发病和治疗记录等方面的记录。要求所有记录应准确、可靠、完整。资料应最少保留3年。

九、衡量一个养兔场管理好坏的标准是肉兔应激是否最小

所谓应激是机体在各种内外环境因素刺激下所出现的全身性非特异性适应反应，又称为应激反应。这些刺激因素称为应激原。应激是在出乎意料的紧迫与危险情况下引起的高速而高度紧张的情绪状态。对兔来说，使兔感到不适的刺激统归为应激。应激是兔对外界刺激的一种应答。导致应激的因素大致可分为心理性的和生理性的。

引起肉兔应激的因素很多。常见的供水上，突然的断水、水质突然变化；供料上，缺料、突然换料；天气变化上，温度过高、过低、温差过大或突然变化，连续阴雨天，南方的梅雨季节等；光照上，突然灭灯、突然亮灯、光照时间的突然变化，光照时间不足，或持续不断的光照等；声响上，突然发出的异常响动，如放炮、鸣喇叭声、大声喊叫、工具碰撞发出的响声、刮风时门窗的响声以及矿山、火车鸣笛等等；出现异物上，陌生人或其他动物进入兔舍；抓兔，如运输装卸笼、断奶仔兔分窝；防疫上，每次的免疫接种操作等等。还有很多方面都会或多或少给肉兔带来应激。这些因素中，有些因素是可以避免的，有些因素是无法避免的。适当的刺激对肉兔的生长发育影响不大，甚至有一定的益处，但是过度的、连续的、多方面的应激刺激，对肉兔有害无益。

在应激状况下，对肉兔的影响是多方面的，肉兔的正常生理活动不能进行。如血压和心率增加，呼吸频率加强，某些系统如消化系统、生殖系统活动受到抑制，糖的异生作用和利用性增强，脂肪分解加速，机体警觉性升高等等，应激反应是机体在超阈值强度激源作用下，体内重建恒稳的一个过程。特别是母兔受到突然噪声或

持续惊扰后，可引起妊娠流产或胚胎死亡，哺乳母兔拒绝哺乳，严重时会咬死自己所生的仔兔。可见减少肉兔的应激，在生产上具有重要意义。所以，在生产中应设法避免应激的发生。对可以避免的因素必须坚决避免，对无法避免的应激因素，要采取一切可行的措施将影响降到最低。

减少应激的措施有以下 5 个方面。

一是保持稳定性。肉兔的生活规律和喜好，一旦被干扰或破坏，生长和生产均会受到影响。要高产稳产，就必须控制好所有的养兔条件和操作的有序性，这是减少应激的最好措施。做到饲养人员、饲喂方法和饲喂时间三固定，每天的加水、加料、清扫、消毒等生产环节应定时、依序进行。不能缺水、缺料。饲养人员不宜经常更换。

二是防止环节条件的突然改变。每天开灯、关灯时间要固定。开关灯采用渐明和渐暗控制设备，杜绝灯突然亮或灭。

三是控制好温度。肉兔排汗能力差，不喜高温，肉兔的适宜温度为 5～25℃，温度过高时应加强通风降温，还可以添加多种维生素和抗热应激的药物。冬季做好防寒保温工作，防止贼风。特别是季节转换期间气温多变，应及时调节控制温度。

四是防止惊吓。主要是防止突然发生的各种声响和突然出现的陌生人和其他动物等各种意外情况的发生。

五是更换饲料要逐渐过渡。在每次更换饲料时，都要采取逐渐更换的办法。方法是提前 5 天左右，在饲料中逐渐减少原来饲料所占的比例，逐渐添加新饲料的所占比例，5 天后全部换成新饲料。

十、母兔产前准备工作要细致周密

母兔产前准备很重要，在生产实践中，发生的母兔残食仔兔、仔兔被冻僵或冻死、掉到粪尿沟溺死等问题，都是因为产前没有做好准备而造成的。因此，母兔产前准备做得好坏，直接关系到仔兔的成活率。

（一） 提前安放产仔箱

根据配种记录，在产前 2～3 天将母兔放入产仔箱。箱里装好晒干并经过消毒的柔软的干草和禽毛等，以便于让母兔叼草拉毛做窝。

（二） 要保持安静的生活环境

分娩前禁止随意捕捉母兔，禁止饲养员以外的无关人员随意进入兔舍，更不允许外来人员参观，还要防止狗、猫、鼠进入兔舍，以及防止母兔突然受惊吓。

（三） 准备好食物

母兔分娩很快，一般 30 分钟左右可完成，分娩后身体疲乏、胃中空虚，急需吃喝，如果没准备食物和饮料，母兔就会因饥饿脱水而被迫食子，所以要在其分娩前准备好饮水，最好准备豆浆或稀粥等，并在饲槽中放入优质混合饲料，如萝卜、红薯等，供其自由采食。

（四） 帮助母兔拉毛

个别初产母兔不会拉毛，只会叼草做窝，需要人工协助将其胸部被毛轻轻拉下部分放入窝内，这样做还可以促进母兔多泌乳和保护仔兔。

十一、坚持防鼠和灭鼠

鼠类是人畜多种传染病的传播媒介，老鼠消耗粮食、传播病菌、破坏物品，并污染饲料和饮水，对兔场的危害也极大，可以说有百害而无一利。因此，必须诛杀之。兔场要坚持做好防鼠灭鼠工作，定期灭鼠也是兔场搞好环境卫生的一项重要工作。

养兔场灭鼠要从防鼠开始。因为老鼠是杀不绝的，即使本场内的老鼠都被灭掉，还会陆续有场外的老鼠进入。所以，防鼠是上策。防鼠可以在以下几个方面做好预防。

一是兔舍内外地面尽可能用水泥硬化，兔舍的顶棚、门、窗、通气孔等，这些部位是老鼠进入的地方，必须做好防鼠保护，如门缝和木制门要钉上镀锌铁皮、窗户和通气孔要安装铁丝网，发现有洞随时用石块和水泥堵塞。

二是保持兔舍内和兔舍周围无散落的饲料，将散落的饲料等老鼠能吃的食物及时清理干净。精饲料原料储存在防鼠的仓库里，经常清理仓库，物品摆放整齐，墙角不摆放东西，不让老鼠有躲藏和做窝的地方，容易被老鼠咬坏的东西尽可能放在上层。用完的饲料袋须将剩余的饲料清理干净并打包，摆放整齐。

三是做好消毒工作，包括定期熏蒸仓库，可以采用 3 倍高锰酸钾和甲醛反应熏蒸（1 倍剂量是 1 立方米使用 7 克高锰酸钾和 14 毫升甲醛），注意安全，一般先放高锰酸钾，后倒甲醛。还有不容忽视兔舍和兔舍外围的消毒，定期消毒和更换消毒液不仅可以杀死细菌病毒，同样能破坏老鼠熟悉的路线，限制它们的活动。

一旦发现有老鼠进入，就要开始灭鼠，目前灭鼠的方法很多，可分为器械灭鼠法和药物灭鼠法两种。

器械灭鼠即利用各种工具扑杀鼠类，如关、压、扣、堵（洞）、灌（洞）等。此类方法可就地取材，简便易行。使用鼠笼、鼠夹之类工具捕鼠，应注意诱饵的选择、布放的方法和时间。诱饵以鼠类喜吃的为佳。捕鼠工具应放在鼠类经常活动的地方，如墙角、鼠的走道及洞口附近。

药物灭鼠法是使毒物进入鼠体，使老鼠死亡或绝育，进而达到灭鼠的目的。药物灭鼠的途径可分为消化道药物和熏蒸药物两类。

消化道药物主要有磷化锌、安妥、敌鼠钠盐和氟乙酸钠。药剂通过鼠取食进入消化系统，使鼠中毒致死。这类杀鼠剂一般用量低、适口性好、杀鼠效果高，对人畜安全，是目前主要使用的杀鼠剂。熏蒸药物包括氯化苦和灭鼠烟剂。其优点是不受鼠取食行动的影响，且作用快，无两次毒性；缺点是用量大，施药时防护条件及操作技术要求高，操作费工，适宜于室内专业化使用，不适宜兔舍

使用，但可以在仓库等其他地点使用。

杀鼠剂的投放原则：选择老鼠经常活动和行走的地方，易于老鼠采食但又不能太靠近鼠洞，以免引起它们的猜疑，一般紧贴墙壁、角落。

投放地点：天花板上，门的两侧，门窗上面，下水道，饲料仓库，鼠粪和鼠洞比较多的地方，靠近水源的地方，注意不要让兔只采食到杀鼠剂。

第七章

科学防治肉兔病

肉兔疾病的预防和控制是肉兔养殖的重点工作，也是难点工作。肉兔养殖场必须坚持"防治结合、防重于治"的方针，抓住肉兔疫病防控的重点，实行严格的生物安全制度，做好兔场的卫生管理，制订科学的免疫制度，采用科学的防治方法和诊疗技术，有效地防范肉兔疾病，降低肉兔患病所带来的危害性和经济损失。

兔病的发生和传播与饲养管理的好坏有直接关系，养兔场出现的生产状况不良问题通常归因于设施简陋、传染性疾病和兔管理不良。这就要求兔场坚持"预防为主、防治结合、防重于治"的原则，了解和掌握兔病防治的关键环节和关键技术，在加强饲养管理的同时，有针对性地做好兔病预防和控制工作。

一、抓住肉兔疫病防控的重点

唯物辩证法认为，在复杂事物自身包含的多种矛盾中，每种矛盾所处的地位、对事物发展所起的作用是不同的，总有主次、重要非重要之分，其中必有一种矛盾与其他诸种矛盾相比较而言，处于支配地位，对事物发展起决定作用，这种矛盾就叫作主要矛盾。正是由于矛盾有主次之分，我们在想问题办事情的方法论上也应当相应地有重点与非重点之分，要善于抓重点，集中力量解决主要矛盾。

当前兔病的发生特点和流行趋势表现为细菌性传染病危害加大、混合性感染病越来越多、某些病在临床及病变出现新特点、繁殖障碍病有发展的趋势和警惕呼吸道疾病的危害等。针对以上兔病发生的特点和流行趋势，在肉兔饲养管理过程中抓住关键疾病、关键时期和关键季节的发病特点和发展趋势，采取积极有效的措施进行防范控制，以避免各种兔病的发生。就是抓住了肉兔养殖疫病防控的主要矛盾，就可以达到事半功倍的效果。

先说一下关键疾病。我们大家都知道著名的"二八定律"指出，在任何一组东西中，最重要的只占其中一小部分，约20%，其余80%的尽管是多数，却是次要的，因此又称"二八法则"。该定律也同样适用于家兔疫病上。经过有关技术统计，家兔80%的死亡是由20%的家兔疫病导致的，而这20%的家兔疫病就是兔瘟、巴氏杆菌、球虫病和腹泻4种疫病。因此，在疾病防控上要重点做好这四种疾病的防控工作。如在家兔30～60日龄时要接种瘟巴二联苗，同时利用安全高效的药物预防体内外寄生虫和防仔幼兔腹泻及各种细菌性肠炎等疾病。

再说一下关键时期。对不同阶段的肉兔其关键时期也不一样，主要表现在多发和常发疾病的不同，幼兔特别是刚离乳的幼兔，由于消化系统发育不完全，防御屏障机能尚不健全，易患胃肠道疾病，老龄兔由于代谢机能与免疫功能的减退，体质下降，发病率也较高，抗病力弱。母兔疾病相对比公兔多，由于母兔要繁殖仔兔，所以产科疾病占一定比例，如流产、乳腺炎等。如据黄仁术等报道，母兔妊娠0～7天着床期间胚胎死亡率为50%；7天后，死亡率为7%。胚胎死亡原因是妊娠7天内，卵裂球或胚泡在输卵管或子宫内呈游离状态，容易受缺乏维生素，特别是维生素A、维生素E的影响，导致受精卵着床困难而死亡。为此，兔场应自配种前3天至妊娠开始后7天，每天在母兔日粮中添加维生素A90毫克/千克饲料、维生素E100毫克/千克饲料。

母兔妊娠15～25天期间如果粗暴捕捉，不正确摸胎，喂冰冻、发霉饲料，意外巨响及犬猫惊吓等容易发生流产，此时胚胎尚未发育完全，产出后很快死亡。因此，对妊娠 15～25 天的孕兔，无必要时不要随便捕捉，摸胎时动作要轻，冰冻饲料、发霉饲料坚决不喂。孕兔单独饲养，不要与非孕兔、公兔混养。严防犬、猫进入养兔场。节日期间，禁止在养兔场内及附近燃放焰火、鞭炮。

仔兔 6 周龄以前有两个死亡高峰期，一个是从初生到第 11 日龄，另一个是 4～6 周龄。第一个死亡高峰期主要发生于从初生到第 11 日龄的休眠期。这期间仔兔眼睛闭合，耳孔闭塞，前 3 日体表光滑无毛，抗寒能力差，极易死亡。引起死亡的原因主要是饿死、冻死、窒息死、鼠害、黄尿病、仔兔低血糖症等。因此，仔兔初生后应及时使每只仔兔吃到初乳。对母兔母乳不足者，要加强母兔营养；缺乳严重者，母兔添加催乳药物，仔兔人工哺乳。给仔兔暖身的兔毛、窝垫草单薄者予以加厚。保暖兔毛如果太长，要更换为短毛。还要彻底消灭老鼠，防止老鼠咬死或吃掉仔兔。母兔产后容易口渴，要及时供给清洁饮水，防止因口渴引起吃仔。接下来是预防仔兔低血糖症，此症多发于 2～3 日龄的仔兔，死亡率较高，应给产后母兔饮用 8% 的蔗糖水，可有效地预防仔兔低血糖症。还要防治仔兔黄尿症，此病系因母兔患金黄色葡萄球菌性乳房炎后给仔兔哺乳引起，多发于仔兔休眠期，应及时进行母仔同步治疗，并加强兔笼、兔舍的消毒。第二个死亡高峰期主要发生于开眼期、开料期至断奶的一段时间。引起死亡的原因主要是饲养管理不当。因此，在仔兔开眼后，因活泼好动，常追随母兔出巢箱，如不能自回，则有冻、饿、死亡或被兽害的可能，应加强巡察，及时捉回巢箱。对两眼开眼不同步的，可用药棉蘸清洁温水，擦拭未开眼，协助睁开。17 日龄要给仔兔开食补饲，先给少量精料，然后给嫩青草，忌一次给食过多。此期可适当放养，以增强体质，提高食欲。还要防治球虫病，严防成年兔的粪便污染仔兔饲料是重要的预防措施。肠球虫病多发于 20～60 日龄的仔兔、肝球虫病多发于 30～90 日龄的幼兔，两者均有较高的死亡率。已发病者，要及时进行母兔仔兔同步治疗。

最后说一下关键季节。不同季节，兔的多发病、常发病和发病率的种类也不同，如1～3月份气温明显下降，各种传染媒介（苍蝇、蚊子等）及病原体的繁殖均受到一定限制，发病就较少，但由于天气寒冷，容易引起感冒和肺炎（散发力多），此期传染病暴发也较少见，4～6月为兔的产仔季节，发病率相对增高，7～9月是酷暑盛夏季节，各种病原微生物活动猖獗，而且饲料容易腐败变质，易引起中暑、中毒及各类胃肠炎等疾病，是容易发生传染病的季节，所以必须加强饲养管理和卫生防疫工作。10～12月做好饲养管理和加强防寒保温工作，发病率明显下降，是繁殖仔兔的好季节。

二、实行严格的生物安全制度

　　生物安全是近年来国外提出的有关集约化生产过程中保护和提高畜禽群体健康状况的新理论。生物安全的中心思想是隔离、消毒和防疫。关键控制点是对人和环境的控制，最后达到建立防止病原入侵的多层屏障的目的。因此，每个兔场和饲养人员都必须认识到，做好生物安全是避免疾病发生的最佳方法。一个好的生物安全体系将发现并控制疾病侵入养殖场的各种最可能途径。

　　兔场的生物安全包括控制疫病在兔场中的传播、减少和消除疫病发生。因此，对一个兔场而言，生物安全包括两个方面：一是外部生物安全，防止病原菌水平传入，将场外病原微生物带入场内的可能降至最低；二是内部生物安全，防止病原菌水平传播，降低病原微生物在兔场内从病兔向易感兔传播的可能。

　　兔场生物安全要特别注重生物安全体系的建立和细节的落实到位。具体包括兔场的选址、兔场布局、卫生消毒、坚持自繁自养和注意引种安全、发生疫情应采取的措施、疫情监测、药物预防和预防接种、定期驱虫和灭鼠和灭蝇、饮水及饲料和药物饲料添加剂等。

（一）场址选择和布局

　　兔场的场址选择应符合国家相关法律法规、地方土地利用规划和村镇建设规划。应满足工程建设需要的水文地质和工程地质条件。应选择在地势高燥、背风、向阳、交通便利的地点。环境质量应符合 NY/T 388 的规定。应符合动物防疫条件，利于排污和进行污水净化，场址距离居民点、公路铁路等主要交通干线1000 米以上，距离其他畜牧场、畜产品加工厂、大型工厂等3000 米以上。应选在最近居民点常年主导风向的下风向处或侧风向处。应水源充足、排水畅通、供电可靠，具备就地消纳粪污的条件。严禁在自然保护区、水源保护区和风景旅游区，受洪水或山洪威胁及泥石流、滑坡等自然灾害多发地带，污染严重的地区等地方建场。

兔场的规划布局应严格按照家兔的生理特点和生活习性，在满足生产、节约使用土地、长远发展的前提下，合理确定面积。兔场建筑设施要合理安排，周密布局，精心设计，使之有利提高养兔的经济效益。

（二）卫生消毒

消毒是综合性防疫措施之一，其目的在于切断疫病的传播途径，防止传染病的发生与流行。因此，要定期对兔舍、场地及环境、兔笼、用具进行消毒，定期对兔群进行喷雾消毒。对出入兔场的人员、车辆应进行严格的消毒，消毒池内要定期投放消毒药。医疗器械在使用前要进行彻底消毒。

人员是兔病传播中最危险、最常见也最难以防范的传播媒介。必须靠严格的制度进行有效控制。要制订严格的生物安全防疫规章制度，对兔场所有生产工作人员进行生物安全制度培训，使他们能自觉遵守制订的防疫制度。

在兔场大门口必须设立车辆和人员消毒设施，场外车辆、用具不准进场，本场车辆每次进入场内时必须经过消毒后方可进入。可建设车辆消毒池，车辆消毒池的长度为进出车辆车轮 2 个周长以上，并且用机械消毒法对车身进行彻底消毒后方可进入。兔场应严格控制外来人员进入兔场内。必须进入的，进场人员必须走人员专用通道，在人员专用通道设立消毒室，所有进入人员必须在此进行紫外线照射消毒 10～15 分钟后才能进入。如果要进入生产区，还必须淋浴、更换场区专用衣裤后才能进入。如果无法淋浴的，必须换上消毒好的工作衣帽。在每栋兔舍入口处设置消毒盆池（长、宽、深分别为 0.6 米、0.4 米、0.08 米），每天更换 1 次。离开生产区和兔舍时，也应洗好手进行必要的消毒。生产人员全部定岗定员，不得随意串岗。生产区人员休假结束返回后必须在生活区集体宿舍隔离 24 小时后方可进入生产区。

兔场生产正常时，每隔 7～10 天选择高效低毒、杀菌力强、刺激小的消毒剂，如百菌灭、百毒杀等，在彻底清除粪便、剩余饲料等污物，用清水洗刷干净，待干燥后，对兔群进行带兔喷雾消毒 1 次。发生疫病时可采取紧急消毒措施。注意兔群免疫接种前后 3 天应停止消毒。

每月对场区道路、水泥地面、排水沟等区域，用 3%～5% 氢氧化钠溶液进行 4～5 次的喷洒消毒。平时应做好场区环境卫生工作，经常使用高压水清洗，场区每周消毒 1～2 次。兔舍要经常清扫，要保证光照充足、空气清新、温度适宜，料槽、水槽和其他用具要坚持做好定期清洗，保持清洁，定期消毒。

（三）坚持自繁自养，注意引种安全

兔场达到一定规模之后，不要轻易从外面引种。应坚持自繁自养，逐渐淘汰病兔和带菌、带虫兔，从本场选择健康的良种公兔和母兔作种，组建核心群、扩繁群进行自繁自养，培育健康兔群（注意避免近亲繁殖）。这样既能有效地组织生产和改善兔群质量，又能防止引进新兔时可能带来新的疫病。进行良种改良需要引进外血时，在引种前必须到提供种兔的种兔场所在地区进行有关疫病的调查，应来自非疫区无特定动物疫病的种兔场。新引进的兔至少要隔离饲养 30 天以上，经兽医卫生检验，确认无疫病后方可与本场兔配种或混群饲养。为防止引进呈隐性感染的兔，在隔离期内可与数只待出栏健康的易感商品兔一起饲养，观察商品兔是否发病。在隔离期间还要进行有关疫病免疫接种。

出售家兔在场外进行，已调出的家兔严禁回场，种兔不准对外配种。禁止饲养其他动物及携带动物和动物产品进场。

（四）实行全进全出制

所谓全进全出，就是将所有的兔同时移进、移出一栋（间）兔舍。空兔舍经彻底冲洗，消毒净化，适当空关后再转进下一批兔。它相对于连续式生产，能避免兔群与兔群、兔群与设备之间的交互感染，有助于控制兔疫病，缩短出栏时间，提高饲料报酬。

（五）饮水、饲料和药物饲料添加剂

由于大多数疾病都是通过消化道感染的，并且饲料和饮水极易受到病原的污染，污染后还极易通过器械、人员、动物等因素扩散，造成疾病蔓延。因此，对饲料和饮水及药物饲料添加剂的质量进行监测和控制，具有重要意义。

必须保证兔的饮水和饲料的清洁卫生，对饮水和饲料应定期进行细菌、毒菌和有害物质的检测。根据兔日龄及体重大小，及时从正规厂家购买优质颗粒料保证饲料的全价营养，自配饲料要选用优质原料，发霉变质的原料不可用，配制过程防污染。当日饲喂的料当日运，兔舍内不要有过夜的饲料，兔群喂后抛撒的饲料要及时打扫干净，防止饲料被老鼠粪便污染，饲料储存期不得超过 15 天。

兔场要建立药物饲料添加剂采购和使用档案，接受畜牧兽医行政主管部门的定期检查和抽样检验，兔场要严格执行国家关于兽药和药物饲料添加剂使用休药期的规定。

（六）定期驱虫和灭鼠、灭蝇

根据不同寄生虫病的流行特点，制订周密的驱虫计划，选择理想的驱虫药物，适时地按计划给兔群驱虫是十分必要的。一般春秋两季应进行两次全群普遍驱虫，选择丙硫咪唑驱除绦虫、绦虫蚴虫及吸虫，在驱虫过程中要注意粪便的清理，以防兔群重复感染。蚊、蝇、鼠是病原体的宿主和携带者，能传播多种传染病和寄生虫病。应当清除兔舍周围杂物、垃圾及乱草堆等，填平死

水沟。消灭老鼠，杀死蚊、蝇，消灭病原微生物的传染源，切断传播途径。

（七）药物预防和预防接种

对于一些烈性传染病，如兔瘟、魏氏梭菌病、波氏杆菌病等，最有效的控制方法是使用疫苗等各种生物制剂提前预防接种。对兔群按照正确的免疫程序进行预防接种，使兔体产生坚强的免疫力，既能达到预防传染病的目的，又能提高兔群对相应疫病的特异性抵抗力，是构建养兔业生物安全体系的重要措施之一。除进行疫苗接种外，由于一些疫病目前尚无理想疫苗，只能定期药物预防，如球虫病、疥癣病、肠炎等，根据其发生规律，在疫病流行季节之前或流行初期，将安全有效的药物加入饲料、饮水或添加剂中，进行群体预防或治疗，可收到明显的效果。有条件的兔场还可以做药敏试验，随时选择有高度敏感性的药物用于防治。

（八）废弃物及污物的处理

兔粪及产仔箱垫料应经过堆肥发酵后方可作为肥料，不得作为其他动物的饲料。兔舍污水处理可根据情况采取物理、化学或生物学方法进行净化。病兔应隔离饲养，由兽医进行诊断，传染病致死的兔尸或因病扑杀的死兔应进行无害化处理。厕所设置化粪池，避免粪水直接进入环境。

（九）疫情监测

疫情监测在兔场生产中极为重要，它能够监测兔群健康状况，及时发现疫情并采取有效的控制和扑灭措施，减少兔场的经济损失。因此，对危害较大的疫病，根据本场情况定期进行监测。有条件的兔场还可以定期对粪便、墙壁灰尘进行微生物培养，检查病原微生物的存在与否，采取针对性的防治措施，以防止疫病的扩散。

（十）发生疫情应采取的措施

当发现疑似传染病时，必须对发病个体及时隔离，尽快确诊并报告疫情；确诊为传染病时，应首先划定疫区和疫点，按照"早、快、严、小"的原则进行封锁；病兔隔离饲养，假定健康兔紧急预防接种，兔场应做到固定人员，各种用具不准乱拿乱用，全场进行彻底消毒；将死兔的污染物、粪便、垫草及余留饲料运往指定的地点销毁或深埋；兔场停止一切销售活动，直至解除封锁。

三、实行严格的隔离制度

　　隔离是控制传染性疾病传播最有效的手段。因为不同疾病的潜伏期不同，疾病的症状可能几周之后才能显现，如很多时候携带或者感染病菌的新引近兔并不表现疫病症状。若将他们留置观察数周就可能开始出现发病症状，养殖场若能按照隔离制度对新引进的兔只进行常规隔离观察，其传染病就能被快速而有效地得以控制。同样对于有可能患传染性疾病的兔，也要严格实行隔离制度。

　　因此，隔离制度对养兔场非常重要，当兔只发生传染病时，首先要查明疫情蔓延的程度，应逐只进行临床检查，必要时进行血清学和变态反应等特异性检查。根据检查结果，可将受检兔分为病兔、可疑病兔和假定健康兔三群，分别进行隔离。

（一）病兔的隔离制度

　　病兔是指有明显症状的典型病例，是最危险的传染来源，应在彻底消毒的情况下，迅速将其单独隔离或集中隔离在原来的兔舍，最好是送入病兔隔离舍，以控制传染来源，把疫情限制在最小范围内，以便就地消灭。要有专人管理，禁止闲杂人员或其他兔出入或接近，并在隔离病兔舍出入口设消毒槽。被病兔污染的地方和专用的饲养用具要进行紧急消毒，粪便要妥善处理。当查明为少数患兔时，最好捕杀，以防后患。

（二）可疑病兔的隔离制度

　　可疑病兔是指无任何症状，或症状不明显，但与病兔及其污染的环境有过明显接触，如同群、同舍、同笼、同一运动场，使用共同的水源、草场及用具等。这类兔有可能处在潜伏期，并有排菌（毒）的危险，应在严格消毒后转移到别处看管，并限制其活动，

详细观察。有条件时，应立即进行紧急预防接种或用药物预防。

（三）假定健康兔的隔离制度

假定健康兔是指与病兔、可疑病兔没有接触过的兔。对这种兔可立即进行紧急免疫接种，如无疫（菌）苗，可根据实际情况分开饲养，或转移至偏僻饲养地。

（四）隔离的期限

隔离病兔的期限，依据传染病的性质和潜伏期的长短而不同。一般急性传染病隔离的时间较短，慢性传染病隔离的时间较长。此外，亦应根据各种传染病痊愈后带菌（毒）的时间不同，来决定其病兔隔离期限。

（五）隔离设施

隔离设施与大群之间最理想的距离是4.8千米，如果条件不允许，至少也要达到400米。隔离设施与大群之间要有足够的距离间隔，以便于员工在进行例行工作的时候无法轻易地在二者之间穿梭。隔离设施应配备单独的卸载设施，而且布局上应考虑主流风向和表水径流不会把污染从隔离设施带到大群。

隔离设施的运营应该遵循全进/全出的原则。隔离设施当中使用的料槽、铁锹、刮粪器、手工工具等以及饲养员和兽医所穿的衣物（靴子、连体服、帽子）应为隔离设施专用。不得拿到兔场其他地方使用。直到最后转入的兔已经完成了所有检测规程并且完成了隔离期之前，兔都不得从隔离设施转出。

（六）隔离期间的饲养管理

隔离期间应对种兔进行细致的观察，至少每天一次观察隔离阶段的兔有无疾病症状，观察兔的行动能力、粪便情况、精神状态、吃料情况、呼吸情况等。还要看有无咳嗽、打喷嚏、腹泻、粪尿中含有血或黏膜、异常或严重的皮肤损伤等症状。一旦发现兔如果表现任何症状，应该立即与其他兔分离，并马上由兽医进行检查处理。

执行隔离饲养工作的人员要求专人，绝对不允许与未实行隔离的其他舍兔接触。

四、建立科学的防疫制度

免疫是指机体免疫系统识别自身与异己物质，并通过免疫应答排除抗原性异物，以维持机体生理平衡的功能。免疫作为控制传染病流行的主要手段之一，是在平时为了预防某些传染病的发生和流行，有组织有计划地按免疫程序给健康畜群进行的免疫接种。能有效避免和减少各类动物疫病的发生。做好动物免疫工作，使动物机体获得可靠的免疫效果，就能为有效地控制传染病的发生奠定良好的基础。

制订科学、合理的免疫程序，是做好免疫工作的前提，对保证肉兔的健康起到关键的作用，养兔场必须根据国家规定的强制免疫疾病的种类和农业部疫病免疫推荐方案的要求，并结合本地疫病实际流行情况，科学地制订和设计一个适合于本场的免疫程序。

（一）制订免疫的原则

免疫程序不是一成不变的，要因时、因地、因病确定免疫程序。不同的地区、不同的兔场、不同的季节，其兔流行的传染病情况是不一样的，在制订时要根据本场的疫病流行情况和特点来建立适合本场的免疫程序。

（二）当地疫病流行情况的确定

确定当地疫病流行的种类和轻重程度时，要主动咨询兔场所在地畜牧兽医主管部门，当地农业院校和科研院所，及时准确地掌握本地兔疫病种类和疫情发生发展情况，为本场制订免疫计划提供可靠的依据。

对于从外部购买种兔的，需要在购买前及时了解引进种兔所在地的疫情流行情况，同时，购种兔时要取得出售种兔当地畜牧兽医主管部门出具的检疫证明。

（三）进行免疫监测

利用血清学方法，对某些疫苗免疫动物在免疫接种前后的抗体进行跟踪监测，以确定接种时间和免疫效果。在免疫前，监测有无相应抗体及其水平，以便掌握合理的免疫时机，避免重复和失误；在免疫后，监测是为了了解免疫效果，如不理想可查找原因，进行重免；有时还可及时发现疫情，尽快采取扑灭措施。可见，免疫检测是最直接、最可靠的疫病状况监测方法，规模化养兔场要对本场的兔进行免疫检测。

（四）紧急接种

紧急接种是在发生传染病时，为了快速扑灭疫情，对疫群、疫区和受威胁区域尚未发病的兔群进行应急性免疫接种。在应用疫苗进行紧急接种时，必须先对动物群逐只地进行详细的临床检查，只能对无任何临床症状的动物进行紧急接种，对患病动物和处于潜伏期的动物，不能接种疫苗，应立即隔离治疗或扑杀。

但应注意，在临床检查无症状而貌似健康的动物中，必然混有一部分潜伏期的动物，在接种疫苗后不仅得不到保护，反而促进其发病，造成一定的损失，这是一种正常的不可避免的现象。但由于这些急性传染病潜伏期短，而疫苗接种后又能很快产生免疫力，因而发病数不久即可下降，疫情会得到控制，多数动物得到保护。

在疫区内使用兔瘟、魏氏梭菌、巴氏杆菌、支气管败血波氏杆菌等疫（菌）苗进行紧急接种，对控制和扑灭疫病具有重要作用。

紧急接种除使用疫（菌）苗外，也常用免疫血清。免疫血清虽然安全有效，但常因用量大、价格高、免疫期短，大群使用往往供不应求，目前在生产上很少使用。发生疫病作紧急接种使用疫苗时，必须对已受传染威胁的兔群逐只检查，并对正常无病的兔进行紧急接种。紧急接种时，必须防止针头、器械的再污染，尤其在病兔群接种，必须一兔一针，并注意注射部位的消毒。

（五）肉兔免疫参考程序

1. 商品肉兔

商品肉兔（70日龄出栏）见表7-1。

表7-1　商品肉兔（70日龄出栏）（仅供参考）

35～40日龄	兔病毒性出血症、多杀性巴氏杆菌病二联灭活疫苗（或）兔病毒性出血症（兔瘟）灭活疫苗	2毫升	皮下注射

商品肉兔（70日龄以上出栏）见表7-2。

表7-2　商品肉兔（70日龄以上出栏）（仅供参考）

35～40日龄	兔病毒性出血症、多杀性巴氏杆菌病二联灭活疫苗	2毫升	皮下注射
60～65日龄	兔病毒性出血症、多杀性巴氏杆菌病二联灭活疫苗	1毫升	皮下注射
	兔病毒性出血症（兔瘟）灭活疫苗	1毫升	

2. 繁殖母兔、种公兔

繁殖母兔、种公兔（每年2次定期免疫）见表7-3。

表7-3　繁殖母兔、种公兔（每年2次定期免疫）（仅供参考）

	兔病毒性出血症灭活疫苗	1毫升	皮下注射
第1次	兔病毒性出血症、多杀性巴氏杆菌病、产气荚膜梭菌病三联灭活疫苗	2毫升	
	兔病毒性出血症、多杀性巴氏杆菌病二联灭活疫苗	2毫升	皮下注射
	产气荚膜梭菌病（魏氏梭菌病）灭活疫苗		
第2次（与第1次间隔6个月）	兔病毒性出血症灭活疫苗	1毫升	皮下注射
	兔病毒性出血症、多杀性巴氏杆菌病、产气荚膜梭菌病三联灭活疫苗	2毫升	
	兔病毒性出血症、多杀性巴氏杆菌病二联灭活疫苗	2毫升	皮下注射
	产气荚膜梭菌病（魏氏梭菌病）灭活疫苗	2毫升	

（六）肉兔常用疫苗的特性与用法

肉兔常用疫苗的特性与用法见表7-4。

表7-4　肉兔常用疫苗的特性与用法

名称	用途	特性及不良反应	使用方法	免疫期	注意事项
兔病毒性出血症灭活疫苗	用于预防兔病毒性出血症	本品为灰褐色均匀混悬液，静止后瓶底有部分沉淀 可能出现一过性食欲减退的症状	皮下注射。45日龄以上家兔，每只1毫升。必要时，未断奶乳兔亦可以使用，皮下注射1毫升，但断奶后再注射1次	免疫保护期6个月	（1）本疫苗仅用于预防，无治疗作用。疫苗开封后应于当日用完 （2）仅用于免疫健康兔，且不能免疫怀孕后期的母兔 （3）使用前应将疫苗放至室温，并将疫苗充分摇匀 （4）注射器械及免疫部位必须严格消毒，以免造成感染 （5）严防冻结与高温 （6）用过的疫苗瓶、器具、未用完的疫苗等应进行消毒处理
兔多杀性巴氏杆菌病灭活疫苗（AV-34株＋QLT-1株）	用于预防兔病毒性出血症（兔瘟）及兔多杀性巴氏杆菌病(A型)	静置后，上层为淡黄色的澄明液体，下层有少量沉淀，振摇后呈灰褐色均匀混悬液 注射本品后可能在注射部位形成约0.5厘米大小的硬结，3～4周后会自然消失	皮下注射。45日龄以上兔，每只1.0毫升	免疫期为6个月	（1）仅用于接种健康兔，怀孕兔不宜注射 （2）切忌冻结，冻结的疫苗严禁使用 （3）应使疫苗恢复至室温。使用时应充分摇匀 （4）注射器械及接种部位必须严格消毒，以免造成感染 （5）用过的疫苗瓶、器具和未用完的疫苗等进行无害化处理

续表

名称	用途	特性及不良反应	使用方法	免疫期	注意事项
家兔产气荚膜梭菌病(A 型)灭活疫苗	用于预防家兔 A 型产气荚膜梭菌病	本品静置后，上层为黄褐色澄明液体，下层为灰白色沉淀，振摇后呈均匀混悬液 可能出现一过性食欲减退的症状	皮下注射。不论家兔大小，每只 2 毫升	免疫期为 6 个月	(1)本疫苗仅用于预防，无治疗作用。疫苗开封后应于当日用完 (2)仅用于免疫健康兔，且不能免疫怀孕后期的母兔 (3)使用前应将疫苗放至室温，并将疫苗充分摇匀 (4)注射器械及免疫部位必须严格消毒，以免造成感染 (5)严防冻结与高温 (6)用过的疫苗瓶、器具、未用完的疫苗等应进行消毒处理
兔病毒性出血症、多杀性巴氏杆菌病二联蜂胶灭活疫苗(YT 株+JN 株)	用于预防兔病毒性出血症、多杀性巴氏杆菌	灰褐色混悬液，久置底部有沉淀，振摇后呈均匀混悬液	45 日龄以上家兔颈部皮下注射，每只 1.0 毫升	免疫期为 6 个月	(1)运输、储存、使用过程中，应避免日光照射、高热或冷冻 (2)使用本品前应将疫苗温度升至室温，使用前和使用中应充分摇匀 (3)使用本疫苗前应了解兔群健康状况，如感染其他疾病或处于潜伏期会影响疫苗使用效果 (4)注射器、针头等用具使用前和使用中需进行消毒处理，注射过程中应注意更换无菌针头 (5)本疫苗在疾病潜伏期和发病期慎用，如需使用必须在当地兽医正确指导下使用 (6)注射完毕，疫苗包装废弃物应报废烧毁

续表

名称	用途	特性及不良反应	使用方法	免疫期	注意事项
家兔多杀性巴氏杆菌病、支气管败血博代氏菌感染二联灭活疫苗	用于预防家兔多杀性巴氏杆菌病、支气管败血博代氏菌感染	本品为乳白色均匀乳剂	颈部肌内注射。成年兔1毫升，初次使用的兔场，首免后14天再注射1次	免疫期6个月	（1）冻干苗在−20℃保存，有效期为3年；在2～8℃位2年（2）液体苗在−20℃保存，有效期为1.5年

五、做好肉兔体内外寄生虫的防治

　　家兔寄生虫病是养兔中危害较为严重的疾病，其种类繁多，发病率和死亡率都很高，严重时甚至全群覆灭。如与"兔瘟"齐名的球虫病和能导致中耳炎、耳聋或癫痫发生的螨病，这两种常见的家兔寄生虫病危害严重且具有高度传染性，如果管理不善、防治措施不当，将给兔场造成巨大的经济损失。了解兔寄生虫病的流行特点和临床症状，采取合理的预防和治疗方法，对于提高养兔经济效益十分重要。

（一）兔球虫病的防治

　　兔球虫病是由艾美尔属的多种球虫引起的流行面广、死亡率高、危害严重的一种家兔寄生虫病。是家兔的主要寄生虫病，在全国乃至世界范围内普遍存在。各品种的家兔都易感，以1～3月龄的幼兔发病率和死亡率最高，感染率可达100%，死亡率可达到50%～80%；成年兔对球虫的抵抗力强，一般均可耐过，但不能产生免疫力，而成为长期带虫者和传染源。一年四季均可发生，以高温高湿季节发病最为严重。给养兔业造成巨大的威胁。

　　【传播途径】球虫在兔体内寄生、繁殖，卵囊随粪便排出，随粪便排出的球虫称为卵囊，在显微镜下呈圆形或椭圆形，在外界一定条件下发育成熟而具有侵袭性。污染饲料、饮水、食具、垫草和兔笼，在适宜的温度、湿度条件下变为侵袭性卵囊，易感兔吞食有侵袭力的卵囊后而致感染。本病感染途径是经口食入含有孢子化卵囊的水或饲料。兔球虫病难以用消毒法控制的主要原因是家兔有食粪行为，家兔所食的软粪是球虫卵囊寄存的主要地方。饲养员、工具、苍蝇等也可机械性搬运球虫卵囊而传播本病。发病季节多在春暖多雨时期，如兔舍内经常保持在10℃以上，随时可能发病。

【球虫病类型】按球虫的种类和寄生部位的不同，可将兔球虫病的症状分为肠型、肝型和混合型，但临床所见则多为混合型。

肠型球虫病：多发生于20～60日龄的小兔，多表现为急性。主要表现为不同程度的腹泻，从间歇性腹泻至混有黏液和血液的大量水泻，常因脱水、中毒及继发细菌感染而死。幼兔常突然歪倒，四肢痉挛划动，头向后仰，发出惨叫，迅速死亡，或可暂时恢复，间隔一段时间，重复以上症状，最终死亡，部分兔死后口中仍有草或饲料。慢性肠球虫病表现为体质下降，食欲不振，腹胀，下痢，排尿异常，尾根部附近被毛潮湿、发黄。

肝型球虫病：30～90日龄的小兔多发，多为慢性经过。病兔表现精神委顿、食欲减退，发育停滞、贫血、消瘦、腹泻（尤其在病后期出现）或便秘，肝肿大造成腹围增大和下垂，触诊肝区疼痛，眼球发紫，结膜黄染，幼兔往往出现神经症状（痉挛或麻痹），除幼兔外，很少死亡。

混合型球虫病：病初食欲降低，后废绝。精神不好，时常伏卧，虚弱消瘦。眼鼻分泌物增多，唾液分泌增多。腹泻或腹泻与便秘交替出现，病兔尿频或常呈排尿姿势，腹围增大，肝区触诊疼痛。结膜苍白，有时黄染。有的病兔呈神经症状，尤其是幼兔，痉挛或麻痹，由于极度衰竭而死。多数病例则在肠炎症状之下4～8天死亡，死亡率可达90%以上。

【临床诊断要点】病兔一般表现为食欲减退、废绝，被毛蓬乱，精神不振，伏卧不动；眼结膜苍白黄染，眼鼻分泌物增多；排尿频繁或常做排尿姿势，腹泻和便秘交替发生，严重时粪便带血，尾毛常有粪便沾污；病兔粪便或肠内容物有大量的球虫卵囊，肝球虫在肝脏表面可见大小不一的白色球虫坏死灶。肠管臌气、膀胱充盈，使腹围增大。病末期呈现神经障碍，伴发四肢痉挛或麻痹，最后极度衰竭死亡。急性型病兔一般不表现任何症状即死亡，也有的急性型的病兔突然侧身倒下，颈背以及两后肢肌肉强直痉挛，伸直划动，头后仰，发出一声尖叫，迅速死亡。

【防治措施】近年来，球虫病呈现出季节的全年化、月龄的扩大化、耐药性的普遍化、药物中毒的严重化、混合感染的复杂化、临床症状的非典型化和死亡率排位前移化等特点，给防治工作带来很大的难度，应引起养兔场的高度重视。为了做好球虫病的防治工作，应做好以下几个方面的工作。

① 制订本场驱虫计划。根据本地区兔球虫病的发病规律和流行情况，各场要制订合理的驱虫计划，首先要定期对兔群进行化验室粪便检查，根据粪便中球虫卵囊数量的多少，及时了解和掌握兔群的健康状况。特别是对刚断奶的幼兔，都要进行化验室粪便检查，对兔群是否带虫作出诊断，以便准确地把握防治时机。

② 加强饲养管理。兔球虫病的发生除必须有球虫寄生外，还与许多其他因素有关，如物理因素包括运输、噪声、干热、湿冷、环境变化，化学因素如空气中的氨气、空气混浊、药物等，生物学因素包括断奶、微生物感染、换料、呼吸道感染以及年龄、虫种免疫原性等。因此，只有全方位做好饲养管理工作，才能达到球虫病的防治目的。兔舍饲养密度不能过大，高密度的饲养易造成潮湿和粪便迅速堆积。兔舍应保持良好的排水性能，尽量保持干燥。食槽和饮水器应与笼底保持一定的高度，以防粪便污染。平时要注意喂给富含蛋白质、矿物质和各种维生素的全价饲料，以提高抵抗力，在更换饲料时，应逐步过渡，不可突然变换。在球虫病爆发时，应减少饲料中蛋白的含量。保证饲料新鲜及清洁卫生，饲料应避免粪便污染，每天清扫兔笼及运动场上的粪便，兔笼、用具等应严格消毒，兔粪堆积发酵。消灭兔场内的鼠类、蝇类及其他昆虫。

③ 早期预防。鉴于小兔的球虫病发生与母兔关系密切，即仔

兔在断奶前即已经从其母亲那里感染了球虫，成为带虫者。因此，降低母兔的带虫是降低仔兔发病率的有效措施，预防球虫病应从母兔和仔兔抓起，重防母兔，早防仔兔。主要是加强母兔的球虫病预防，公兔、母兔必须经过多次粪便检查，方可配种繁殖。如通过粪便检查，发现带虫的公、母种兔，必须用抗球虫药物驱虫半月后，再进行交配产仔。做好产前和前后的消毒和卫生。

④ 发病的兔场，每隔 3 月笼舍要用火焰喷烧 1 次，地面消毒可使用生石灰块稀释成石灰粉，趁热撒于地面，笼具喷雾消毒可用 10％福尔马林溶液或 2％～5％石炭酸乳剂等。室外养兔场可用 10％的氨水环境消毒及地面消毒，效果良好。值得注意的是，不能只使用消毒药而不清除粪便，如粪便清除不干净，任何一种消毒药物都可能达到消毒卵囊的目的。

⑤ 分群管理。成年兔和小兔分开饲养，断乳后的幼兔要立即分群，单独饲养。发生球虫病的养兔场，母兔临产前两天，最好用 0.1％的新洁尔灭或 2％的碘酊将乳房周围及乳头彻底清洗消毒。产仔箱用火焰消毒，垫料每周更换 1 次，种兔繁育舍湿度控制在 40％～50％，保持干燥卫生。

⑥ 药物预防。在药物预防时，应制订科学的预防方案。一是交替使用药物。选择几种球虫病特效药物交替使用，避免长期使用一种或少数几种药物，以防止产生耐药性。地可珠利（氯嗪苯乙氰），有预混剂和饮水剂。该药是广谱抗球虫药，也是目前使用浓度最小的一种抗球虫药，兔的使用量为 2～5 毫克/千克。每吨饲料可添加地可珠利原粉 2～5 克。或者用莫能菌素，本品为聚醚类抗生素，是抗生素类广谱抗球虫代表药，对多种球虫均有效，已被广泛应用。市售莫能菌素为 20％的预混剂，每吨饲料可添加 50 克。另外还有拉萨霉素、常山酮（速丹）、拉沙洛菌素（球安），这些药物对球虫病有较好的防治效果。洋葱、大蒜及其他一些中药对球虫病也有较好的防治作用。

二是复合用药。即采用有相辅相成的两种或两种以上的药物，同时使用，达到双重阻断。比如磺胺甲氧嗪配合 TMP 已被证明为

有效的组合。

各类球虫药在使用上还应注意，当饲料中添加了某种驱球虫药物时，饮水中就不能再添加同一类的药物，以防增加毒性。如饲料中已使用了地可珠利，饮水中就不能再添加妥曲珠利口服液；饲料中添加了莫能菌素，饮水中就不能再添加地可珠利或妥曲珠利等，防止引起兔群药物中毒。

应引起重视的是，现在兔饲料中普遍使用了抗球虫药，发生慢性肝球虫病的症状明显减少，目前多数发生的均是以急性死亡为特征的肠型球虫病。但肠型球虫病的发病特点，常常在临床上被忽视，易造成误诊。引起误诊的原因在很大程度上时由于认识误区，认为在饲料中添加了抗球虫药物，就不会再患球虫病了。所以定期检查兔群粪便中是否有球虫卵囊的存在和搞好轮换用药是非常必要的。

⑦ 发病治疗。发现兔病，应及时隔离治疗，可用地可珠利、莫能菌素、拉萨霉素、常山酮（速丹）、拉沙洛菌素（球安），这些药物对球虫病有较好的防治效果。

另外，磺胺类药和氯苯胍属于欧盟禁用药物，但磺胺类药在治疗球虫病方面为首选药物，治疗效果显著，使用时需要注意药物残留。从理论上和生产实践证明，磺胺类药在驱球虫方面，只能作治疗用药不能用于预防，如长期用药不但能使幼兔体重减轻，还会造成消化道内环境菌群失调，并能引起母兔流产和胎儿畸形。氯苯胍属于传统的驱球虫药，球虫对该药有一定的耐药性，近几年国内养兔场在使用数量上明显减少。

（二）兔螨病的防治

兔螨病又称兔癣病、疥螨病、石灰脚等，是由蚧螨（疥螨和兔背肛螨）和痒螨（兔痒螨和兔足螨）寄生在皮肤而引起的一种高度接触性传染的体外寄生虫病。其特征是患病部位剧痒、脱毛、结痂。本病为接触传染，侵袭面较广，发病率高，速度极快，如不及时治疗，轻者使兔消瘦，重者兔子会虚弱而死。对毛皮质量也有很大影响，对养兔业的威胁极大。

【发育史】蚧螨与痒螨全部发育都在兔体上完成。包括分卵、幼虫、若虫、成虫 4 个阶段。兔疥螨和兔背肛螨咬破表皮，钻至皮下挖掘隧道，以皮肤组织、细胞和淋巴液为食，并在隧道内发育和繁殖，整个生活史为 14～21 天。雌虫产卵后生存 21～35 天，雄虫生存 35～42 天，交配后死亡。兔痒螨寄生在皮肤表面，以吸吮皮肤渗出液为食，从卵至成虫全部发育时间为 17～20 天。兔足螨多寄生于兔皮肤上，采食脱落的上皮细胞，全部发育时间为 90～100 天。

【传播途径】病兔是主要传染源，螨虫在外界生存能力较强，在 11～20℃时疥螨可存活 3 周，痒螨可存活 2 月。本病靠直接或间接接触传播，被污染的用具、环境等可成为传播媒介。本病多发于晚秋、冬季及早春季节，阳光不足，阴暗潮湿适宜本病的发生和蔓延。各品种的兔均易感，但以瘦弱兔和幼年兔最易感，发病也较严重。兔疥螨可感染人。

【临床症状】当兔发生疥癣病时，首先发生剧痒，这是贯穿整个疾病的主要症状，而且病兔进入温暖场所或活动后皮温增高时，痒觉更为加剧。兔疥螨和兔背肛螨寄生于头部和掌部无毛或毛较短的部位，一般先由嘴、鼻孔周围和脚爪部发病，患部奇痒，病兔不停用脚爪搔抓嘴、鼻等处或用嘴啃咬脚部，严重时可出现用前后脚抓地现象。病变部结成灰白色的痂，使患部变硬，造成采食困难。并可向鼻梁、眼圈等处蔓延，严重者形成"石灰头"。足部则产生灰白色痂块，并向周围蔓延，呈现"石灰足"。病兔迅速消瘦，常衰弱死亡。兔痒螨病主要侵害耳。起先耳根部发红肿胀，后蔓延到外耳道，引起外耳道炎，渗出物干燥后形成黄色痂皮，塞满耳道如卷纸样。病兔耳朵下垂，发痒或化脓，不断摇头和用脚搔抓耳朵。严重时蔓延至筛骨及脑部，引起神经症状而死亡。兔足螨常在头部皮肤、外耳道及脚掌下面寄生，传播较慢，易于治疗。

【临床诊断要点】根据发病季节、临床症状明显（剧痒、患部皮肤变化）等做出初步诊断。临床症状不明显者，刮取患部痂皮等病料，用放大镜或显微镜检查有无虫体以确诊。

【防治措施】兔疥癣病主要发生于冬季和秋末春初，因为这些季节日光照射不足，兔毛长而密，特别是在兔舍潮湿、卫生状况不良时更易发生，通过健康兔与病兔的直接接触或与螨虫污染的兔舍、用具等污染物的间接接触而传播。因此，必须从加强饲养管理入手，做好防治工作。

① 搞好环境卫生，经常保持兔舍清洁、通风、干燥，每天清除粪便，定期进行消毒，用2%敌百虫水洗刷、浸泡笼地板。保持兔舍清洁卫生，干燥，通风透光，兔场、兔舍、笼具等用火焰或药物等定期消毒。

② 做好预防。不从有病的兔场引种，新购种兔必须严格检疫，确认无病后才能合群饲养。健康兔群每年1～2次，曾经发病的兔场每年不少于3次。用1%～2%的敌百虫水溶液滴耳和洗脚。对新引进的种兔做同样处理。连续2～3年即可控制本病。用阿维菌素、伊维菌素预防性投药。

③ 经常检查兔群，一旦发现病兔，要及时隔离治疗，消灭和控制感染源。并对病兔笼、用具及污染的环境彻底清洗消毒，用10%～20%生石灰水对病兔所接触过的器具彻底清洗消毒。或者用10%福尔马林对兔舍、笼具封闭熏蒸消毒4小时以上。因疥癣病感染机会多，复发率高，在治疗中要强调严格消毒和反复治疗同时进行。

④ 发病治疗。兔疥癣病治疗时，应将患部及其周围的被毛剪去，除掉痂皮和污物，用5%的温肥皂水或0.1%～0.2%的高锰酸钾或2%的来苏尔溶液彻底刷洗患部，擦干后再用药。由于大部分药物对螨的虫卵没有杀灭作用，因此，应间隔5～7天重复用药2～3次，以杀死新孵出的幼虫，达到根治的目的。

常用的药物有伊维菌素（商品名灭虫丁、虫克星等），按说明肌内注射或口服，效果良好，是治疗严重病兔的理想药物；用敌百虫、凡士林、碘酊，按质量比1：5：1.5配成的敌碘软膏对螨病有较好的疗效。病兔病变部位先用20克/千克敌百虫液湿润后刮去痂皮，局部涂上敌碘软膏；耳内滴碘甘油，再用敌百虫液喷全身。对耳疥癣可用碘甘油（碘酊 3 份、甘油 7 份）滴入耳内，每日 1 次，连用 3 天；2％敌百虫溶液擦洗患部，每日 2 次，连用 3 天；山苍子油，涂擦患部，1～2 次即可。

六、肉兔常见病传染病的预防和治疗

（一）　兔巴氏杆菌病的防治

兔巴氏杆菌病是由多杀性巴氏杆菌引起的各种兔病的总称，又称兔出血性败血症。肉兔对巴氏杆菌十分敏感，较常发生，一般无季节性，以冷热交替、气温骤变，闷热、潮湿多雨的春秋季节发生较多。呈散发或地方性流行，常会引起大批发病和死亡。是危害养兔业的重要疾病之一。

【临床症状】急性兔巴氏杆菌病一般没有任何症状而突然死亡，病程稍长的一般几小时至几天或更长。由于感染程度、发病急缓以及主要发病部位不同而表现不同的症状。主要症状有全身性败血症、传染性鼻炎、地方性肺炎、中耳炎（斜颈病）、结膜炎、子宫积脓、睾丸炎和脓肿等不同病型。其中，以出血性败血症、传染性鼻炎、肺炎等类型最常见。

出血性败血症：即最急性型和急性型。该型可由其他病型继发，也可单独发生，与鼻炎、肺炎混合发生的败血症最为多见。病兔精神不振，食欲废绝，呼吸急迫，体温升高至 41℃以上，鼻腔流出分泌物，有时伴有腹泻。死前体温下降，四肢抽搐，病程短的 24 小时死亡，稍长的 3～5 天，最急性病例常常见不到临床症状突然倒地死亡。病理变化可见，病程短的无明显肉眼可见变化。病程长者呼吸道黏膜充血、出血，并有较多血色泡沫。肺严重充血、出血、水肿；肝脏变性，有较多坏死灶；脾脏和淋巴结肿大出血，心内外膜有出血点；胸、腹腔内有淡黄色积液。有些病例肺有脓肿，胸腔、腹腔、肋膜及肺的表面有纤维素附着。

鼻炎型（传染性鼻炎）：患兔鼻腔里流出鼻液，起初呈浆液性，以后逐渐变为黏液性以至脓性。患兔常打喷嚏、咳嗽，用前爪挠抓鼻孔。时间较长时，鼻液变得更加浓稠，形成结痂，堵塞鼻孔，出现呼吸困难，发出"呼呼"的吹风音。由于患兔经常挠擦鼻部，可将病菌带入眼内、皮下，引起结膜炎和皮下脓肿等。鼻炎型的病程较长，数月乃至1年以上。但其传染性强，对兔群的威胁较大。同时，由于病情容易恶化，可诱发其他病型而死亡。

肺炎型：常由鼻炎型继发转化而来。最初表现厌食和沉郁，继而体温升高，呼吸困难，有时出现腹泻和关节炎。有的突然死亡，也有的病程拖延1～2周。病变可波及肺的任何部位，眼观有实变（肝变）、肺气肿、脓肿和小的灰色结节性病灶，肺实质可见出血，胸膜表面覆盖纤维素。

中耳炎型：又称歪头疯、斜颈病，是病菌由中耳扩散至内耳和脑部的结果。严重病例向着头倾斜的方向翻滚，直至被物体阻挡为止。患兔饮食困难，体重减轻，但短期内很少死亡。病理变化可见，在一侧或两侧鼓室内有白色奶油状渗出物；感染扩散到脑时，可出现化脓性脑膜炎。

结膜炎型：临床表现为流泪、结膜充血、眼睑肿胀和分泌物将上下眼睑粘住。主要发生于未断奶的仔兔及少数老年兔。

脓肿、子宫炎及睾丸炎型：多杀性巴氏杆菌还可通过皮肤外伤侵入皮下，引起局部脓肿；侵入其他部位引起子宫炎症或蓄脓、睾丸炎、肠炎等。脓肿可以发生在身体各处。皮下脓肿开始时，皮肤红肿、硬结，后来变为波动的脓肿。子宫发炎时，母体阴道有脓性分泌物。公兔睾丸炎可表现一侧或两侧睾丸肿大，有时触摸感到发热。

【诊断要点】诊断应根据发病情况、临床症状和细菌学检查做出。

【防治措施】巴氏杆菌是条件性致病菌，即30%～70%的健康家兔的鼻腔黏膜和扁桃体内带有这种病菌，平时不发病，当条件恶化时或家兔的抵抗力下降时发病。如当饲养管理不善、营养缺乏、饲料突变、过度疲劳、长途运输、寄生虫感染以及寒冷、闷热、潮湿、拥挤、圈舍通风不良、阴雨绵绵等，使兔子抵抗力降低时，病菌易乘机侵入体内，发生内源性感染。病兔的粪便、分泌物可以不断排出有毒力的病菌，污染饲料、饮水、用具和外界环境，经消化道而传染给健康兔，或由咳嗽、喷嚏排出病菌，通过飞沫经呼吸道而传染，吸血昆虫的媒介和皮肤、黏膜的伤口也可发生传染。因此，当前应切实做以下几方面的防治工作。

① 加强饲养管理和卫生防疫措施，防止感冒，剪毛时防止剪破皮肤。种兔场要定期检疫，坚决淘汰阳性兔。引进种兔要隔离观察，健康兔方可混群饲养。兔群要定期预防接种。

② 做好消毒卫生工作。由于多杀性巴氏杆菌本身的抵抗力比较脆弱，所以一般常用消毒药物即可将其杀灭。定期对兔舍及兔笼、场地等用 3% 来苏尔溶液或 20% 石灰乳消毒，用具用 2% 烧碱水洗刷消毒。

③ 免疫接种。使用兔巴氏杆菌蜂胶灭活疫苗或兔瘟＋兔巴氏杆菌蜂胶二联灭活疫苗均可。30 日龄以上的家兔，每只皮下注射 1 毫升，间隔 14 天后，再注射 2 毫升，免疫期可达 6 个月以上。

④ 发病治疗。若兔群发病，淘汰症状明显的病兔。

对无症状健康兔注射兔巴氏杆菌病蜂胶灭活疫苗进行紧急预防，增强兔体免疫力。

病兔应隔离治疗，可肌内注射青霉素，每千克体重 5 万单位，每日 2 次，连续 3~5 天。也可肌内注射链霉素，每千克体重 1 万单位，每日 2 次，连续 3~5 天；口服四环素、金霉素、土霉素每次 0.125 克，每日 2 次，连服 5 天为 1 个疗程，停药 2 天后，可再服 1 个疗程。

急性型病兔如果是价值高的种兔，可用抗出败血清治疗，每千克体重皮下注射 2~3 毫升，8 小时后再注射 1 次；为了加速奏效，可用青霉素 40 万单位和链霉素 50 万单位联合肌内注射。

慢性型病兔用青霉素或链霉素溶液滴鼻，每毫升含 2 万单位，每天 3~5 次，每次 4 滴，连续 5 天，在 20 天内未见有鼻涕的可以认为已经痊愈。

中药治疗效果也较为理想。可用金银花、菊花各 15 克，水煎服。还可用大蒜 1 份，加水 5 份捣碎成汁，每日 3 次，每次 1 汤匙

（约 5 毫升），连服 7 天。

在发病时可增加有营养的饲料，以提高兔群的抵抗力。病兔多时，可在精料中加入呋喃唑酮预混剂，每吨饲料中加 1000～2000 克，混合均匀，也可用磺胺喹噁啉，每吨饲料中加 225 克，混合均匀，对急性和慢性病型均有效。

（二）兔瘟的防治

兔瘟又叫兔病毒性出血症或兔出血热。是由病毒引起的一种急性、热性、败血性和毁灭性的传染病。本病发病迅速、传播快、流行广，死亡率高达 95％以上，是危害养兔业最严重的疾病之一。

【流行特点】本病一年四季均可发生，但多流行于冬、春季节。3 月龄以上的青年兔和成年兔发病率和死亡率最高，断奶幼兔有一定的抵抗力，哺乳期仔兔基本不发病。可通过呼吸道、消化道、皮肤等多种途径传染，潜伏期 48～72 小时。传播方式是易感兔与病兔以及排泄物、分泌物、毛皮、血液、内脏等接触传染，或与病毒污染过的饲料、饮水、用具、兔笼以及带毒兔等接触传染。

【临床症状】兔瘟病可分为最急性型、急性型和慢性型 3 种类型。

① 最急性型：自然感染的潜伏期为 36～96 小时，人工感染的潜伏期为 12～72 小时。病兔无任何明显症状即突然死亡。死前多有短暂兴奋，如尖叫、挣扎、抽搐、狂奔等，于数分钟内死亡。有些患兔死前鼻孔流出泡沫状的血液。这种类型病例常发生在流行初期。

② 急性型：精神不振，被毛粗乱，迅速消瘦。体温升高至 41℃以上，食欲减退或废绝，饮欲增加。全身颤抖，呈喘息状，死前突然兴奋，尖叫几声便倒地抽搐死亡。病程 0.5～2 天。有的死亡兔从鼻孔中流出泡沫状血液，大多数发生于青年兔和成年兔。

以上 2 种类型多发生于青年兔和成年兔，患兔死前肛门松弛，流出少量淡黄色的黏性稀便。

③ 慢性型：多见于流行后期或断奶后的幼兔。体温升高 40～41℃，精神不振，不爱吃食，爱喝凉水，消瘦。病程 2 天以上，多

数可恢复，但仍为带毒者而感染其他家兔。

【诊断要点】根据临床症状和病变可以对本病做出初步诊断。确诊须经试验诊断。

【防治措施】兔瘟是由兔瘟病毒引起的一种烈性传染病，严重影响兔场的经济效益。为此规模兔场要做好兔瘟的防治。

① 做好综合防治。兔场实行封闭式饲养，合理通风，饲喂全价饲料，及时清理粪污，做好环境卫生，严格定期进行消毒，该病毒对磺胺类药物和抗生素不敏感，常用消毒药为 1%～3% 氢氧化钠溶液和 20% 石灰乳。严禁从疫区引进种兔，防止外来人员进入兔舍。

② 做好免疫接种工作。一是制订合理的免疫程序。规模兔场要根据本场实际制订适合本场的免疫程序。一般 40～45 日龄兔瘟单苗首免；60～65 日龄兔瘟或兔瘟、巴氏杆菌二联苗二免。以后每隔 4～6 个月注射 1 次；对于发病严重的兔场，最好采用兔瘟灭活疫苗单苗在 20～25 日龄和 60 日龄进行 2 次免疫，效果更好。二是选用优质的疫苗。严禁使用无批准文号或中试字的疫苗，要选用正规厂家生产的有批准文号的疫苗。因为无批号或中试字的疫苗未经过国家的批准，质量得不到保证。三是合理把握疫苗的剂量。根据母源抗体的情况，合理使用疫苗。

③ 发生疫情的处理。兔舍、兔笼、用具及周围环境加强消毒，每天消毒 2 次。对饲养管理用具、污染的环境、粪便等用 3% 的烧碱水消毒，对被污染的饲料进行高温等无害化处理，兔毛和兔皮用福尔马林熏蒸消毒。及时隔离病兔，封锁疫点，将病死兔焚烧深埋作无害化处理，以切断污染源。

④ 发病后及时诊治。一旦发病及时进行诊断，确诊后对同群兔进行紧急免疫，用兔瘟单苗 4～5 倍进行注射；或用抗兔瘟高免血清每兔皮下注射 4～6 毫升，7～10 天后再注射疫苗。

⑤ 发生兔瘟后有以下三条治疗途径：注射高免血清，见效最快，效果最好，但成本高，货源缺；注射干扰素，干扰兔瘟病毒的复制，在发病初期有效，但疫病过后仍然需要注射疫苗；兔瘟疫苗

紧急预防注射，每只2～3毫升，3天后逐渐控制病情，7天后产生较强的免疫力。

（三） 兔葡萄球菌病的防治

葡萄球菌病是由金黄色葡萄球菌引起的化脓性疾病，致死率特别高，各种家畜、家禽均可感染发病。而家兔对该菌特别敏感，易感染发病，如不及时控制，可造成大批死亡，是兔的一种常见传染病。其特征是致死性败血症和各器官部位的化脓性炎症。无季节性，各种年龄的兔均可发病。

【病原】本病的病原体为金黄色葡萄球菌。在自然界中分布很广泛，存在于空气、水、各种物体上，以及人畜的皮肤和黏膜上，在肮脏潮湿的地方特别多。为革兰氏阳性、无鞭毛、不产芽孢的细菌，为需氧兼厌氧性细菌。在普通培养中生长良好，在鲜血琼脂上能发生溶血性现象。能形成强毒力的毒素。可引起人的食物中毒。对高温、干燥、冷冻等外界环境因素的抵抗力较强，在干燥浓汁中能存活2～3个月。在60℃的湿热条件下可耐受30～60分钟。在常用消毒药中以3%～5%石炭酸溶液消毒效力最强，3～5分钟内即可杀死本菌。

【流行特点】畜、禽和人都能感染，家兔尤其敏感。病菌经各种途径而发生感染，如破损的皮肤、黏膜、脐带残端、呼吸道、哺乳母兔的乳头口和破损的乳房皮肤等进入体内，常以不同的发病形式出现，如乳腺炎、局部脓肿、脓毒败血症、黄尿病、脚皮炎等。发生无季节性，各种年龄的兔均可发病。仔兔吸吮病母兔乳汁也可发病。仔兔和有些敏感兔常呈败血性经过。

【临床症状】本病常依不同的发病形式出现，如乳腺炎、局部脓肿、脓毒败血症、黄尿病、脚皮炎等等。常见皮下、肌肉、乳房、关节、心包、胸腔、腹腔、睾丸、附睾及内脏等各处有化脓病灶。大多数化脓灶均有结缔组织包裹。脓汁黏稠、乳白色呈膏状。

常见的症状有以下几种。

① 脓肿型：在兔体皮下、肌肉或内脏器官可形成一个或数个大小不一的脓肿，全身体表都可发生。外表肿块开始较硬、红肿，

局部温度升高，后逐渐柔软有波动感，局部坏死、溃疡，流出脓汁。体表发生脓肿一般没有全身症状，精神和食欲基本正常，只是局部触压有痛感。如脓肿自行破溃，经过一定时间有的可自愈；内脏器官形成脓肿时，则影响患部器官的生理机能。

② 转移性脓毒血症：脓疱溃破后，脓液通过血液循环。细菌在血液中大量繁殖产生毒素，即形成脓毒败血症，促使病兔迅速死亡。

③ 仔兔脓毒败血症：仔兔出后 1 周左右，在胸、腹、颈、颌下、腿内侧等部位的皮肤上出现粟粒大的乳白色脓疱，脓汁乳油状，病兔常迅速死亡。没有死亡的患病兔生长发育受阻，成为僵兔，失去饲养价值。此多因产箱、垫草和其他笼具卫生不良，病原污染严重。通过脐带或表面粗糙的笼具刺破仔兔的皮肤而感染以葡萄球菌为主的病原菌。

④ 乳腺炎型：多因产仔箱边缘过于锐利，刮伤母兔的乳头或仔兔咬伤乳头后感染金黄色葡萄球菌引起。急性弥漫性乳腺炎，先由局部红肿开始，再迅速向整个乳房蔓延，红肿，局部发热，较硬，逐渐变成紫红色。患兔拒绝哺乳，后渐转为青紫色，表皮温度下降，有部分兔因败血症死亡。局部乳腺炎初期乳房局部发硬、肿大、发红、表皮温度高，进而形成脓肿，脓肿成熟后，表皮破溃，流出脓汁。有时局部化脓呈树枝状延伸，手术清除脓汁较困难。

⑤ 生殖器官炎症：本病发生于各种年龄的家兔，尤其是以母兔感染率为高，妊娠母兔感染后，可引起流产。母兔的阴户周围和阴道溃烂，形式一片溃疡面，形状如花椰菜样。溃疡表面呈深红色，易出血，部分呈棕红色结痂，有少量淡黄色黏液性分泌物。另一种，阴户周围和阴道有大小不一的脓肿，从阴道内可挤出黄白色黏稠的脓液；患病公兔的包皮有小脓肿、溃烂或呈棕色结痂。

⑥ 黄尿病：系因仔兔吮食了患乳腺炎母兔的乳汁，食入了大量葡萄球菌及其毒素而发病。患病仔兔排出少量黄色或黄褐色尿液，并有腹泻，肛门四周及后躯被毛潮湿、发黄、腥臭，体软昏睡，一般整窝发病，病程 2～3 天，死亡率高。

⑦ 脚皮炎：多发于体重大的兔子。由于笼底板不平、硬、有毛刺或铁丝、钉帽突出于外或因垫草潮湿，脚部皮肤泡软以及足底负重过大，引起足底皮肤充血、脚毛磨脱或造成伤口感染发炎形式溃疡。起初，足掌心表皮充血、红肿、脱毛、发炎，有时化脓，患兔后躯抬高，或左右两后肢不断交换负重，躁动不安，形成溃疡面后，经久不愈。病兔食欲减少，日渐消瘦、死亡或因转为败血症死亡。

【防治措施】葡萄球菌广泛存在于自然界中，空气、水、地表、尘土以及人、畜体表都大量带菌。葡萄球菌又是一种顽固性条件致病菌，该菌对外界环境抵抗力较强，在干燥脓汁或血液中可生存数月，80℃经30分钟才能杀灭。常用消毒药以3%～5%石炭酸溶液消毒效果最好；70%酒精数分钟内可杀死本菌。

① 加强饲养管理。在正常情况下葡萄球菌一般不能致病，但当皮肤、黏膜有损伤时或从呼吸道、消化道大量感染时或机体抵抗力降低时可引起发病。创伤是葡萄球菌病的主要入侵门户，主要是通过伤口感染。所以，消除舍内，特别是笼内的一切锋利物。防止家兔之间的互相咬斗。产后最初几天可减少精料的喂量，防止乳腺分泌过盛。脚皮炎型应在选种上下功夫，选脚毛丰厚的留种。笼底踏板材料对于脚皮炎有直接关系，兔笼要平整光滑，平整的竹板比铁丝网效果好。兔笼建议全部用竹条底板做笼底。垫草要柔软清洁，防止外伤。对于大型品种，可在笼内放一块大小适中的木板，对于缓解本病有较好的效果。

② 做好环境卫生与消毒工作。兔笼、兔舍、运动场及用具等要经常打扫和消毒。

③ 使用药物和疫苗预防。注射葡萄球菌病灭活疫苗可预防本病。母兔于配种后接种，仔兔断乳后接种，1年2次，可控制或减少本病的发生。饲料内混泰诺欣（主要成分：氧氟沙星等）。在母兔饲料中添加土霉素、磺胺嘧啶，有一定预防效果。或在母兔产仔后每天喂服1片（分2次）复方新诺明，连续3天，预防乳腺炎。

④ 治疗。发生葡萄球菌病时，要根据不同病症进行治疗。皮

肤及皮下脓肿应先切开皮下脓肿排脓，再用3%双氧水或0.2%高锰酸钾溶液冲洗，再涂以碘甘油或2%碘酊等。已出现肠炎、脓毒败血症及黄尿病时，应及时使用抗生素药物治疗，并进行支持疗法。

患乳腺炎时，未化脓的乳腺炎用硫酸镁或花椒水热敷，全身肌内注射青霉素10万～20万国际单位，在发病区域分多点大量注射青霉素或庆大霉素、卡那霉素，用量一般为常规的2～3倍，1天2次，可很快控制蔓延；出现化脓时应按脓肿处理，严重的无利用价值的病兔应及早淘汰。

仔兔一旦患黄尿病，应立即停止喂乳，进行人工哺乳或寄养并尽快治疗。如发生脓毒痘疮，可在患部涂抹碘酊，用0.1%的链霉素水溶液药浴，日浴2次，连浴3天。将体质较好的仔兔皮下注射青霉素、链霉素、氯霉素等抗生素，每天2次，直至康复，也可往仔兔口腔滴注氯霉素或庆大霉素，每天3～4次。体表用酒精棉球消毒后，转移给其他健康母兔代哺。

患脚皮炎的，首先消除患部污物，用消毒药水清洗，去除坏死组织及脓汁等，涂以消炎粉、青霉素粉或其他抗菌消炎软膏，用纱布将患部包扎紧，以免磨破伤口。每周换药2次，置于较软的笼地板上或带松土的地面上饲养，直至患部伤口愈合，被毛较长足以保护皮肤时，解除绑带，送回原笼。

（四）兔副伤寒病的防治

兔副伤寒又称兔沙门菌病，是由沙门杆菌引起的一种消化道传染病。以败血症急性死亡、腹泻与流产为特征。

【病原】沙门杆菌广泛分布于自然界，是一种较常见的人兽共患传染病病原，可引起人的食物中毒。本菌对外界环境抵抗力较强，在干燥环境中能存活1个月以上，在垫草上可活8～20周，在冻土中可以过冬，在腌肉中须经75天后才能死亡。但对消毒药的抵抗力不强，3%来苏尔、5%石灰乳及福尔马林等可在几分钟内将其杀死。

【传播途径】本菌的自然宿主非常广泛，哺乳类、爬虫类和鸟

类等动物都可带有本菌，鼠类和苍蝇也可传播本病原菌。

【流行特点】本病的传染性较强，发病兔不论年龄、性别和品种。自然感染途径主要是消化道，兔吃了被污染的饲料、饮水而感染发病，也可通过断脐时感染。饲养管理不良、气候突变、卫生条件不好或患有其他疾病等，使机体抵抗力降低，兔肠道内寄生的本菌可趁机繁殖，毒力增强而发病。

【临床症状】潜伏期3～5天，少数急性病例兔不出现症状而突然死亡。多数病兔精神沉郁，食欲减退或拒食，体温升高，有的达41℃以上。腹泻，排出有泡沫的黏液性粪便，因长时间下痢而消瘦，被毛粗乱，无光泽，卧于暗处，不愿活动。有的粪便干硬，包有白色黏液，少排粪或不排粪，粪有臭味，肠蠕动消失，臌气。妊娠母兔患本病可发生流产，阴道黏膜潮红、充血、水肿，并从阴道内流出黏性或脓性分泌物，流产胎儿体弱，皮下水肿，很快死亡。母兔流产后死亡率较高，康复兔则不易受孕。

【防治措施】

① 防治本病主要应防止易感兔与传染源接触。兔场应灭鼠和消灭苍蝇，以清除传播媒介。饲料、饮水、垫草、兔舍、兔笼、用具等应保持清洁，防止污染。

② 预防接种。对怀孕前和怀孕初期的母兔可注射鼠伤寒沙门菌氢氧化铝灭活菌苗0.8毫升，皮下或肌内注射，能有效地控制本病的发生。疫区兔群可全部注射灭活菌苗，每兔每年注射2次，能防止本病的流行。

③ 发病兔必须隔离或淘汰，兔笼、兔舍、用具用2%火碱水或3%来苏尔消毒，接触过病兔的人也要做好自身的消毒工作。

④ 发病治疗

a. 抗生素疗法：氯霉素，每次2毫升，肌内注射，每天2次，连用3～4天；口服每千克体重20～50毫克，每日1次，连用3天，疗效显著。土霉素，每千克体重40毫克，肌内注射，每日分2次注射，连用3天；口服，每只兔100～200毫克分2次内服，连用3天。链霉素，每只兔0.1～0.2克，肌内注射，每日分2次注射，连用 3～4 天；内服，每只兔 0.1～0.5 克，每日 2 次，连用 3～4 天。

b. 磺胺疗法：琥珀酰磺胺噻唑（SST），每日每千克体重 0.1～0.3 克，分 2～3 次内服。磺胺脒（SG），每千克体重 0.1～0.2 克，每日分 2 次服用，连用 3 天。磺胺二甲基嘧啶，每千克体重 0.2～0.3 克，内服，每日 1 次，连服 5 天。

c. 大蒜疗法：取洗净的大蒜充分捣烂，1 份大蒜加 5 份清水，制成 20% 的大蒜汁。每只兔每次内服 5 毫升，每日 3 次，连用 5 天。

（五）兔大肠杆菌病的防治

兔大肠杆菌病又称"黏液性肠炎"，主要由致病性的大肠埃希杆菌及其毒素引起的一种发病率、死亡率都很高的家兔肠道疾病。主要特征为水样或胶样腹泻和严重脱水，最后死亡。

【流行特点】因大肠杆菌在自然界广泛存在，故本病一年四季均可发生。当饲养管理不良、饲料污染、饲料或天气剧变、卫生条件差等导致肠道正常微生物菌群改变，兔体抵抗力下降，使肠道常在的大肠杆菌数量会急剧增加，从而导致本病发生，也可继发于球虫及其他疾病。该病常与沙门菌病、梭菌病和球虫病等有协同作用，导致肠道菌群紊乱，而引起腹泻，甚至死亡。

各种年龄的兔均易感，但主要发生在 1～4 月龄的幼兔，断奶前后的仔兔发病率、死亡率都较高。成年兔很少发病。

【临床症状】本病最急性病例在无任何症状前即突然死亡。初生乳兔常呈急性经过，腹泻不明显，排黄白色水样粪便，腹部膨胀，多发生在生后 5～7 天，死亡率很高。未断奶乳兔和幼兔多发生严重腹泻，排出淡黄色水样粪便，内含有黏液。

多数病兔初期表现为精神沉郁，被毛粗乱，食欲不振，腹部膨胀，粪便细小、成串，外包有透明、胶冻状黏液；随后出现水样腹泻。粪黄，无血无臭，肛门和后肢被毛常沾有大量黏液或水样粪便。病兔四肢发冷，磨牙，流涎，眼眶下陷，迅速消瘦。体温正常或稍低，多于数天死亡。

【诊断要点】根据流行病学、临床症状、病理变化等做出初诊；确诊需进行实验室检测，如病原学检查、血清学检查等。

【防治措施】

① 加强饲养管理。本病一般发现后治疗效果不佳。平时应加强管理，特别注意本病与饲料和卫生有直接关系，50%左右的病例是由饲料引起的。应合理搭配饲料，保证一定的粗纤维，控制能量和蛋白水平不可太高；选择饲料原料上，关键是防霉、卫生和容易消化；饲料不可突然改变，应有 7 天左右的适应期。同时，一定要注意兔舍的湿度，兔舍要保持干燥清洁。

② 加强饮食卫生和环境卫生，定期消毒。本病菌抵抗力不强，一般消毒药均可将其杀灭。因此，要坚持做好常规消毒。搞好饲料、饮水、笼具和饲养员的个人卫生是预防本病所必需的。以及消除蚊子、苍蝇和老鼠对饲料和饮水的污染。

③ 药物和免疫预防。对于断乳小兔，饲料中可加入一定的药物，如痢特灵、喹乙醇、氟哌酸或氯霉素等；饲料中加入 0、5%～1%的微生态制剂，连用 5～7 天；对于经常发生本病的兔场，可用兔大肠杆菌病多价灭活疫苗或多联苗进行免疫注射预防，20～30 日龄的小兔每只注射 1 毫升，每年 2 次，可有效地控制该病的发生。

④ 发病治疗。治疗要按照"控料、杀菌抑菌、促消化、补液"的基本治疗原则。凡是发生腹泻的病兔，都要控制饲料的饲喂数量，要给肠道一个修复的时间。一直不间断的喂料，对疾病的治疗无益。在控料的同时要对发生腹泻的病兔适时补给一定量的液体，防止病兔脱水。

氟哌酸胶囊 1 丸，乳酸菌素 1 片，食母生 1 片，共研末，口服，轻症兔每 6 小时服药 1 次，重病兔每 4 小时服 1 次，每日服 3 次，1～2 日痊愈。之后再口服乳酸菌素和食母生各 1 片，每日 2 次。实践表明，用以上方法治疗兔大肠杆菌病确实疗效好，治愈率高，疗程短，给药简单方便。

也可用下列药物治疗：5%诺氟沙星，每千克体重 0.5 毫升肌内注射，1 天 2 次；庆大霉素每千克体重 2 万单位肌内注射，1 天 2 次；螺旋霉素每千克体重 10 毫克，肌内注射，1 天 2 次；卡那霉素 25 万单位，肌内注射，1 天 2 次；止血敏或维生素 Kl 毫升，皮下注射，1 天 2 次有良好的止泻作用；同时，应给病程稍长的病兔补液。静脉、皮下或腹腔缓慢注射 5％葡萄糖盐水 10～50 毫升，另加维生素 Cl 毫升。口服磺胺片，1 天 3 次，鞣酸蛋白、矽炭银等拌湿口服，每天 2 次。

便秘病兔早期可口服人工盐、大黄苏打片、石蜡油或植物油，促其排便，供应新鲜青绿饲料。也可用大蒜酊或大蒜泥口服治疗。

一旦发病，应立即隔离或淘汰，死兔应焚烧深埋，兔笼、兔舍用 0.1％新洁尔灭或 2％火碱水进行消毒。

（六）肉兔魏氏梭菌病的防治

魏氏梭菌病又称魏氏梭菌性肠炎，是一种高度致病性的急性传染病。由于魏氏梭菌能产生多种强烈的毒素，发病兔致死率很高，以病程短，排黑色水样或带血胶冻样粪便，以盲肠浆膜出血斑和胃黏膜出血、溃疡为主要特征。常给獭兔养殖业带很大损失。

【病原】魏氏梭菌又称产气荚膜杆菌。革兰氏阳性，无鞭毛，有荚膜，芽孢呈卵圆形，属厌氧菌，能产生多种强烈毒素。一般魏氏梭菌可分为 A、B、C、D、E、F 6 型，引起家兔魏氏梭菌病的多为 A 型，少数为 E 型。普遍存在于土壤、粪便、污水、饲料及劣质鱼粉中。芽孢抵抗力极强，在外界环境中可长期存活，一般消毒药不易杀灭，福尔马林杀灭效果较好。

【流行特点】本病一年四季均可发生，尤以冬、春季发病率较高，除哺乳仔兔外，不分年龄、性别均有易感性，但多发生于断奶仔兔、青年兔和成年兔，发病率和死亡率为 20％～90％。

【临床症状】本病主要通过消化道或伤口感染，粪便污染在病原传播方面起主要作用。病兔和带菌兔及其排泄物，以及含有本菌的土壤和水源是本病的主要传染源。发病突然，主要表现为急性水样腹泻。发病前期，病兔精神不振，食欲减退；发生水泻后，食欲

废绝，弓背蹲伏。一般先拉黑色软粪，随后出现黄色水泻，有特殊腥臭味。病兔体温不高，常在水泻后 12 小时内死亡。病程多为1～2 天，少数病例长达 1 周以上，最后因衰竭而死亡。

【防治措施】

① 加强饲养管理，搞好环境卫生。对兔场、兔舍、笼具等经常消毒。

② 消除诱发因素。据谷子林研究，诱发本病的四大诱因是饲料突变、日粮纤维含量低、卫生条件差和滥用抗生素。因此，应从这四个方面入手做好预防工作。防止饲喂过多的谷物类饲料和含有过高蛋白质的饲料，采用低能量饲料饲养，可明显降低腹泻死亡率。

③ 定期预防接种。对疫区或可疑兔场应定期接种魏氏梭菌氢氧化铝灭菌苗或甲醛灭活苗，每只兔颈部皮下注射 1～2 毫升，免疫期 4～6 个月；仔兔断奶前 1 周进行首次免疫接种，可明显提高断奶仔兔成活率。采用饲喂微生态制剂，可有效预防该病和控制病情。另据报道，发生疫情时，应用魏氏梭菌灭活菌苗进行紧急预防注射，或用金霉素 22 毫克拌料 1 千克喂兔，连喂 5 天，均有明显预防效果。

④ 发病治疗。一旦发生本病，应迅速做好隔离和消毒工作。对急性严重病例，无救治可能的应尽早淘汰；轻者、价值高的种兔可用抗血清治疗，每千克体重 2～5 毫升，并配合对症疗法（补液、内服食母生、胃蛋白酶等消化药），疗效更好。或口腔灌注青霉素每只 20 万单位，链霉素每只 20 万单位，葡萄糖和生理盐水每只20～50 毫升，肌内注射维生素 C1 毫升，每天 2 次，连续 3～5 天，有较好效果。

（七）兔波氏杆菌病的防治

兔波氏杆菌病又称兔支气管败血波氏杆菌病。是由支气管败血波士杆菌引起的一种常见多发的、广泛传播的慢性呼吸道传染病，以鼻炎、支气管炎和脓疱性肺炎为特征。

【流行特点】本病在春、秋两季最为常见。不同年龄的兔均易感。主要通过接触病兔的飞沫、污染的空气，经呼吸道感染。各种刺激因素如饲养管理不善、兔舍潮湿、营养不良、气候骤变、气体刺激、寄生虫及感冒等，致使上呼吸道黏膜脆弱，从而促进本病的发生和流行。病兔和带菌兔是主要传染源，从鼻腔分泌物和呼出气体中排出病原菌。鼻炎型常呈地方性流行，支气管肺炎型多散发。幼兔发病率高，并且有死亡病例。成年兔发病较少。仔兔、幼兔多为急性型，成年兔则多为慢性型。此菌在群养兔污染为 64.4％，散养兔为 20％。在自然条件下，多种哺乳动物上呼吸道中都有本菌寄生，常引起慢性呼吸道病的相互感染。

【临床症状】病兔主要表现为鼻炎型和支气管肺炎型。前者表现为鼻黏膜充血、流出浆液或黏液，通常不见脓液。后者表现为鼻炎长期不愈，自鼻腔流出黏液或脓液，打喷嚏，呼吸加快，食欲减退，日渐消瘦，病程可持续达几个月。仔兔多呈急性经过，初期刚见鼻炎病状后，即表现呼吸困难，迅速死亡，病程 2～3 天。

【诊断要点】根据临床病状及剖检变化可初步确诊。但必须进行细菌学检查，找出病原才能最后确诊。

【防治措施】

① 建立无波氏杆菌病的兔群。坚持自繁自养，避免从不安全的兔场引种。从外地引种时，应隔离观察 30 天以上，确认无病后再混群饲养。

② 加强饲养管理，消除外界刺激因素。保持通风，减少灰尘，避免异常气体刺激，保持兔舍适宜的温度和湿度，避免兔舍潮湿和寒冷。

③ 定期进行消毒，保持兔舍清洁。搞好兔舍、笼具、垫料等的消毒，及时清除舍内粪便、污物。平时消毒可使用 3％来苏尔、1％～2％氢氧化钠液、1％～2％福尔马林液等。

④ 进行免疫接种。疫苗可使用兔波、巴氏杆菌二联灭活苗或兔瘟、兔巴氏杆菌、兔波氏杆菌三联蜂胶灭活苗。每只兔皮下或肌内注射 1 毫升，免疫期为 4～6 个月，每年于春、秋两季各接种 1 次。

⑤ 做好兔群的日常观察，及时发现并淘汰有鼻炎症状的病兔，以防引起波及全群。

⑥ 治疗方法

a. 隔离消毒：隔离所有病兔，并进行观察和治疗；兔波氏杆菌的抵抗力不强，常用消毒药物均对其有效，可应用1%煤酚皂溶液或百毒杀溶液彻底消毒全场。

b. 紧急接种：应用兔波、巴氏杆菌病二联灭活苗或兔瘟、兔巴氏杆菌、兔波氏杆菌三联蜂胶灭活苗进行紧急接种；每只病兔肌内注射2毫升。

c. 药物治疗：应用一般的抗革兰阴性菌抗生素及磺胺类药物治疗，均有一定的疗效。卡那霉素，每只每次0.2~0.4克；庆大霉素，每只每次1万~2万单位；氯霉素，每只每次50~100毫克，进行肌内注射，每日2次，连用3天。也可用上述抗生素进行滴鼻。磺胺类药物，如酞酰磺胺噻唑内服，每千克体重0.2~0.3克，每日2次，连用3日。

d. 对症治疗：对于鼻炎型病，可用"鼻炎净"混入饮水中，让病兔自由饮水，有较好效果；对脓疱型病兔，无治疗效果的应及时淘汰。治疗时要注意停药后的复发。

（八） 兔泰泽氏菌病的防治

兔泰泽氏菌病是由毛样芽孢杆菌引起的，以严重腹泻、脱水并迅速死亡为特征的一种急性传染病。由于本病死亡率极高，又无特效的防治方法，因此对养兔业威胁很大。

【流行特点】本病不仅存在于兔，而且存在于多种实验动物及家畜中。主要侵害1~3月龄兔，断奶前的仔兔和成年兔也可感染发病。病原从粪便排出，污染用具、环境及饲料、饮水等，通过消化道感染。兔感染后不马上发病，而是侵入肠道中缓慢增殖，当机体抵抗力下降时发病。应激因素如拥挤、过热、气候剧变、长途运输及饲养管理不当等往往是本病的诱因。

【临床症状】病兔突然发生剧烈水样腹泻，后肢沾有粪便，精神沉郁，不吃饲料，迅速脱水，于1~2天死亡。个别耐过急性期的病兔表现食欲不振，生长停滞。病变为尸体脱水消瘦，后肢染污大量粪便。盲肠充血、出血，肠壁水肿，黏膜坏死，粗糙或呈细颗粒状。回肠后段与结肠前段也可见上述病变。在较慢性病例，肠壁因严重坏死与纤维化而增厚，肠腔狭窄。肝脏有许多灰白色坏死点，心肌有灰白色条纹、斑点或片状坏死区。

【诊断要点】根据病变和流行特点等可作出初诊。本病有腹泻症状和肝坏死灶，因此应和沙门杆菌病、大肠杆菌病及魏氏梭菌病鉴别。

【防治措施】预防主要应加强饲养管理，减少应激因素，严格兽医卫生制度。一旦发病及时隔离治疗病兔，全面消毒兔舍，并对未发病兔在饮水或饲料中加入土霉素进行预防。

治疗本病目前没有特效方法，只有几种抗生素对本病疗效较好：金霉素按 40 毫克/千克体重，兑入 5％葡萄糖中静注，1 天 2 次，连用 3 日；土霉素用 0.006％～0.01％饮水；青霉素 2 万～4 万单位与链霉素 20 毫克/千克体重溶解后混合肌注。

七、肉兔普通病的预防和治疗

（一）　兔臌胀病的防治

兔臌胀病又叫胃肠臌气、积食症，是由兔胃肠臌气造成的一种消化障碍疾病。

【病因】多由于采食了过多的易发酵饲料、豆科饲料、易膨胀饲料、霉败变质的饲料，含露水的青草等，造成胃内食物积聚，引起胃肠道异常发酵，产气而臌胀。另外，胃肠本身疾病引发。天气骤然变化，兔腹部受凉，发冷，也易继发。幼兔多发，近年来有上升趋势。

【临床症状】患兔精神沉郁，蹲伏不动，浑身发冷（集堆），喜趴卧。腹围膨大，腹痛，不断呻吟，咬牙，叩之有击鼓声，呼吸困难，心跳加快，拒食，体衰竭，重者窒息急性死亡。剖检可见胃内容物稀，盲肠发红，有的肠道发硬不通，结肠变平、变粗、充气，肠腔胀气。

【防治措施】

① 饲喂上要做到定时、定量、定质。易产气发酵饲料和豆科饲料喂量要适度，不过多饲喂精料，少喂勤添，供应充足饮水，禁止饲喂带露水的青草和冰冻饲料，严禁饲喂霉烂变质饲料。

② 加强饲养管理，兔舍要保持通风透光，干燥温暖卫生，天气温度变化大时要适当采取保暖措施，适当将兔放到运动场增加运动。

③ 发病治疗。治疗原则是排空胃肠积物，恢复胃肠机能，制酵剂与缓泻剂结合。

a. 可灌服植物油 20 毫升使胃肠润滑，或液体石蜡 20 毫升，或食醋 20～30 毫升，或十滴水 3～5 滴/只或萝卜汁 10～20 毫升，促排积食。也可用硫酸镁 5 克，1 次内服；或者用大黄苏打片，口服 2～4 片，2 次/天，连服 3 天；或者用口服消胀片（二甲基硅油片）2 片/兔（含 25 毫克）2 次/天，连服 2 天。

b. 在采取以上治疗措施的同时，按摩病兔的腹部，以促进积食及气体排除。适当口服消炎药物以防引发其他疾病。采用综合方法，治愈较快。

（二）兔便秘的防治

肉兔便秘的原因是由于兔肠弛缓导致粪便积滞而发生的一种肠道疾病，以冬季患病最为常见。

【病因】肉兔便秘多因饲养管理不当，精料过多，精粗饲料的搭配不当，长期饲喂粗硬干草，而缺乏青绿饲料及饲料中混有泥沙，加之饮水不足，食量过多而缺乏运动，误食兔毛等引起的肠运动减弱，分泌减退而导致肠弛缓，使其大量粪便停滞在盲肠、结肠、直肠内，水分被吸收，变成干硬状，阻塞肠道而致病。此外，食入纤维含量过低的饲料，肠壁缺乏刺激，运动机能减弱，在一些热性病、胃肠机能紊乱等全身性疾病的过程中，以及大量使用抗生素的时候，也会出现兔便秘的现象。

【临床症状】病兔表现精神沉郁或不安，食欲减退或废绝，尿少而黄，肠音减弱或消失，初期排出的粪球少而坚硬，以后则排粪停止。有的兔头颈弯曲，俯视腹部或肛门，表现出排粪迟滞，肠管充满，当肠管阻塞而产生过量气体时，则有"肚胀"现象。严重时粪粒外包有一层白色胶样的物质，尿少而色深（多为棕红色），触摸腹部时，可感到大肠内聚积多量的干硬粪粒。

【防治措施】

① 饲料合理搭配，精粗饲料搭配合理，并供给充足的饮水和青绿多汁的饲料及含纤维较多的饲料。加强运动，一旦发现便秘，应及时给予治疗，切勿拖延其病情。

② 治疗可以采取以下方法。

a. 人工盐或硫酸钠，成年兔 5 克，幼兔减半，加适量水内服，每日 1～2 次，连服 2～3 天。便秘消失后应立即停药。

b. 用液体石蜡、蓖麻油或植物油均可，成年兔 16 毫升，幼兔 8 毫升，加等量水内服，每天 1～2 次，连服 2～3 天。

c. 将患兔仰卧，以人用导尿管前端涂抹食用油或石蜡油等，将导尿管插入患兔肛门 5～7 厘米深，然后捏住肛门和导管，用不带针头的注射器接导尿管，再慢慢地把 46℃ 左右温肥皂水 40 毫升注入直肠。然后一手迅速按住肛门，另一手轻轻按摩肛门 6～10 分钟。

d. 花生油或菜油 26 毫升，蜂蜜 10 毫升，水适量，内服，每日 1 次，连服 2～3 天。

e. 一次内服 5% 乳酸溶液 4 毫升或 10% 鱼石脂溶液 6 毫升。

f. 内服大黄苏打片，1 天 2 次，每次 1～2 片。

g. 对顽固性难以治愈的病例，可肌内注射硫酸新诺明，成年兔的用量为 0.3 毫克，幼兔减半，注射后 20 分钟左右即可排出大量干硬的小粪粒，一般 1～2 次可愈，注射后应观察 10～20 分钟，若发现有呼吸困难、肌肉震颤、流涎和出汗的症状，可及时肌注适量的阿托品解救。

（三）兔毛球病的防治

毛球病又叫毛球阻塞、食毛癖。由于兔食入的兔毛与胃内容物、饲草纤维混合成团，不能被消化。在胃的特殊运动过程中变成

大而硬的毛球阻塞胃肠道。

【病因】兔毛球病多发于长毛兔。多由饲养管理不当，如由于脱毛季节兔毛大量脱落，散落于笼舍、饲槽及垫草中误食，或混入饲料、饲草中食入；某些微量元素、维生素、氨基酸（尤其是含硫氨基酸）缺乏时，饲料中不常添加钙、磷、硫、食盐等矿物质和维生素等，满足不了兔的生长发育和长毛的需要，引起咬吃其他兔毛或自身的被毛，导致其逐渐形成食毛癖。活泼爱动的子兔更易发生该病；发生皮肤病时啃咬及分娩时的拉毛等也可大量食入。

【临床症状】兔子是一种不会呕吐的动物，储存在胃里的毛因为各种原因而形成球状，在胃里既无法消化，也不能被顺利地完全排出，愈积愈多，阻塞胃的幽门变成疾病。初期症状：会排出形状不一的粪便。此时的食欲尚无太大改变。慢慢地粪便会变小，接着就排不出粪便。到了只排出小小的粪便时，食欲也已变差，没有像往常一样有精神了。到了排不出粪便时，水分跟食物都已经不太摄取了。病兔食欲不振，爱喝脏水，喜卧，发育迟缓，日渐消瘦。到了这种状况时，胃肠的蠕动变差，体力也慢慢变差，最坏的情况，在数周后就会死亡。此外，有时候毛球也会引起肠阻塞而发生猝死。

【诊断要点】诊断上，发现粪便中带毛，触诊胃肠部有硬的毛球疙瘩可以做出诊断。养殖户在生产中对于毛球病的判断可以用检查兔粪便的方法。要每天检查兔的粪便，观察粪便的变化。如果粪便变少，或是变小的，将食物换成牧草、蔬菜。会吃牧草的兔子，大约1周仅喂食牧草即可。这时也可以喂食木瓜酵素的木瓜丸。若症状不见改善的话，就说明可能是患了毛球病。

【防治措施】

① 喂全价料。食毛癖主要是由于营养不平衡，缺乏蛋白质造成，应对因预防。对营养性脱毛症，要保证供足营养，使其不掉毛。最好喂给营养丰富，含有蛋白质、钙、磷、盐和维生素的全价饲料。缺乏硫化物是食毛兔的常见原因，每天每兔可加喂1克硫酸钙，连用1周，可防止兔食毛。

②捡净兔毛。搞好环境和饲料卫生，特别是加强换毛期的管理，注意随时捡净散落在地面、垫草和饲料上的兔毛，可有效预防兔食毛症。

③垫草铺good。兔窝要用柔软的垫草铺，不要用旧棉花和破碎布条等杂物铺垫，避免兔子啃咬采食，养成恶癖而食毛。

④饲养密度要适宜。兔的饲养密度大，兔笼过分拥挤，是兔发病的主要原因，必须控制适当密度，最好单圈单养。

⑤淘汰食毛兔。幼兔常会模仿有食毛癖的公、母兔，从而形成恶癖，因此应及早将有食毛癖的公、母兔淘汰，提高和保持优良的繁殖种群。

⑥发病治疗。发生毛球病时，要采取帮助患病兔消化，促进胃肠蠕动，机械按摩胃部，使毛球松散。投喂大量的粗饲料或青饲料，并配合便秘治疗方法，促使毛球排出。严重患兔需要手术治疗。

一是饲料中大剂量添加酶制剂。

二是促进胃肠蠕动。让病兔停食1天，灌服食醋50～100毫升，并让其进行充分运动，配合腹部按摩，以促进胃肠蠕动，加快毛球的排出。

三是人工止酵消胀。对出现胀肚的病兔，为排出其胃内的气体，可用十滴水4～5滴，加薄荷液1滴或来苏尔液1滴，加水灌服，以止酵消除气胀。

四是喂生石膏。石膏属于硫酸盐类矿物，性味甘、辛寒，有清凉、解热、生津止渴之功效。每天喂病兔5克生石膏，混入饲料内拌匀后喂给，连用至打下毛粪球为止。

（四）胃肠炎的防治

家兔胃肠道黏膜及其下层组织发生炎症并引起一定程度的毒血症称为胃肠炎。家兔胃肠炎是养兔生产中一种常见的疾病，各种年龄的家兔，各种季节均可发生，其中幼兔发病最多，死亡率较高。

【病因】由于饲养管理不善，饲草不清洁，饲料配合不当以及其他对胃肠道有害刺激都能引起发病。特别是在雨季，兔舍潮湿，

饲草沾污泥水常可致病。断奶不久的幼兔体质较差，常因贪食过多的草料而发生胃肠臌气，继发胃肠炎。另外，家兔吃了腐败变质的草料、冰冻的饲料以及误食了有毒植物，服用或误食某些药物或化学物质（重金属、除草剂、灭虫药等）也是发生胃肠炎的诱因。

【临床症状】患兔食欲减退，精神不振，常卧伏于兔笼一隅。随着炎症的加剧，患兔食欲废绝，腹围增大，肠管臌气，肠音响亮。通常先便秘，后拉稀。粪便有的呈绿黑色水样，带恶臭味，也有的呈灰白色胶冻样或带黄色黏液和气泡的稀粪。尿液呈乳白色、酸性。病兔脱水、消瘦。病程1～7天，急性者10小时便死亡。

【病理变化】胃内充满食物，胃黏膜脱落。盲肠常臌气。有的回肠、盲肠、结肠内容物较稀并有胶冻样的物质。实质脏器一般正常。

【诊断要点】根据严重的消化不良，临床诊断上以重度胃肠功能障碍、自体中毒和明显全身症状为主要特征，结合现场调查、病因分析和典型病变可确诊。

【防治措施】

① 预防上应以加强饲养管理为主。禁喂冰冻饲料，不饮冻冰的水。平时应经常注意饲料的质量，禁止饲喂腐烂变质的饲料，尤其是夏季，一旦发现饲料霉败变质，应立即停喂，及时更换饲料。合理饲喂多汁、青绿饲料。喂兔的青绿饲料，割后要洗净晾干再喂，要防止青绿饲料上有农药或露水。保持兔舍和用具的清洁卫生。对病兔要停喂干、硬等不易消化的饲料，给予少量清洁的青嫩蔬菜或易消化的饲料。

② 治疗上要根据病兔发病情况采取适当的治疗措施，治疗原则以消炎、杀菌、补液、解毒为主，辅以清理胃肠、止泻、强心、止痛等。如病因明确时，应先排除病因。需要强调的是，必须对病兔加强护理，才能提高疗效，减少经济损失。

对病情较轻，不需治疗的病兔，要限制采食，至少禁食12～24小时，在此期间可给少量的饮水，以维持口腔湿润。然后喂给易消化、高糖低脂低蛋白的饲料，食量要逐渐增加，直到病兔完全恢复为止。

病情较重的采取以下治疗方法。

a. 清理胃肠、排除毒物。清理胃肠道而排除有害内容物，可酌情应用缓泻剂，如人工盐 3～5 克，加适量水灌服。

b. 保护黏膜、阻止吸收。保护胃肠黏膜且阻止毒素被吸收，可用硅碳银 1～2 克、淀粉糊适量，混合后灌服。

c. 制止腐败发酵、抗菌消炎。制止胃肠道内容物的腐败发酵，并抗菌、消炎，可选用抗菌药物，或用大蒜泥 5 克，加适量水灌服，每天 3～4 次；有体温升高的病例，可用庆大霉素 1 万～1.5 万国际单位，肌内注射，每天 2～3 次。

d. 及时补液、严防脱水。根据病兔症状采用补液治疗，尤为重要。可用 5% 葡萄糖生理盐水 20～30 毫升，5% 碳酸氢钠溶液 5～10 毫升，10% 安钠咖溶液 10 毫升，一次静脉注射。

e. 消除腹痛。可内服颠茄酊 0.5～1.0 毫升；或内服水 0.5 毫升。

f. 巩固疗法。在恢复期，可应用健胃剂，如大黄苏打片 2～3 片；或干酵母片 3～4 片，加适量水灌服，每天 2～3 次。

对继发性胃肠炎病兔，应考虑原发病的病因和病理变化等实情，实行综合疗法。

（五）兔腹泻的防治

本病是指临床上具有腹泻症状的一类疾病，表现为排粪频繁，粪便稀软，呈粥样或水样便。

【病因】饲料发霉、腐败变质或冰冻不洁、混有泥沙、污物等；饮水不卫生，喝了不洁净的水；兔舍阴冷潮湿，家兔腹部着凉等；传染病、寄生虫病和中毒引起的腹泻，主要由病毒、细菌（如大肠杆菌、沙门菌、葡萄球菌、梭菌）、寄生虫（如球虫、蠕虫）和霉菌等病原生物引起。这些致病生物损伤家兔的肠道黏膜上皮，引起肠道发炎并产生毒素，导致肠毒血症，使体液大量渗入肠腔，引起腹泻。

【临床症状】病初精神不振，常蹲于一角，不爱吃食，粪便不

成形，软而稀薄，以致成稀糊状或排粪水，并带有黏液，有的粪便带黑红色的血。如感染细菌，则粪便有臭味，并混有灰白色的脓状物。病兔体温升高，呼吸急促，肛门、尾和四肢被粪便污染，兔体消瘦，被毛无光泽、粗乱，结膜红紫，有黄污。腹部触诊有明显疼痛反应。呈脱水和衰竭状态及自体中毒症状，结膜发绀，脉搏细弱，呼吸促迫，常因虚脱而死亡。

【诊断要点】在排除了感染和中毒因素引起的腹泻后，根据症状即可确诊。

【防治措施】

① 加强饲养管理。一是兔舍经常保持清洁、干燥，温度恒定，通风良好；饲槽定期刷洗、消毒，饮水要卫生，垫草勤更换，定期驱虫。对刚断奶的幼兔要做到定时定量饲喂，防止过食，变换饲料应逐渐进行，让兔慢慢适应；二是加强饲料管理，不喂腐败、不洁、发霉、冰冻的饲料，不饮不洁饮水。换料应逐渐进行，禁止对饲料品种和饲料配方的突然及大量变化。

② 治疗方法。治疗原则为清理胃肠，调节胃肠功能，杀菌止泻，维护全身机能。

首先要查找致病原因，消除致病因素。停止或减少投喂精饲料，增加优质干草的投喂量，服用促菌生片、乳酶生片或酵母片。促菌生片按每千克体重每天内服 0.5 克或每只家兔每天内服 0.5～1 克计算，用来调整家兔整个肠道的菌群结构，恢复肠道的微生态平衡。

在发病的初期，要以注射药物为主，抗菌药物要慎用，不能内服抗生素类药物。腹泻严重时要及时补液，最好选用 5%～10% 的葡萄糖生理盐水进行静脉注射，每只兔另加维生素 C 40～50 毫升。可服用各种健胃剂，如大蒜酊、龙胆酊、陈皮酊 5～10 毫升，各酊剂可单独使用，也可配伍，配伍时的剂量酌减。粪便臭味不大，仍腹泻不止时，可内服鞣酸蛋白 0.25 克，每天 2 次，连服 1～2 天。严重脱水的家兔，可皮下注射 5% 的葡萄糖生理盐水溶液 30～50 毫升。在病兔的恢复期内投喂健胃药，每只家兔用人工盐 0.5 克、龙胆粉 0.5 克、小苏打 0.3 克、酵母片 1～2 片混合后内服。

（六）兔感冒的防治

兔感冒是由于机体受风寒湿邪侵袭而引起的以上呼吸道炎症为主的急性全身性疾病。鼻流清涕、眼部羞明流泪、伤风、打喷嚏、呼吸增快、体温升高、皮温不整者，为急性热性病。

【病因】感冒多发生于秋末至早春时期，气候突变，日间温差过大，贼风侵袭，遭受雨淋等，机体不适应而抵抗力降低，是引起感冒的最常见原因。兔舍湿度大，冷风侵袭；运输途中被雨水淋湿；兔舍通风不当导致空气质量太差，兔舍内氨气和灰尘等有害气体含量超标；冬季剪毛受寒等均可引发此病。

【临床症状】患兔流鼻涕，打喷嚏，咳嗽，不吃，体温有的 40℃以上，皮温不整，或者双眼变得无神（眼呈半闭状）似乎有泪水打转，结膜潮红，有时怕光，流泪。抑或是咳嗽、流鼻涕、气喘吁吁，鼻尖发红，呼气时鼻孔内有肥皂状黏液鼓起，鼻腔内流出多量水样黏液。精神沉郁，不爱活动，食欲减退或废绝；继而四肢无力，四肢末端及鼻耳发凉出现怕寒、战栗；若治疗不及时，鼻黏膜可发展为化脓性炎症，鼻液浓稠，呈黄色，呼吸困难，进而发展为气管炎或肺炎。

【诊断要点】判断本病时，应注意与鼻炎的区分。感冒是由病毒引起的上呼吸道传染病，病兔出现频繁的喷嚏，鼻孔内流出清水样分泌物，体温升至 40℃左右，用氨基比林和青霉素肌内注射效果显著，抵抗力强的兔子，即使不治疗，7 天后也能自愈。而鼻炎病是由巴氏杆菌引起的慢性呼吸道传染病，体温正常，其病程较长，治愈后容易复发，鼻孔内分泌物呈黏稠状或脓性，如不治疗，病情日渐严重，最后因呼吸困难，衰竭死亡。

【防治措施】

① 平时加强饲养管理，供给充足的饲料和饮水，使之保持良好的体况，增强其抵抗能力。兔舍保持干燥，清洁卫生，通风良好。定期清理粪便，减少不良气体刺激，同时又要避免贼风和过堂风的侵袭。

② 在天气寒冷和气温骤变的季节，要做好防寒保暖工作，防贼风侵袭，防雨淋。夏季也要做好防暑降温工作。同时还应注意在阴雨天气禁止剪毛或药浴。

③ 发病治疗：可以采取以下治疗方法。

a. 青霉素和链霉素各 20 万单位肌内注射。1 天 2 次，连用 3 天。

b. 扑热息痛 0.5 克，口服，1 日 2 次，连服 2～3 天。

c. 复方氨基比林，肌内注射 1～2 毫升，1 日 2 次，连用 1～3 日。

d. 酸碱疗法：6％食醋溶液或 50％小苏打液滴鼻，每隔 3 小时 1 次，每次每个鼻孔 3～5 滴，多数轻症病兔滴 3～5 次可治愈，严重者连用 2～3 天，效果显著。

e. 柴胡注射液 1 毫升，肌内注射，每日 1 次，连用 2 天。或用黄芪多糖注射液 3～5 毫升，一次肌内注射，每日 2 次，连用 2～3 天。

f. 安痛定注射液 1 毫升、维生素 C 注射液 1 毫升，肌内注射，每日 2 次，连用 2 天。

g. 复方氨基比林注射液 1 毫升，肌内注射，每日 2 次，连用 2 天。

h. 安乃近注射液 1 毫升，肌内注射，每日 1 次，连用 2 天。

i. 复方阿司匹林，每只兔 1/4 片，内服，每日 2 次。

以上需注射的药物用一样的片剂药物也可治疗。为防止继发感染肺炎，采用非抗生素药物治疗的，可用抗生素或磺胺类药物，如每只兔肌内注射青霉素 20 万～40 万国际单位。

也可用中药疗法：一枝花、金银花、紫花地丁各 15 克，共同切碎，煎水取汁，候温灌服，连服 1～2 剂。也可用绿豆双花汤内服，绿豆 30 克、金银花 15 克，煎水 100 毫升，供 10 只病兔内服，每日 2 次，连用 3 天，疗效显著。

（七） 兔脚皮炎病的防治

肉兔脚皮炎是指发生于跖部的底面或掌部、趾部侧面和跗部的损伤性、溃疡性皮炎。主要是足底脚毛受到外部作用（如摩擦、潮湿）而脱落，皮肤受到机械损伤而破溃，感染病原菌引起的炎症。是肉兔养殖中最常见的疾病之一，它虽然不至于立即导致兔死亡，但它发病率高，危害大，一旦发病将给养兔场（户）造成极大的经济损失。

【病因】兔的身体结构特点包括脚部的结构特点决定了兔很容易得脚皮炎。狗、猫的脚底都有肉垫，而兔的脚底只有毛。由于家兔长期饲养在狭小的兔笼里，铁丝笼底或其他不合标准的高低不平的粗糙笼底板造成兔脚的损伤，加之粪尿和污物的长期浸渍，形成溃疡性脚皮炎。多数因为兔笼底网不平，用材不当，棱角过于突出而刮伤兔脚或被潮湿粪尿浸泡笼网和笼底板，引起兔脚底皮发炎。那些体重大的、活跃的、脚底皮毛稀软的家兔最容易患此病。

【临床症状】本病以后肢跖趾部跖侧面最为多见。病初患部表皮充血、发红、稍微肿胀和脱毛，继而出现脓肿，形成大小不一、长期不愈的出血性溃疡面，形成褐色脓性痂皮，不断流出脓液。行动轻缓，病兔不愿走动，下肢不敢承重，四肢频频交换支持体重，有时拱背卧笼。食欲减退，日渐消瘦，严重者衰竭死亡。有的病兔引起全身感染，以败血症死亡。

【防治措施】

① 加强饲养管理，注意兔笼的清洁卫生，清扫笼底要彻底干净，平时保持竹板洁净和干燥，防止潮湿和积粪而诱病。兔舍湿度越大，越容易发病。定期用 0.3％过氧乙酸喷雾消毒。

② 兔脚皮炎的诱发，与栖息的笼底板质量有直接关系。因此，制作竹笼底板时，选用竹板等材料应保持平、直、挺，而且间隙要大小、宽窄适中，以 1.2 厘米左右即兔粪能顺利漏下为宜，并严格要求不留钉头、毛刺等锐利物。实践证明，将笼底板做成竹木结合，前 2/3 为木板，后 1/3 为竹板（留漏粪间隙），这样做可以减轻脚掌的摩擦，有效防止脚皮炎的发生；对兔舍和周围经常消毒。

③ 定期给兔接种葡萄球菌疫苗，也可提高抗病力。另外，由于本病与脚毛有关，因此加强脚毛的品种选育是控制本病的有效

方法。

④发病治疗：治疗时，可以先涂上一点碘酒对伤口进行消毒，然后涂上一点红霉素软膏，并用比较宽的医用橡皮膏包裹兔脚。根据伤口创面的大小来确定医用橡皮膏的长度，缠的时候先从底下没有伤的地方开始缠，然后逐渐往上绕，争取把伤口全部覆盖住。包的时候注意不要包得太紧，包完了以后用手轻轻地捏一下橡皮膏，这样就相当于给兔脚穿上了软鞋，避免了伤口受到进一步的摩擦。大概过2～3周以后伤口愈合了，所缠的东西就会自动脱落，这样就可以把脚皮炎治好了。

实践中发现，由于患病部位于足底部的着力处，经常接触污染的地面和受到机械摩擦，很难获得休养的机会。因此，用任何药物对该病的治疗均不理想。而采取以保护为主的方法效果较好。如将细沙土在阳光下暴晒消毒，然后将患兔放在沙土上饲养1～2周，可自然痊愈；经常检查种兔脚部，发现有脚毛脱落的，立即用橡皮膏缠绕，保护局部免受机械损伤，待2周后脚毛长出后即可。

对病情严重和无治疗价值的个别患兔，建议一律淘汰，否则得不偿失。

（八）兔乳腺炎的防治

兔子乳腺炎是产仔母兔常见的一种疾病，常发生于产后1周左右的哺乳期，轻者影响仔兔吃乳，重者造成母兔乳房坏死或发生败血症而死亡。

【病因】该病产生的原因有很多。一是笼舍内部的卫生条件不好，链球菌、葡萄球菌、化脓杆菌、绿脓杆菌等病原菌数量较多，一旦母兔受外伤时就会侵入感染发病；二是笼具的质量较差，特别是产仔箱和踏板上有钉头毛刺，容易使母兔的乳房被刺伤而感染病原菌；三是投喂大量的精料会造成乳汁分泌过剩，使乳汁在乳房内储积，乳房容易被葡萄球菌等病原菌感染；四是如果母兔的乳汁分泌不足，当仔兔饥饿时，母兔的乳房乳头就有可能会被仔兔咬破而感染病原菌；五是母兔乳汁过浓也会引起仔兔吸不动。以致乳汁发酵变味。

【临床症状】初期乳房出现不同程度的红色肿胀、增大、变硬，皮肤紧张，继之肿块呈红色或蓝紫色。1～2天后硬肿块逐渐增大，发红发热，疼痛明显，触之敏感，病兔躲避。随病程的延长，病情逐渐加重，浓汁形成，肿块变软，有波动感，疼痛减轻。当乳房肿块出现白色凹陷时，乳房变成蓝紫色，母兔体温升高到41℃以上，精神沉郁，呼吸加快，食欲减少或废绝，拒绝哺乳，喜饮冷水。病情加重时，乳腺管破裂可引起全身感染，最后导致败血症而死亡。

【诊断要点】本病诊断简单，根据母兔乳腺肿胀、发热、疼痛、敏感，继之患部皮肤发红，或变成蓝紫色（俗称蓝乳房病），病兔行走困难，拒绝仔兔吮乳，局部可化脓或形成脓肿，或感染扩散引起败血症，体温可高达40℃以上，精神不振，食欲减退等临床症状可作出诊断。

【防治措施】

① 加强待产母兔的饲养管理。母兔临产前3～5天停喂高蛋白饲料，产后2～4天多喂优质青绿饲料，少喂精饲料。在产前、产后及时调整母兔精饲料与青饲料的比例，以防乳汁过多、过浓或不足。及时观察，每天观察母兔产后乳房的变化，做到早发现、早治疗。

② 定期消毒兔舍，保持兔笼、兔舍的清洁卫生，清除玻璃碴、木屑、铁丝挂刺等尖锐利物，尤其是兔笼、产箱出入口处要平滑，以防乳房外伤引起感染。

③ 经常发生乳腺炎的母兔，应于分娩前后给予适当的预防药物，可降低本病的发生率。

④ 发病治疗

a. 初期冷敷。乳腺炎初期可局部冷敷，患乳腺炎初期，把乳汁挤出，用毛巾或布沾冷水，在局部冷敷，并涂擦10%鱼石脂软膏。

b. 中后期热敷。乳腺炎中、后期用热毛巾热敷，也可用青霉素80万单位、痢菌净注射液10毫升和地塞米松1毫升，分2次肌内注射，每天早、晚各1次，连用3天，病症即可消失、痊愈。

c. 严重的手术治疗。严重时可切开脓疱，排除脓血，切口用消毒纱布擦净，撒上消炎粉。同时做全身治疗，注射抗生素或口服磺胺类药物。

d. 药物治疗。0.25％普鲁卡因 30 毫升，青霉素 10 万单位，局部分 4～6 个点，皮下注射；青霉素 10 万单位、链霉素 10 毫克，肌内注射，每日 2 次，连用 2～3 天；体温升高者，安痛定 1 毫升或安乃近 1 毫升，肌内注射；2.5％恩诺沙星注射液 0.5 毫升，肌内注射，每日 1 次，连用 2～3 天。口服剂，每只兔 20 毫克，拌饲料中服，连服 3 天。

注意如果母兔得了乳腺炎，小兔会得黄尿病，要母兔和仔兔一起治疗。

（九）兔霉菌毒素中毒

兔霉菌毒素中毒是因兔采食了发霉饲料而引起的一种中毒性疾病。

【病原】真菌繁殖的必备条件是高湿度和适宜的温度。一般来说，在 30℃，相对湿度 80％以上，谷物和饲草的含水率在 14％以上（花生的水分含量在 9％以上），最适于黄曲霉繁殖和生长，在 24～34℃之间黄曲霉产毒量最高。几乎所有的谷物、饲草、饲料都可成为黄曲霉的基质。每千克饲料含有 1 毫克黄曲霉毒素可使畜禽死亡。

【病因】由于受潮或没有完全干燥的饲草、饲料，在温暖条件下发霉，肉兔采食了发霉的饲草饲料后，除霉菌的直接致病作用外，霉菌产生的大量代谢物，即霉菌毒素，对肉兔具有一定的毒性，引起肉兔中毒。能引起肉兔中毒的霉菌毒素种类比较多，其中以黄曲霉毒素毒性最强。

【发病特点】一是有明显的季节性，多发生在高温高湿季节，主要发生在 7～8 月；二是明显的生理阶段，主要发生于泌乳母兔，其次为妊娠后期母兔，造成怀孕母兔流产，其他家兔表现不明显；三是没有传染性；四是药物治疗基本无效。抗菌药物不能控制病情，死亡率较高。

【临床症状】多数呈急性经过，患兔食欲减退或废绝，粪便不正常，有时便秘，有时腹泻，有的粪球外有黏液；有的走路蹒跚，浑身颤抖，往前冲撞至倒下，此后四肢无力，浑身瘫软如泥，头下垂不能抬起，口触地，鼻孔和嘴端潮湿，但多数患兔两眼圆瞪。有的耳壳或其他部位皮下有出血点。患兔体温稍有升高，呼吸急迫，心跳加快，心律不齐。一般2～4天渐进性死亡。有的死前有挣扎、四肢划动等动作。

【防治措施】

① 严格饲料管理，不使用发霉的饲料，对饲料进行科学储藏管理，防止受潮发霉，饲料采取专人管理。

发霉的饲料主要是保存条件差的粗饲料，如花生皮粉、花生秧粉、豆秸粉、红薯秧粉等；其次为易于吸潮的麦麸。颗粒饲料在加工时加水过多而没有及时晾干或保存时间过长，也容易出现发霉现象。

② 饲料发霉可发生在晾晒、储存、加工、运输和饲喂的各个环节，而人们往往忽视了饲喂环节。比如，一次加料过多没有及时清槽，多次累积使饲料在饲槽里受潮，特别是饮水系统漏水或其他原因造成料槽中的饲料发霉，也会导致个别家兔发病。

③ 在高温高湿季节，可在饲料中添加防霉剂，如丙酸及其盐类（丙酸钙、丙酸钠、丙酸钾和丙酸铵。用量：丙酸500～4000毫克/千克饲料，丙酸钙和丙酸钠650～5000毫克/千克饲料）、山梨酸（用量为0.05%～0.15%）及其盐类（山梨酸钾、山梨酸钠和山梨酸钙，用量一般为0.05%～0.3%）、苯甲酸（添加量0.05%～0.1%）和苯甲酸钠（添加量0.1%～0.3%）、甲酸及其盐类（甲酸钠、甲酸钙，用量一般为0.9%～1.5%）、对羟基苯甲酸酯类、柠檬酸、柠檬酸钠、乳酸、乳酸钙、乳酸亚铁、富马酸和富马酸二酯等，均有较好的防霉效果。

④ 发病治疗。如果发现患兔，立即停喂原有配合饲料，用新鲜草料代替；对于发病患兔可采取支持、保护、解毒、泄毒和抑菌等方法。支持疗法可静脉注射25%的葡萄糖20～40毫升，每天2

次，直至痊愈。饮用水可用弥散型维生素（如速补-14、维补-18等），按说明量的 1.5 倍添加，连续 5 天。也可口服 10% 的糖水 50～100 毫升。皮下注射安钠咖 0.5～1 毫升，以增强心功能；保护和泄毒可用淀粉 20 克，加水煮成糊状，加硫酸钠 5～6 克灌服，以保护肠黏膜，减少毒物的吸收和增加排出；解毒一般注射维生素 C 3～5 毫升，每天 2 次，连续 3 天。配合一定的保肝药。抑菌可投喂一定的对霉菌高敏的药物，如制霉菌素、克霉唑和大蒜素等。对于一般患兔，只要停喂发霉的饲料，投喂抗霉菌药物，可很快痊愈。通过采取以上措施，3 天后病情可得到控制，多数轻症患兔症状消失。民间也有用大蒜捣烂喂服的，每兔每次 2 克，1 日 2 次。

（十）中暑的防治

【病因】兔子耐寒而不耐热。无法像其他动物一样流汗，所以无法通过流汗使身体降温。兔子比其他动物更容易中暑。由于家兔受到强日光直射或环境温度过热而引起中枢神经系统、血液循环系统和呼吸系统机能以及代谢严重失调的综合征。此病多发生于炎热的夏季。

炎夏季节，兔在强烈的阳光下或天气闷热时，关在通风不良和温度高（33℃以上）的兔舍里，饮水缺乏的情况下，或者运输途中闷热拥挤、缺水、通风差等，由于兔体内的热量不能散发而出现中暑现象。

【临床症状】中暑初期，病兔精神不振，食欲减退或不食，步态不稳，呼吸加快，体温升高，触诊体表有灼热感，可视黏膜潮红，口流涎。严重病例脑部充血，使呼吸系统机能发生障碍。出现神经症状，兴奋不安，盲目乱跑，随后倒地，伸腿伏卧，或侧身卧下颤抖、抽筋，有时还尖叫，痉挛或抽搐，虚脱昏迷死亡，妊娠后期的母兔对此病特别敏感，死亡率更高。

【防治措施】

① 夏季应注意降温防暑，兔舍要有遮阳措施，保持通风良好。要在兔舍周围种植树木或藤蔓类植物遮阳，中午地面泼凉水降温。

② 长期饮用淡盐水或多种维生素，减少肉兔的热应激，提高肉兔的耐热性，还要在饲料中加入 0.2%的碳酸氢钠，以调节体内的酸碱平衡。

③ 长途运输肉兔的，不要装载过密，宜选择在气候凉爽的时间，中午过热的时候要在树荫下休息，并供给充足的饮水，保持适当通风，防止车内温度过高。

④ 夏季到来毛兔剪毛 1 次，无降温条件的兔场，避免在高温季节繁殖配种。

⑤ 发现中暑后，立即把兔放在阴凉通风处，症状轻微的，使用不冷不热的水喷洒兔子全身特别是耳朵，帮助降温，不要太湿；症状严重的，用冷水敷头或在耳静脉放出适量的血，防止发生脑部和肺部充血、出血；喂饮或灌服加有水溶性维生素的淡盐水，可给予十滴水 2～3 滴，或人丹 2～3 颗，或藿香正气水 5～10 滴，少量温水调开灌服。

（十一） 有机磷中毒的防治

【病因】有机磷农药是我国目前仍在应用的一类高效杀虫剂，如敌百虫、敌敌畏、1605、1059 和乐果等。家兔多因误食了被有机磷农药污染的饲草、饲料或由于使用敌百虫等有机磷药物治疗体内、外寄生虫时，因剂量、浓度和方法掌握不当等，均可发生中毒现象。

有机磷农药从消化道、呼吸道和皮肤进入兔体，经血液和淋巴液循环分布到全身各器官和组织产生毒性作用，主要是抑制胆碱酯酶的活性，造成体内大量乙酰胆碱蓄积，从而引起生理功能紊乱，出现了一系列神经症状。

【临床症状】肉兔发生有机磷中毒后，表现为食欲不振、流涎、呕吐、腹痛、腹泻、尿失禁，兴奋不安，全身肌肉震颤、抽搐，心跳加快、呼吸困难、可视黏膜苍白、瞳孔缩小等，最后常昏迷死亡。剖检时，如有机磷农药进入消化道的，可在剖开胃、肠时闻到胃肠内容物中有浓烈的有机磷农药的特殊气味；胃、肠黏膜充血、出血、肿胀，黏膜易脱落，肺充血水肿。

【防治措施】

① 防治要加强对农药的专人管理；禁喂刚喷撒过有机磷农药、尚有残留的各种新鲜植物或拌有有机磷农药的谷物种子；使用盛装过农药的容器盛装饲料、饮水或用喷洒过农药的喷雾器进行兔舍消毒。在使用有机磷药物驱除家兔体内、外寄生虫时，要专人负责，正确使用，注意观察。

② 发病治疗。肉兔中毒后，应尽快查明原因，解除毒源。

a. 解磷定对 1059、1605、乙硫磷中毒解毒效果好，每千克体重 20～40 毫克，缓慢静脉注射。病情严重者，2 小时后重复 1 次。本药对敌敌畏、敌百虫、乐果等中毒，解毒效果差，不可用。

b. 0.1％硫酸阿托品注射液，0.5～1 毫升，皮下注射，重病者，2 小时后重复注射 1 次。

c. 双解磷粉针，注射用水配制成 5％溶液，肌内注射。用 5％葡萄糖盐水溶解成 5％的溶液，静脉注射。用药量为 0.1 克。

d. 氯解磷定注射液，每千克体重 20 毫克，静脉注射。

第八章
科学经营管理

经营是养肉兔场进行市场活动的行为，涉及市场、顾客、行业、环境、投资的问题。而管理是肉兔场理顺工作流程、发现问题的行为，涉及制度、人才、激励的问题；经营追求的是效益，要资源，要赚钱。管理追求的是效率，要节流，要控制成本；经营要扩张性的，要积极进取，要抓住机会。管理是收敛的，要谨慎稳妥，要评估和控制风险；经营是龙头，管理是基础，管理必须为经营服务。经营和管理是密不可分的，管理始终贯穿于整个经营的过程，没有管理，就谈不上经营，管理的结果最终在经营上体现出来，经营结果代表管理水平。

肉兔养殖的过程也是一个经营管理的过程，而养肉兔场的经营管理是对肉兔场整个生产经营活动进行决策、计划、组织、控制、协调，并对肉兔场员工进行激励，以实现其任务和目标的一系列工作的总称。

一、经营管理者要不断地学习新技术

一个人的学习能力往往决定了一个人竞争力的高低，也正因为如此，无论对于个人还是对于组织，未来唯一持久的优势就是有能力比你的竞争对手学习的更多更快。一个企业如果想要在激烈的竞争中立于不败之地，它就必须不断地有所创新，而创新则来自于知识，知识则来源于人的不断学习。通过不断的学习，专业能力得到

不断提升。所以管理大师德鲁克说："真正持久的优势就是怎样去学习，就是怎样使得自己的企业能够学习的比对手更快。"

作为一个合格的养兔场经营管理者，即使养兔场的每一项工作不需要你亲力亲为，但是你要懂得怎么做。因此，必须掌握相关的养殖知识，不能当门外汉，说外行话，办外行事。要成为肉兔养殖的明白人，甚至是肉兔养殖方面的专家。只有这样，才能管好养肉兔场。

很多养肉兔场的经营管理者都不是学习畜牧专业的，对养肉兔的技术了解得不多，多数都是一知半解。而如今的养肉兔已经不是粗放式养肉兔时代了，规模化、标准化养肉兔，从品种选择、肉兔舍建设、养肉兔设备、饲料营养、疾病防治、饲养管理、营销等各个方面工作都需要相应的技术，而且这些技术还在不断的发展和进步。

同时，发展肉兔产业在资源环境方面的约束将趋紧。一方面，在禁牧、休牧、轮牧和草畜平衡制度下，草原畜牧业产出难以保持以往的高速增长。另一方面，养殖场和饲草基地建设"选址难、用地难"问题突出。需要经营管理者去解决。还有肉兔疾病防治、饲料配制、繁殖等方方面面的知识要掌握。

做好养肉兔场的工作安排和各项计划也离不开专业技术知识。肉兔场的日常工作繁杂，要求经营管理者要有较高的专业素质，才能科学合理地安排好肉兔场的各项管理工作。可见，学习对肉兔场经营管理者的重要性不言而喻。那么，学习就要掌握正确的学习方法，肉兔场的经营管理者如何学习呢？

一是看书学习。看书是最基本的，也是最重要的学习方法。各大书店都有养肉兔方面的书籍出售，有教你如何投资办养肉兔场的书籍，如《投资养兔你准备好了吗》；有介绍养殖技术的书籍如《图说高效养肉兔关键技术》和《肉兔健康养殖400问》；有介绍养殖经验的书籍，如《养肉兔高手谈经验》；有肉兔病防治方面的书籍等。养肉兔方面的书籍种类很多，挑选时首先要根据自己对养肉兔知识掌握的程度有针对性地挑选书籍。作为非专业人员，选择书籍的内容要简单易懂，贴近实践。没有养肉兔基础的，要先选择入门书籍，等掌握一定养肉兔知识以后再购买专业性强的书籍。

二是向专家请教。这是直观学习的好方法。各农业院校、科研所、农科院、各级兽医防疫部门都有权威的专家，可以同他们建立联系，遇到问题可以及时通过电话、电子邮件、微信、QQ、登门等方式向专家求教。如今各大饲料公司和兽药企业都有负责售后技术服务的人员，这些人员中有很多人的养殖技术比较全面，特别是疾病的治疗技术较好，遇到弄不懂或不明白的问题可以及时向这些人请教，必要的时候可以请他们来场现场指导，请他们做示范，给全场的养殖人员上课，传授饲养管理方面的知识。

三是上互联网学习和交流，也是学习的好方法。互联网的普及极大地方便了人们获取信息和知识，人们可以通过网络方便地进行学习和交流，及时掌握养肉兔动态，互联网上涉及养肉兔内容的网站很多，养肉兔方面的新闻发布的也比较及时。但涉及养殖知识的原创内容不是很多，多数都是摘录或转载报纸和刊物的内容，内容重复率很高，学习时可以选择中国畜牧学会、中国畜牧兽医学会等权威机构或学会的网站。

四是多参加有关的知识讲座和有关会议。扩大视野，交流养殖心得，掌握前沿的养殖方法和经营管理理念。

二、把握好养肉兔的发展趋势

农业部印发的《全国草食畜牧业发展规划（2016—2020 年）》中提出，我国肉兔产业的布局是：坚持市场导向，因地制宜发展兔产品，满足肉用、毛用、药用等多种用途特色需求，积极推进优势区域产业发展，支持贫困片区依托特色产业精准扶贫脱困。

传统主产区（四川、山东、河南、重庆、江苏、河北、浙江和福建）重点要加快产业转型升级，推广标准化规模养殖，逐步完善良种繁育体系建设，提高饲养管理和疫病防治能力，加强兔肉加工和品牌产品研发。

新兴产区（吉林、山西、安徽、湖南、湖北、陕西、江西、黑龙江、内蒙古和辽宁）重点要鼓励合作组织发展，提高组织化程度，加强产业信息服务，引导小规模养殖户科学决策，大力发展兔产品加工业。

农业部印发的《全国节粮型畜牧业发展规划（2011—2020年）》中提出的中长期目标（2016—2020年）：节粮型畜牧业发展基础进一步夯实，标准化规模养殖水平明显提升，综合生产能力显著增强；区域布局进一步优化，产业分工进一步细化，产销衔接更加紧密；关键技术攻关取得突破，标准化饲养技术逐步推广普及；非粮型饲料资源开发利用水平明显提高，节粮增产效果明显增强，养殖效益逐步提高；优质高效的节粮型畜牧业发展格局基本形成。

肉兔产业布局与主攻方向：立足现有优势区域基础，巩固提升四川、山东、河南、江苏、河北等地区兔产业综合生产能力。加强河北、山西等地优势家兔生产基地建设，充分发挥加工企业的龙头作用。逐步完善良种繁育体系建设，提高饲养管理和疫病防治能力，加强兔肉加工和品牌产品的研发，提升兔产业经济效益，增强国际市场竞争力。加大优良品种选育和良种推广力度，加强地方良种兔的保护，加快优质种兔繁殖、推广，做强种长毛兔核心产业，加速节粮型兔业发展。

未来能够推动兔产业长期不衰的根本动力在于两个方面：一方面是国内市场产品需求潜力的开发，另一个方面是国际市场兔品种及相关技术的出口。第一个方面是现在需要不断强化的，第二个方面是要逐步推动的。

以上就是我国肉兔养殖未来发展的趋势。当然，养兔也和其他养殖项目一样，受品种是否优良、存栏数量多少、疫病防控的难度、饲养条件和环境保护，以及经济发展快慢等多种因素的影响，但主要是受社会发展大环境的影响最大。通常人口增长，经济发展快，兔肉的消费量增加也快，而此时兔的数量少，不能满足消费需求，兔的价格就高，养兔的效益也好。相反，则兔的价格就低，养兔的效益也不好。

作为养殖管理者既要熟悉肉兔生长的规律和饲养常识，又要了解当前及今后一段时间肉兔养殖的形势，更要掌握肉兔养殖的发展趋势。结合自身特点，做好养兔场的经营管理。

为了更好地掌握肉兔养殖的趋势，兔场的经营管理者要多学习、多思考、多总结、多走动。多学习就是既要多学习养殖方面的常识，还要学习兔肉价格变动的规律；多思考就是能够透过现象看本质，比如肉兔价格的变动，归根结底还是因为供需矛盾引起的，这就是本质；多总结就是总结经验、吸取教训。只要能从失败的工作中吸取教训，从成功的工作中总结经验，以后就能更加准确、科学地预见未来，把自己的工作做得更好；多走动就是要走出去，纸上得来终觉浅，绝知此事要躬行，通过与同行积极的交流，及时掌握肉兔养殖方面的信息，取长补短。

三、养兔要做好准备再行动

搞养殖同其他行业一样，都要掌握和不断学习有关养殖方面的知识，熟悉养殖行业的发展规律和发展趋势，精心谋划，准备充足的资金，选择合适的场址，建设科学合理的圈舍，选准合适的时机进入，只有这样，才能取得成功。否则，准备不充分甚至在养殖常识、圈舍、资金等都没有准备好，加上又不懂得行情的情况下，看到别人养殖成功赚到了钱或者听别人说能赚钱，就贸然进入，结局只能是失败。请看新闻实例。

一则是听网友建议养殖 200 种兔失败的事例。江苏省扬州市王某是个做医疗器械的老板，年纪轻轻有钱有理想，2009 年年底在网上看到肉兔养殖行情不断上升就在网上找网友聊天了解养兔行情、学习养兔技术，2010 年 3 月通过在网上看到的一些"大型"兔业公司，进行沟通后果断决定去购买 200 只肉兔种兔，价格每个150 元一个，没有兔笼，这个公司以 250 元一组的价格卖给他 20组 12 个笼位的铁丝笼，这些兔子回家后，这个小两口每天当宝贝一样，请的一个饲养员必须听他们的安排，他们的养兔技术除了向这个供应种兔的公司询问外还在网上不断向一些网友讨教，只要有人告诉他怎样做好，他们会立即学习使用，5 月份这些种兔长的非

常好，居然有100只母兔生产出了小兔子，小两口高兴啊，认为他们养兔成功了，家里又多了一条生财之道！

不知道是老天爷不公还是其他原因，小两口的高兴劲没有多少天情况就变了。因为到了6月份这些大兔子不断出现毛病，生产出的小兔子每天都有死亡，为什么呢？小两口开始整天在网上寻找帮助的师傅，得到的答案大部分说是球虫病，必须要用抗球虫病的药物，于是，只要是有人告诉他哪一种药物效果好他就立即投入使用，他告诉笔者，他不但购买了几个饲料厂生产的含有抗球虫病药物的全价颗粒饲料喂兔子，几乎所有的只要是说明对球虫病有效果的都用了，包括一些厂家新产品的球虫针剂都用了，兔子还是在不断死亡，把情况告诉网友，网友还是告诉他兔子是球虫病。

到9月兔场兔子还剩不足300只，他开始请养兔的人去看，好像还是说可能是球虫病。询问他的养兔过程，看了他的兔子，奉劝他放弃这些兔子。但是他还是认为自己养兔已经有一定水平，就是这种球虫病没有办法解决，别人再三解释他不听，坚持要养。到12月，他实在坚持不住了，把兔子全卖了，没有精力再养兔了，网上学来的养兔技术不能够养好兔子，同时他想告诉那些年轻人，想养兔就要先学习到真正的养殖技术，指望边养兔边学习这种学费很高，他花了5万元只是买来"放弃"！

再看一个养兔失败的例子。此人2009年在老家江西养过兔子，那时候由于看好兔子这个行业，认为养兔是一个有发展的行业，然后就开始养兔，那时候进了100只种兔，开始还蛮顺利，因为引的多是大兔子（1.75千克），小问题打针吃药就可以搞定，基本没有死亡。可是好景不长，小兔断奶的时候麻烦就来了，天天死小兔，搞的他一点心情都没有，打针吃药没有一点效果，有的母兔开始生病，控制不住，没办法的情况下他把兔子兔笼全部转让出去，这样他的养兔行业以失败告终，亏了2万元。

他总结了要想养兔成功，就要做到爱好＋技术＋成本＋销路这四点，缺一不可，否则你将会失败。

①爱好 爱好是你做一件事的前提所在，排在第一位，如果

一个人没有爱好，那么你注定发挥不了你的潜力，因为这个不是你愿意做的，你无法全身心地投入进去。所以你走向的将是失败之路。

② 技术　任何一个职业都需要技术，技术的成熟是你成功的关键。起码你要可以做到：了解＋诊断＋治疗＋护理，少一个步骤也会走向失败。

③ 成本　这里说的成本是养殖成本，养殖成本决定你养殖是否能赚到钱，即使你前面2项合格，那么成本价决定你是否能把你的事业做久做大，养殖成本的大小取决于你的眼光，主要在种兔＋饲料＋药物。其中种兔是兔场的关键所在，种兔的好坏最重要，好种兔繁殖高，小兔抗病力高，生长快，成活率高，你的养兔成本价会降低。相反种兔差的，繁殖低、小兔抗病力低、生长慢、自然成本价高；饲料的好坏也是兔场的关键之一，好的饲料，兔子健健康康长大，没什么烦恼，差的饲料，今天这个病明天那个病，增加你成本的同时兔子还不长，别人的兔子90天长到3千克，你的兔子100天才2.5千克，想想这里相差多少；肉兔易患兔瘟、痢疾、球虫病、腹泻、疥癣病等疾病，应根据需要及时接种疫苗，还可在饲料中加入适量的大蒜、大葱、氯苯胍、喹乙醇等药物添加剂，以增强肉兔的抗病能力，把疾病消灭在初始阶段。兔场要准备一些养兔必备的药物和疫苗，要从正规渠道购买信誉好的大厂家生产的药物和疫苗，特别是预防球虫的药物，一定要选择质量好的药物，不能贪图便宜购买假冒伪劣的药物。

④ 销路　很多养殖户没有一定的销路，主要是靠兔贩子销售，这样自然就没有钱赚，亏钱的是自己，赚钱的是兔贩子，价钱被兔贩子控制着，你不卖他你又没地方卖，你最多就换一个兔贩子。因为兔贩子是无利不起早，不管行情怎么样，每千克兔子都要赚你0.25～1元，想想一只兔子赚你多少钱，我们养殖户那么辛苦一只才赚多少钱。

如果能把爱好＋技术＋成本＋销路解决，相信养兔还是可以赚到钱，至于为什么好多人说养兔没钱赚，可以说每个行业都有人赚钱，也有人亏钱，不能因为某个人亏了钱就怀疑这个行业会亏钱，如果真是这样的话，那么现在就只剩下野兔了，为什么还有那么多兔场，还有那么多人养兔，亏钱他们还会做吗？也不能因为某个人赚了钱就认为你也适合这个行业，所以劝各位一句，做一件事之前，首先要了解清楚你适不适合做这个，你喜不喜欢这个行业，如果不喜欢我劝你不要踏入，如果你抱着不知道干什么，随便找个行业做做的态度就不要做了，你还不如在家好好想想你到底喜欢做什么。决定好了再去了解你喜欢做的行业，如果你认真分析自己不能在兔业生产大潮中乘风破浪，那我们奉劝急流勇退让你的明天会更好！

　　另外，养兔不要去抱怨行情，好行情可遇不可求，要知道市场行情不会按照你的个人想法去发展，我们养兔人只有考虑在现实中如何把兔业搞好。与其整天抱怨养兔行情不好不挣钱，不如去学习养兔技术，提高养兔成活率，降低养兔成本。与其整天网上胡言乱语，不如脚踏实地多在兔舍里面管理兔子。与其整天祥林嫂一样网上抱怨行情不好，不如去认真思考有没有养兔如何赚钱的好方法。

　　正确的做法是，入行前要做好充分的准备工作，主要是做好市场调查，一是考察销售渠道和消费市场，了解销售的主要渠道以及当地肉兔消费习惯，当地市场什么肉兔好卖，不要盲目跟风上，找适合当地养殖和销售的品种最好，饲养前一定要考察好市场需要。二是充分考察当地饲料资源，兵马未动，粮草先行。有了粮、草，特别是草料一定要有充足的来源，否则一旦上规模则手忙脚乱。要知道有哪些原料和秸秆可以用来养兔，更要知道当地的草料资源是否能够满足养兔场的需要，要立足于在当地解决草料问题，因为草料是养兔的主要原料，长途运输会增加养兔成本，也不利于草料的稳定供应。三是考察当地的兔舍都是什么样式结构，尤其是养得好的兔场是考察的重点，请教有经验的养殖人员，哪种兔舍最合理，再根据自己的规模，因地制宜，取长补短，建设本场的兔舍。

　　开始养兔时，对于没有养兔经验的，不要一下子投入很多钱，买很多种兔，想一下子就搞的很大，这种想法不现实。养兔是一项技术性和实践性很强的项目，养殖成功的难度较大。养兔是好汉子不干，赖汉子干不了的事情。既要有一定的理论基础，更要有亲身实践，需要有爱心、耐心和细心。养兔非暴利行业，赚的是辛苦钱。没有经验的，最好先当学徒。比如到就近成功的兔场参观学习，在有养兔比较好的兔场打工或帮工。自己刚开始养兔时，宜先少量的养一些，这样可以先熟悉一下兔的习性，积累一些养殖经验，这样即使有损失，也可以在能承受的范围内。确定养兔前还要把兔舍建造好，有的人心急发财，被一些养殖场一忽悠就热血上头，立马买兔，很怕发财晚了，这是极其错误的做法。

四、实行适度养殖规模化

农业部在《全国节粮型畜牧业发展规划（2011～2020 年）》中提出要"大力推进适度规模科学养殖"。根据有关部门调查，目前我国兔场的基础母兔数量在 200～500 只的规模成为发展的主体和主流，1000 只以上的规模型兔场明显增加。说明基础母兔 200～500 只的养殖规模比较合理，至少在目前是合理的。

但是，对于每一个投资者的情况不同，还要结合养殖地区、养殖的品种、兔舍条件、饲料供应能力、饲养管理水平、销售等方面综合判断。

在兔的养殖优势区域，已经形成比较成熟的产、供、销养兔产业链，在养殖的各个方面相适应的服务体系比较完善。比如由于养殖量大，就有专门生产颗粒饲料的公司供应饲料，有很多不同样式不同价位的兔笼具可供选择，兔的品种也可以参考附近的养殖场来选择，疾病防治能及时做好，疫苗以及兽药品种也比较齐全，这样起步就可以高一些。而非养殖优势地区，由于很多与养兔相关的服务配套不完善，养兔需要的各方面物资技术可供选择的少，规模不宜太大。

饲料供应能力很关键，规模养兔的饲料消耗很大。据计算，一个年出栏商品兔 1 万只的兔场，按照目前我们的平均养殖水平，年需要约 6.5 万千克粗饲料（种兔和商品兔总需要量）。这对于饲料

供应是个考验，饲料供应要同养殖规模相适应，如果饲料供应商没有把握，就不能养殖太大的规模。

销售方面，拿宠物兔来说，宠物兔的市场随着人民生活水平的提高，用作娱乐观赏的市场发展潜力很大。但是市场的销售渠道培育要逐渐进行，销量经过逐渐增加的过程，不可能一开始就有多大的数量保证，这样就对养殖的规模和出栏数量有要求。

根据刁朔和邓心安对不同规模兔场的经济效益调查与分析得出如下结论：在资金的使用方面，中等规模兔场（500～1500 只）有相对优势。小型规模兔场（＜500 只）难以获得资金支持，不利于兔场技术改进和扩大生产；中型规模兔场获得资金相对容易，财务风险小，偿债能力也较强；大型兔场（≥1500 只）几乎都有能力获得银行的资金支持，但由于贷款占资产比例较高，存在资金链断裂的风险。

在生产效率方面，中等规模兔场更有优势。在年产胎数、胎产子数、年产断奶仔兔数、断奶成活率、育成率、劳均商品兔数等指标方面，中型规模兔场有较明显的优势。通过对年产断奶仔兔数进行单因数方差分析和多重比较后发现，中等规模兔场和小型规模兔场存在极显著差异，和大型规模兔场存在显著性差异；小型规模兔场与大型规模兔场的年产断奶仔兔数差异不显著。在人均管理母兔指标方面，大型规模兔场略高于中型兔场，但经检验后发现差异不显著。

在经济效益方面，中等规模兔场好于小型规模兔场和大型兔场。在商品兔平均利润、繁殖母兔平均利润、劳均利润、资产利润率、成本利润率 5 项指标上，中等规模兔场都明显优于其他两种规模。相对而言，在兔均利润和劳均利润上，大型规模兔场好于小型规模兔场；而在资产和成本利润率上，二者反之。

可见，在目前经济社会环境、生产技术和管理水平条件下，500～1500 只繁殖母兔的中型规模是兔场最佳养殖规模。对于小型兔场，如果生产规模扩大到中型以上且保持相对较高的经济效益，则需要在生产技术和管理水平上有新的突破；而对于大型兔场，如果相应的管理水平跟不上，则不宜盲目扩大饲养规模。

小型规模兔场生产成本比较低，但多项效益指标落后，主要原因在于生产技术落后。为此建议小型规模兔场在生产技术方面增加投入，直接掌握或通过聘请技术人员利用先进饲养技术。如利用人工授精技术，可以提高优良品种的公兔配种效率，改善兔群品质；采用常年繁殖技术，可以减少繁殖母兔的无效饲养时间，提高母兔利用率。

大型规模兔场的优势在于能够及时把握市场动态，掌握先进生产技术。导致其经济效益不高的原因主要是饲养管理不够精心，一线饲养员责任心不强。因此，建议加强绩效管理，采取奖励等措施将一线饲养员利益与企业利益紧密结合在一起；同时加强企业文化建设，增强员工的主人翁意识、工作主动性和责任心。

五、经济新常态下如何做好营销

营销是指企业发现或挖掘准消费者需求，从整体氛围的营造以及自身产品形态的营造去推广和销售产品，主要是深挖产品的内涵，切合准消费者的需求，从而让消费者深刻了解该产品进而购买的过程。营销的目的是产生可持续性收益。营销的本质是抓住用户的需求，并快速把需求商品化。

新常态的主要特点是经济发展从高速增长变为中高速增长，经济结构不断优化升级，经济发展动力从要素驱动、投资驱动转向创新驱动。具体到养兔业来说，靠扩大养殖面积、增加劳动力来促进兔业发展的年代已成为过去，未来的发展必须依靠科学技术的创新带来效益的增长，用技术变革提高生产要素的产出率。

经济新常态下，兔业发展面临着养殖成本增加、市场风险增大等一系列的风险，虽有机遇但总体来说，挑战大于机遇。养兔场的效益最终要靠销售肉兔实现，而通常养兔场的肉兔销售大多是依靠经纪人、专业贩兔人等上门收购，或者养兔场通过赶集、推销等方式销售，这种方式往往定价权掌握在收购者手中，养殖场很少有议价的能力。与其他养殖项目一样，存在着养兔的不如贩兔的挣得多，贩兔的不如屠宰兔的挣得多的现象。养兔场总是被动接受，始终卖不到好价钱。

如四川农村日报报道的肉兔行情波动大，产业链短的新闻。2014年3月26日，蒲江县一家兔业公司的负责人潘某告诉记者，她的肉兔销售在春节后有整整1个月都没有开张。"肉兔生长周期只有2个月，市场周期更短，波峰波谷让人疲于应付。"

由于长毛兔不赚钱，潘某将长毛兔场改养了肉兔，然而，情况却也不尽如人意。2013年，潘某的肉兔产值在65万元左右，刨除成本，勉强维持经营。利润太薄，曾经的肉兔合作社员纷纷退社，刘某也是其中之一。蒲江县大兴镇王店村村民刘某看到2011年的肉兔行情不错，在2012年上半年加入肉兔合作社，并一下子买了80只母肉兔，准备大干一场。没想到下半年行情便急转直下，跌到了6元多一斤。"防疫连带饲料，不算人工的话，成本都要7元一斤。"刘某说，自己这样的养殖小户不具备直接跟餐馆酒店对接的销售渠道，通过市场上的兔贩子，利润又被剥掉了一层。

"目前鲜活肉兔的销售渠道太单一，只能供给餐馆做点杀。成都三环内不许养活兔，点杀生意就聚集在周边区县。"尽管潘某可以直供餐饮消费端，但对于市场波动，仍然只能"看天吃饭"。前段时间，鲜活兔子6.5元一斤都没人问津。为此，潘某陆续处理了一些生育期快要结束的母兔。

潘某也曾尝试做冷鲜兔肉加工，但发现销售渠道也不畅通。"冷鲜兔肉在超市顶多摆几天，虽然肉质比传统的猪牛羊、鸡鸭肉都好一些，但是人们没有这个消费习惯。除了兔头，没有一些深入人心的烹饪方法和菜品。"在短暂的尝试后，潘某便偃旗息鼓了。

在开发兔肉后续产业链上，也有让潘某羡慕的行业榜样，是乐山市的一家品牌兔业。而记者在联系到该兔业的老板荣某后，他也是一肚子苦水。原来，虽然鲜活兔肉市场波动大，但是回款都是现金，加工成真空包装后，卖给商场、超市时都会押款，资金周转较慢，想完善产业链，就要有强大现金储备。"今年我们完成示范养殖场、种兔基地、饲料厂等配套产业，前后已经投入5个亿了。要延长兔业产业链，难啊!"荣某说。

除了资金制约，社员和合作社没有形成利益共同体也是一个瓶颈。"合作社提供种兔和技术培训，但不包销，价格跌了，都得自己兜着。"刘某这样解释自己退社的原因。而荣某的合作社也只对签订了长期购销合同的兔农提供保底价。

在此情况下，农民退出和进入都非常随意，但这样会对企业供应保障造成困扰。"农户基础设施都在，兔子繁育能力强，买上几只，很快就能出栏。但工厂生产线一直要开工，供应不稳定是大忌。"潘某说。也正是因为这个原因，乐山这家兔业的兔肉有 50% 都是来自河北等地的獭兔肉。

荣某认为，单家独户的小农养殖已经不适应现代农业发展需求，"疫病控制、环境改良，散户不会进行投入;即便建立起来合作社，也不能是松散的养殖户的联合，必须有土地集聚，建规模化饲养场。这往往是公司牵头对土地进行规划、整合，才能实现。"

而对于自身无力发展壮大的养殖户来说，能否借助全省兔业的发展水涨船高，还是未知数。不过也有好消息，潘某说，自己已经习惯了市场周期，正在加强饲养管理，她相信不拘泥于一时得失，凭借过硬的技术和管理，最终还是可以在肉兔市场拥有一席之地。

从这则新闻我们可以看到，养兔场不能只满足于养得好，更要注重卖得好，不能只依靠等客上门一个销售方式，要多方收集养兔信息，深度分析市场需求，掌握销售动态，创新营销手段，采取多种营销手段，把兔子卖出个好价钱。

我们可以通过在社区、商超等建立专卖店、众筹平台、建立养殖合作社，通过合作社统一对外销售，增强定价权。利用互联网电商平台如淘宝、微博和微信等进行营销。开设体验店、特色兔肉餐馆进行体验式销售，实行绿色生态养殖，无公害养殖，进行深加工，延伸兔产品产业链等等营销方式。如在鲜兔肉的冷冻、仓储建设上，如果养殖户自身无法承担设备投资，可以考虑"借力"。在量上有一定规模的养兔场，可以与附近生鲜肉加工厂合作，可以降低他们的生产成本，达成双赢。开发系列兔产品，除了生鲜兔、熟

食兔，还应对产品进行细分，如兔头、手撕兔等半成品。

我们再看一则新疆兵团网报道的兔子销售难，一八四团餐馆老板开发"舌尖美味"的新闻。2016年元旦3天假放完了，十师一八四团"面涵聚道"餐馆老板陈某终于松了一口气，2016年1月4日，在餐馆正在算账的陈某说："这几天太忙了，忙的脚不着地，不过营业额也是创了开店以来的最高纪录"。

"面涵聚道"餐馆老板陈某，原是屯南煤业二分公司副经理，这个餐馆是他和家人一起开的一家以加工兔肉为主的餐馆，开这家餐馆的初衷是为了解决他养殖的兔子销售。作为一八四团的女婿陈某多次来到该团，看到该团为了促进养殖业的发展，建设了水、电、暖、路健全的现代化养殖小区，同时为养殖户协调养殖贷款和补贴，并出台了各类扶持政策，养殖规模不断扩大，该团从事养殖的有210余户，户均收入4.6万元，成立了养鸡协会、牛羊养殖协会。了解到这些情况陈某萌生了自己创业参与养殖的想法，2015年年初，陈某辞去屯南煤业二分公司副经理的工作来到一八四团开始创业。

辞掉工作后，陈某怀着一腔热血创一番事业，首先对团场以及周边市场了解后，选择了比较空白的养兔行业，并专门到四川哈哥集团有限公司学习养兔技术。技术学回来后，在团场畜牧公司的协助下陈某在养殖小区投资20万元建起了兔舍，并投入10万余元从四川购进兔种和饲料开始养殖兔子，刚开始养兔子雇人管理，自己则跑跑市场，几乎不管养。结果引进的108只种兔生产了500只，因为经验不足管理不善，死亡率很高，只出栏了387只兔子。第一批兔子养殖下来，他再也坐不住了。

这种情形让陈某彻底放下干部的身份，完全将自己转换为一名养殖户，一门心思搞养殖。他辞去了工人，自己则住在养殖小区专门负责养殖。这样下来，到第二批兔子出栏时，成活率几乎是100%，兔子养出来了，又有一个大问题摆在他面前，兔子销售到哪里去？

回想起当时的情况，陈某无奈地说："因为人员紧缺没有出去宣传去跑市场，销售只是停留在附近的托勒盖和团场，1 个月也就平均销售 100 多只，销售压力很大"。一连几批兔子出栏后，陈某都是亏本卖的，为了减少亏损陈某只能选择控制繁殖，这样情形一持续就是大半年，这种情形也让他深深体会到了创业的艰难，一腔热血几乎被冷却，可是他已经没有回头路了，他只有迎难而上。

他再一次走出去对北疆市场进行调查，他了解到喜欢吃兔肉的人很多，但是会做的人不多，了解到这一情况，陈某决定自己开家餐馆专门开发兔肉美食，2015 年 7 月，一家以兔肉饺子、兔肉面、爆炒兔子、风干兔子、烧烤兔子为特色的"面滷聚道"餐馆在一八四团开门营业了。

"他们家的兔肉是自己养的，肉很筋道，味道也不错""从来没有听说过兔肉饺子，朋友介绍过来尝尝味道真的不错""他们家兔肉汤面我吃了好多次了"。笔者随机采访了几位正在"面滷聚道"吃饭的顾客，真是好评如潮。陈某自餐馆开业后，月收入逐月递增，兔肉肉质得到了更多人的认可，通过这种产销一条龙的方法带动了兔子的销售，增添了陈某的信心，对于新的一年怎样做大做强他的养兔产业，陈某的想法还是立足开发兔肉舌尖美味，让大家学会做兔肉，认可兔肉的营养价值。

对于明年的想法，他信心十足地说："明年准备从四川聘请一个做兔肉的大师傅拓展一下兔肉的特色菜，并通过电视、网络等媒体向大家推广一些简单易学的做法，让更多的人了角兔肉的营养价值，会做兔肉，喜欢吃兔肉，促进兔肉销售，进而创建自己的品牌"。

我们可以看到，只要肯动脑，想办法，就可拓宽销售渠道。如养兔场与种植、加工、流通等环节通过合作社或公司＋农户等形式进行更紧密地联合。以兔肉为例，北京一养兔户加工烧烤兔直接面向消费者，一只獭兔肉售价 50 元，超过成本，皮是净赚。大型养殖企业，建议与大专院校和科研单位联姻，依靠科技进步。譬如，江苏一家企业目前与科研单位联合，进行家兔内脏生物活性物质的提取和生化制药，盈利比正常出栏商品兔至少高 50%。就能取得

好效益。

六、杜绝隐性浪费

通常我们说的浪费，主要是指看得见、摸得着的浪费。但是，更大的浪费是看不见的，因为看不见、摸不着，常常被人们忽视，以致给我们带来极大的损失。对这种浪费，我们姑且称之为"隐性浪费"。与看得见的物质浪费相比，一些隐性浪费更值得关注，因为隐性浪费在不知不觉中消耗着大量的养殖资源，却没有创造出任何价值，反而提高了饲养成本，危害不容小觑。

养兔场常见的隐性浪费有饲料配制和饲喂不合理、不重视兔群寄生虫病、母兔管理差、不按照肉兔生长规律出栏等方面，需引起养殖管理者予以重视。

（一）饲料配制和饲喂不合理

饲料是养兔生产成本中比例最高的部分，合理利用各种原料，是每个养殖场户的追求。然而，在实际生产中，由于观念上或操作上的误区，饲料隐性浪费问题普遍存在。

如饲料配制上营养过高或过低、营养不平衡。兔子从饲料中获得的营养首先要满足维持需要，也就是生存的需要，然后才是生长和繁殖的需要。如果我们喂的饲料仅仅能满足它生存的需要，那么不可能有效益，效益必须是建立在生长与繁殖的基础上，营养不足了不行，兔子干吃不长，身体消瘦。那营养高了行不行呢？有些人就把饲料的营养成分提得很高，倒是满足了兔子的所有需要，但是剩下的营养却被排泄出去了，过量的营养还会导致种兔身体过肥。饲料配方调整不及时也可以造成隐性浪费，如不及时按照季节变化调整蛋白与能量的比例，冬季缺青绿多汁饲料时不补充维生素，不添加平衡营养的氨基酸、微量元素，这些都对肉兔的生长发育有影响。可延长商品兔的上市或者减弱种兔的生产性能。饲料粉碎的颗粒大小也有关系，饲料原料粉碎过细容易飞扬，适口性降低，而且在兔消化道内停留的时间短，导致营养物质消化率降低；饲料粉碎过粗容易引起挑食，导致兔营养不平衡，使消化酶接触面积减少而影响消化吸收。配制饲料中营养不平衡，如缺铁，而缺铁的后果是影响血液红细胞中的血红蛋白组成，长期缺铁会造成缺铁性贫血，进而导致新陈代谢障碍，即使是再充分的营养也不会得到充分吸收和利用而被浪费掉了，因此贫血的兔子都是消瘦的。对于种兔来说，身体过肥或过瘦，都会造成公兔精液品质下降和母兔空怀不孕。这就是一种浪费。

喂料上过量供应、饲喂方法不当等。比如大多数人脑子里都有一种观念，认为只要兔子把料吃进肚子里了就不是浪费，其实，这种观念是错误的。饲料节约与浪费与否最终还要取决于兔子吸收利用的情况。如按照自己场的饲料配方，哺乳兔一天最多需200克饲料，你喂230克，一只兔子一天多耗料30克，1000只兔子的话，一天要浪费多少饲料。饲喂方法上，现在有5千克胡萝卜，有三种喂法：一种是把整根的胡萝卜扔进去喂；第二种是把胡萝卜切成几块，按早、午、晚分几次喂；第三种是把胡萝卜切成丝，每次喂一小撮，分2天来喂。这三种喂法哪种更科学呢？从营养学角度，最后一种是最科学的。因为从兔子消化特点来看，少喂多餐的喂食方法更加有利于饲料中营养的吸收。

因此，养兔场要解决好饲料配制和饲喂上容易出现的问题。一是使用全价饲料，不同品种、不同生长阶段的兔营养需求不同，配制饲料时应根据相应的饲料标准。二是采用优质价廉的饲料原料，在不影响兔只生产性能和兔肉品质的前提下，应尽可能选用本地资源丰富或价钱较低的饲料原料，严禁使用霉变、腐败变质的饲料原料。三是饲料形状适宜，应用颗粒饲料喂兔，颗粒长度少于0.64厘米，直径小于0.48厘米，并结合使用难消化而大体积的纤维素，延长饲料在盲肠中的停留时间，避免腹泻。四是要根据兔只的生理阶段、体况、健康状况等调整饲料配方，做到科学投料，较少不必要的饲料浪费。

（二）不重视兔群寄生虫病的防控

兔的寄生虫病是由各种易感寄生虫入侵兔体表面或机体内部，引起的各种疾病。随着规模化养兔业的迅速发展，兔病的危害也越

来越严重，做好家兔疾病的防治工作就显得尤为重要。其中家兔寄生虫病是养兔中危害较为严重的疾病，其种类繁多，发病率和死亡率都很高，兔群一旦感染寄生虫病，轻者导致机体的抵抗力降低，容易感染其他各类疾病，同时会严重影响兔群的生产性能。严重时甚至全群覆灭。如与"兔瘟"齐名的球虫病，能导致中耳炎、耳聋或癫痫发生的螨病，可引起家兔肝脏损害、消化紊乱、甚至死亡的绦虫病，这些常见的家兔寄生虫病危害严重且具有高度传染性，如果管理不善、防治措施不当，将给兔场造成巨大的经济损失。了解兔寄生虫病的流行特点和临床症状，采取合理的预防和治疗方法，对于提高养兔经济效益十分重要。

一些养兔场由于对寄生虫病危害认识不足，重视不够，不能坚持做好寄生虫病的防控工作，往往是出现严重症状了就治一治，不严重时就不管不问。致使寄生虫病在兔场始终得不到很好的控制，这样的养兔场非常危险。

因此，规模化养兔场必须重视寄生虫病的防治工作，保证兔群的健康，才能获得较好的经济效益。由于寄生虫病和外界环境的联系十分密切，大大增加了防治工作的复杂性，防治工作必须从流行病学入手，实施综合性的防治措施，才能收到较好的成效。首先应对兔寄生虫的危害有较高的认识水平，其次是对本场兔的寄生虫流行情况有全面的了解，再次是掌握本场主要寄生虫的流行病学，在此基础上，制定本场的寄生虫病防治制度，确定适合本场的防治办法，落实养殖人员防控责任制，采取适时驱虫、改善环境、改变养殖方式、提高机体的抵抗力等综合措施开展寄生虫防治工作。

（三）饲养管理粗放

兔场的饲养管理涉及肉兔养殖的方方面面，如兔舍饲养空间利用、温度、湿度、通风换气、光照等的管理，养兔的食槽、饮水器安装位置、种兔繁殖管理等问题如果不精细、不用心去管理，就会出现很多问题。如兔舍建设不合理，兔舍不保温，冬天冷夏天热。兔舍温度高低影响采食消耗和生产。如环境温度低于12℃，兔采食量增加，生长速度、饲料转化率降低；若温度高于30℃，家兔为减少体热，采食量、生产性能均降低，尤以长毛兔为甚。兔舍不保温，四处漏风，冬天天冷时，兔舍无法保暖，遇到大风天舍内响声不断，兔蜷缩在笼子的一角，响声让兔昼夜无法正常休息，这些会让兔子消耗很多能量，增加饲料的浪费。夏天高温时，兔中暑现象严重，有的在一个夏季因中暑死亡就超过 20%。兔舍内粪便清扫不及时，通风换气不合理，舍内空气质量差。

饲槽大小深浅不适宜，过深的食槽兔采食困难，过浅则饲料容易撒落。草架和饲槽边缘高度应与兔背等高，超高则兔采食困难，过低则兔爪易将草料扒出踏脏，造成浪费。另外，每次添料量不宜超过饲槽容量 1/3。加料超标，既会引起兔挑食，导致营养不全面，又使饲料容易被扒出，造成浪费。供水管理上不精心，经常断水，特别是冬季保温不好供水管线或水槽经常被冻上。

种兔是兔场管理的主要对象，生产成绩差的兔场在种兔的管理上会出现很多问题。如通常肉用母兔达 5～6 月龄、体重达到 2.5千克以上，公兔达 7～8 月龄、体重达到 3 千克以上即可开始配种，种母兔以年产 6 胎次以上、一年中每只母兔平均产 50 只左右为宜，利用年限一般为 3～4 年，公母兔比例在本交时按 1:(8～10)。可很多养兔场为什么每年总是达不到这些指标呢？如果仔细分析，我们都能发现这样的情况，之所以产兔数量少，主要是由于母兔因疾病或配种问题，没有怀上的占一部分，管理上不去怀上以后流产的占一部分，分娩时难产、产死胎的占一部分，而真正能正常生产的只占很小的部分。同时，对于精液质量差的公兔、有繁殖障碍的母兔、产仔少或母性差的无效种兔，不及时淘汰。试想，这样的养兔场生产成绩能好吗？而问题就出在种兔的饲养管理上，大多数养兔场都存在养殖人员不懂技术、不细心、缺乏耐心、粗放式管理导致种兔管理不到位的问题。即使有的养兔场的养殖人员一年到头也确实付出了很多辛苦，但由于不掌握科学的母兔管理要领，也一样不能取得好成绩。

出现以上情况以后，尽管生产成绩差，但养兔场一年的饲料、人工、水电等费用都是正常的支出，一点不会因为产出的少而减

少，而由此间接造成的损失巨大，这就是因饲养管理粗放造成的隐性浪费。

因此，一定要重视兔场的饲养管理，建设合理的兔舍，达到冬季不冷、夏季不热、四季空气清新的要求。为了便于防寒、通风、透光、防潮湿、易操作等基本要求，每栋兔舍不宜过大，一般以不超过 200 只成年兔为宜。采用科学的饲喂设备，饲槽、草架结构、高度适宜，加料量适中。管理上还要做到细心、耐心、精心，任何一个生产细节也不能忽视，都要做好。兔舍温度应保持在12～30℃。

（四）不按照肉兔生长规律及时出售

根据肉兔的生长发育规律，肉兔体重达到 2.5 千克或 90 天左右屠宰上市为宜。每只兔多饲养一天就会多消耗 150～250 克饲料，对一个规模兔场来说，每年就会消费很多饲料。

如果养兔场不按照肉兔生长规律及时出售，随意延迟商品兔的出栏时间，浪费了饲料和人工费用，还使兔舍周转率下降，直接影响养兔场的经济效益。

七、创建自己的品牌

品牌是一个企业存在与发展的灵魂。品牌代表着企业的竞争力，品牌意味着高附加值、高利润、高市场占有率。品牌意味着高质量、高品位，是消费的首选。好的品牌可以为企业带来较高的销售额，可以花费很少的成本让自己的产品或服务更有竞争力。品牌意味着客户群，对于广大企业来说，品牌意味着客户忠诚，意味着稳定的客户群，意味着同一品牌覆盖之下的持久、恒定的利益。品牌是一种重要的无形资产，有其价值。

品牌对于一个养兔企业来说同样重要，在目前肉兔产品同质化严重的大环境下，只有创建自己的兔肉品牌，利用差异化、产业化营销策略，才能给企业带来丰厚的回报。在品牌建设这方面已经有很多企业走在了前面，像"肖三婆""哈哥""百年蓉府""长明""王小余""西西猫""陈荣记""盐帮厨子""天鑫""嘟嘟兔"等兔肉干品牌，就是最好的证明。因此，养兔场要重视品牌的创建。

品牌的创建包括规划阶段、创建品牌、全面建设品牌三个阶段。这三个阶段，都不是靠投机和侥幸获得的，也不能够一蹴而就。

（一） 规划阶段

一个好的品牌规划，等于完成了一半品牌建设；一个坏的品牌规划，可以毁掉一个事业。创建品牌简单地说，首先要确定品牌的定位，根据现有产品在市场上所处的位置，针对消费者或用户对该种产品的某种特征、属性和核心利益的重视程度，强有力地塑造出本企业产品与众不同的、给人印象深刻、鲜明的个性或形象，并通过一套特定的市场营销组合把这种形象迅速、准确而又生动地传递给顾客，影响顾客对该产品的总体感觉。简单来说就是你在这个市场上提供什么产品来满足这些客户群体什么样的需求。定位高端还是中低端，到底走什么风格，卖给什么样的人群，大概价位想要卖多少等等，来确定肉兔及肉兔产品的定位。然后根据自己的定位，确定自己的品牌风格，品牌价格，销售的渠道。最后根据品牌定位制订实现目标的措施。对于一个已经发展很多年的企业，还要先对这个企业的品牌进行诊断，找出品牌建设中的问题，总结出优势和缺陷。这是品牌建设的前期阶段，也是品牌建设的第一步。

市场定位包括产品定位、企业定位、消费者定位。如知名的"兔八哥"兔肉品牌的产品定位包括休闲即食产品、礼盒（腊兔肉）、冷鲜（冻）系列等。其中休闲即食产品又包括烤兔排、手撕兔肉、盐焗兔肉（卤或酱）、兔腿、泡脚兔肉等。礼盒包含整只/双只腊兔。冷鲜（冻）系列包括25个兔头装、鲜兔肉（四分之一只、半只、整只）、边角料做成肉串等。企业定位为"兔八哥有限责任公司，一个关于兔八哥的品牌"。消费者定位为儿童、年轻人、中年人、老年人、孕妇、病人。定位非常清晰、准确。

（二） 全面建设品牌阶段

品牌是一种长时间的积淀，从品牌身上你可以看出企业或产品

的文化、传统、氛围或者精神和理念。品牌定位和品牌文化一旦确立，便必须持之以恒地执行下去。因此，在养兔场养殖经营过程中，也应充分考虑消费者的品牌感知，在用户体验当中将品牌力渗透到兔场经营的具体细节里，让消费者在享受美味产品的同时，更享受到品牌给消费者带来的自身价值体现，从而提高品牌的认知度和忠诚度。这个阶段很重要，其中最重要的一点，就是确立品牌的价值观。确立什么样的价值观，决定企业能够走多远。有相当多的企业根本没有明确、清晰而又积极的品牌价值观取向；更有一些企业，在品牌价值观取向上急功近利、唯利是图，抛弃企业对人类的关怀和对社会的责任。制订品牌价值观取向应非常明晰：首先是为消费者创造价值，其次才是为企业创造利益。

养兔场要严格按照确定的品牌定位一步一步扎实工作，并在实施过程中不断完善。要狠抓标准体系、质量追溯、品牌保护、市场营销、品种保护、饲草料储备等关键环节。制订详细可行的营销计划、阶段性的目标。通过制订详细的企业形象、产品宣传计划，配合营销工作扩大企业的影响力。

始终保持产品的理念和风格的一致性，不能偏离轨道。在企业经营过程中，无论在销售现场、服务态度、售后服务、企业公关等任何一个环节都要传递出一致性，保持和维护品牌的完整，这就是品牌管理工作的重要使命和意义所在。

（三）形成品牌影响力的阶段

企业要根据市场和企业自身发展的变化，对品牌进行不断地自我维护和提升，使之达到一个新的高度，从而产生品牌影响力，直到能够进行品牌授权，真正形成一种资产。

需要注意的是在品牌已经具有一定影响力的时候，最容易出现问题。如饲养条件变化了，不能完全按照品牌宣传的那样去生产，此时养兔场不能因为饲养条件改变而随意降低饲养标准。如以饮泉水作为品牌定位的，在泉水枯竭时，以山间水、河水等代替。以绿色无污染生产作为品牌定位的，饲养地区环境或饲料受到污染，也不知会消费者。或者生产的数量不能满足市场需求时，就到其他地方收购，然后以自己的品牌和渠道去销售，欺骗消费者，像以前个别人销售阳澄湖大闸蟹那样，到别的地方收购以后在阳澄湖里养殖几天就宣称是正宗的阳澄湖大闸蟹，给正宗阳澄湖大闸蟹带来极大的负面影响。这些行为对品牌建设的损害最大。

八、肉兔场养殖经营风险控制

风险就是事物发展的未来结果与人们事先的期望结果产生差异的可能性，或者说是人们对某事物发展的未来结果的一种不确定性。风险无处不在，规避风险，获得最大利润是每个企业的最终目的。

风险控制是指风险管理者采取各种措施和方法，消灭或减少风险事件发生的各种可能性，或风险控制者减少风险事件发生时造成的损失。因为，总会有些事情是不能控制的，风险总是存在的。作为管理者应采取各种措施减小风险事件发生的可能性，或者把可能的损失控制在一定的范围内，以避免在风险事件发生时带来的难以承担的损失。

养兔场在养殖经营过程中同样面临各种风险，如养殖技术风险、饲养管理风险、疫病风险、饲料供应风险、安全风险、资金风险和市场风险等。养兔场要针对这些风险采取切实可行的措施加以防范。

（一）养殖技术风险

科学养兔需要很多技术，特别是规模化舍饲养兔，不同于放牧饲养，需要相应的养兔技术，在品种选择、繁殖、饲料营养、疫病防控、饲养管理等各个方面都要具备相应的技术。我们经常遇到同样是养兔，为什么有的赚钱有的却赔钱的问题？其中最主要的就是是否掌握科学的养兔技术。如在肉兔品种选择上，不会选择肉兔品种，把不适应本地的品种引进来；不会挑选种兔，把不适合作为种兔的兔当种兔来使用；不懂得繁殖技术，乱交乱配，近亲繁殖等；在饲料使用上，不懂得营养需要，不会调配饲料，有什么就喂什么，饲草发霉变质了也喂兔，在冬季枯草季节不补充维生素和矿物

质；在疫病防控上，总认为兔不容易得病，不坚持接种疫苗，不坚持驱除寄生虫；在饲养管理上，不懂得温度、湿度、密度问题的重要性，圈舍夏天温度过高、冬天温度又过低等。这些问题如果养兔场具有其中的任意一条，就能影响养兔场的效益，如果同时具有多条，那么这个养兔场必定难以维持下去。可见，养兔技术对养兔场的重要性。关于养兔技术可以参照本书第四章的内容。

（二）饲养管理风险

饲养管理风险主要是养殖人员管理及生产细节管理。养殖人员是养兔场经营管理的绝对重要的因素，人的因素是至关重要的。如果没有懂技术、善管理、责任心强的养殖人员，那么养兔场再好的条件也不会取得好效益。常见的问题是找不到合适的养殖人员，特别是繁殖、疫病防治等生产关键环节上，更是缺乏合适人选。表现为人员流动性大，责任心不强，管理混乱，致使养兔场的生产计划和各项管理制度得不到很好的落实。

由于人员责任心不强，饲养管理制度得不到很好落实，致使饲养管理不到位，就更谈不上饲养管理的细节上了。如兔子有夜间吃食的习惯，每天夜间都要给兔添加草料，如果责任心不强的人，经常出现断顿的情况，肉兔生长发育肯定受影响。母兔分娩时饮水要保证充足，否则，分娩结束因口渴母兔需要饮水，如果此时饮不到水，母兔就会吃小兔。不重视寄生虫病的防治，寄生虫病绵延不绝，严重影响兔群生产等等。

一是选好人、用好人，为人才创造好生活和工作环境；二是制订科学合理的饲养管理制度，落实责任制，实行绩效工资。

（三）疫病风险

规模养兔场，兔群数量多，饲养密度增大，兔患病的机会增加，疫病对兔群的威胁增大。特别是兔传染病性疾病，对规模化养兔危害更大，快则可导致全群覆没，慢则影响生长繁育性能发挥。加强疫病防治，科学合理用药成为规模养兔最关键的工作之一。

因此，养兔场要加强兔瘟、腹泻、兔大肠杆菌病、葡萄球菌病、巴氏杆菌病等疾病的预防。购买疫苗要到具备运输、保存条件的厂家或经销商处购买，确保所购疫苗质量。

同时还要加强寄生虫病的防治。球虫病、疥癣等寄生虫病对养兔的危害严重，寄生虫病的预防对于规模养兔场非常关键，首先加强管理，采用笼养，兔笼兔舍经常打扫，保持清洁干燥，通风。兔舍、笼具经常消毒。饲料、饲草清洁、新鲜。35 日龄断奶后及时添加莫能菌素 0.02％连续饲喂 20 天，或者 0.05％地克珠利连续饮水 5 天、60 日龄再连续饮水 5 天，基本可以防止球虫病的发生。或者在平时饲养过程中经常添加一些大蒜，也能起到很好的预防作用。使用伊维菌素，可以预防和治疗疥癣病。

除传染病和寄生虫病以外，普通的发热、拉稀、关节病、神经系统疾病等疾病要加强治疗。同时从加强生产管理入手，兔群管理做到"四心"，即精心、细心、耐心和有爱心。

（四）　饲料供应风险

养兔日常最主要的支出就是饲草料，舍饲养兔如果饲草料计划不周，保障不及时，就会严重影响养兔场的正常生产。为此，饲草料要立足于当地解决为主的原则，充分利用好当地的饲草料资源。

饲料供应要做到稳定、优质、低价，无季节性短缺。为此，养兔场要做好青储饲料、秸秆饲料氨化、微储等储备，按照养兔场的兔群数量，计算好全年及各月份的饲草消耗量和储备量，特别是做好冬季雨雪等极端恶劣天气的饲料供应。同时，养兔场要搭建饲草料棚，做好饲草料的保管，保证饲草料的储存安全，防止饲草料被污染、发生霉烂变质和发生火灾等。

（五）　安全风险

暴雪袭击、罕见高温、持续干旱、洪水灾害等自然灾害的风险尽管不经常遇到，但常言道：水火无情，一场大火或大水会让一个养兔场多年的积累瞬间消失。

养兔场在用电、用火、防盗上也容易出现问题，我们经常可以看到或听到养兔场发生用电或用火不慎造成火灾的事例，还有兔场的兔只一夜之间全被盗光的新闻。养兔场在安全这方面同样也不可忽视。

养兔场在选址上要选择地势高燥、水源充足的地方，建设结构合理、坚固的兔舍。防火上，养兔场要请专业电工对全场用电线路进行合理架设，平时不准私拉乱接电线和违规使用电器设备。按照防火要求做好兔舍、饲草料棚、人员生活住房等布局及建设。夜间兔舍要安排专人值班，落实防盗责任制。

（六）资金风险

养兔场的经营过程离不开资金，建场需要资金，购买种兔需要资金，雇用养殖人员需要资金，购买饲料需要资金，购买兽药疫苗需要资金，特别是在建场到有可供出售兔只这段时间，需要持续不断的投入。在平时的经营过程中，可能遇到饲料价格暴涨、肉兔价格暴跌、疫病爆发、肉兔销路不畅等问题，遇到这些问题以后，也需要兔场利用自有资金或筹措资金维持兔场的正常，如果资金储备不足，又不能筹措到资金，兔场的经营就要出现问题。因此，兔场要准备充足的资金来保障正常运营。

（七）市场风险

长期以来，我国肉兔的养殖方式总体上属于一家一户的家庭经营模式，管理粗放和原始，生产效率不高，抵御风险能力不足；由于养殖户多是单打独斗，产业功能缺位，产销难以衔接，使上游生产者始终处于弱势地位，导致产销价格严重倒挂；加之，产品仍以活体销售和初加工为主，附加值不高，副产品也没有得到很好的开发和利用，影响了养兔效益的整体提升，市场风险由此产生。

养兔业要避免市场风险，只有抓住养殖、销售、加工等关键环节，建立与完善产业链条，做好营销、深加工等工作，加快推进产业升级，不断提升集约化、规模化养殖比重，通过科技手段，降低饲养成本；提高良种繁育改良、饲料加工供应、疫病防控等环节的生产能力和技术水平，特别是针对肉兔养殖特点，开发当地闲置资源，发展生态循环种养业，降低饲料成本。才能提高市场竞争力，增强抵御风险的能力。

九、实现种养结合

种植和养殖业是构成农业的主要组成部分，也是人类赖以生存和发展的物质基础。种养结合就是种植业为养殖业提供食料，养殖业为种植业提供肥源。两者紧密相连，循环利用。

农业部为贯彻落实中央1号文件而下发的农发〔2015〕1号文件，即《农业部关于扎实做好2015年农业农村经济工作的意见》指出：大力发展草食畜牧业。构建粮饲兼顾、农牧结合、循环发展的新型种养结构，加快推进规模化、集约化、标准化养殖。加快建设现代饲草料产业体系，进一步挖掘秸秆饲料化潜力，实施振兴奶业苜蓿发展行动，扩大饲用玉米、青储玉米和优质牧草种植，开展种养结合型循环农业试点，促进粮食、经济作物、饲草料三元种植结构协调发展。

种养结合的优点很多，实行种养结合的循环农业生产方式，用畜禽粪便生产有机肥替代化肥，不使用或减少化肥使用量，降低种植成本；养兔场可以利用自家的耕地（林地、草地）低成本地解决饲草饲料问题。在饲草饲料不断涨价的情况下，降低畜禽养殖成本；养兔场实行种植业与养殖业一体化经营，能够利用肉蛋奶价格上涨机遇，使种植业通过养殖业获得综合收益。实行种养结合，畜禽粪便变废为宝得到资源化利用，实现低成本环保治污。以生态化方式实现低成本防疫灭病。还可以获得绿色有机农产品，提升了农畜产品附加价值。可见，实行种养结合，具有循环、绿色、降低成本和增收等优点，是今后的发展方向，值得大力提倡。

对于养兔场来说，种养结合既可以根据兔场的生产规模，确定需要的饲料数量和饲料种类，然后结合本地区气候特点，选择适合的种植饲草料品种和亩产数量，最后确定种植饲草料需要的土地面积，如果自己的土地不够用，还可以通过与种粮户签订收购协议解决饲料来源，或通过土地流转的方式租用土地，扩大种植饲草料的土地面积。还可以利用兔粪养鱼、种植果树以及其他经济作物等用途。也可以将兔粪对外出售给需要有机肥的种植户。在畜禽粪便作为肥料使用前，要通过高温堆肥发酵或者生产沼气等方式，对畜禽粪便进行科学处理后，才能作为有机肥使用。

在种养结合这方面，四川省仪陇县农牧业局的胡胜平等介绍的规模兔场三种养殖废物利用模式值得借鉴。

第一种模式是种养循环。仪陇县新政镇白鹤林村陈某的养兔场，依小山丘背风处建兔舍 12 幢，共建预制兔笼 4800 孔，雨污分流，并建有 10 米^3 沼气池 2 口，12 米^3 净化池 2 口，干粪棚 25 米^2 1 处。养殖四川白獭兔种兔 410 只（其中繁殖母兔长期保持在 360 只左右），夫妻 2 人经营，饲料喂养，年出栏獭兔 15200 只，年收入达到 112 万元。该场投产半年后，就有阆中沙参种植业主看上兔粪是很好的有机肥（沙参施用化肥易徒长茎叶且根空心快），主动到该村联系，围绕兔场共承包土地 1800000 米^2，冬春种沙参，夏秋种玉米。收沙参时免费由兔场自己收晒茎叶，玉米叶需选择性取用，付兔场兔粪每袋 2 元（40 千克饲料包装的 60％）。种植沙参期间雇佣本村劳力 35 人 10 天，种植、收获玉米期间雇佣 40 人 10 天，每人天工资 50 元。收沙参以每千克鲜货 1.4 元雇工，最高有人一天收获 160 千克，收入 224 元；共收沙参鲜货 122500 千克，晒干有 35000 千克，收入 105 万元，收玉米 30000 千克（只种植部分易种地），收入 66 万元。而农户得到承包土地收入 81000 元，务工收入 20 万元（主要是挖沙参收入，达 16 万元）。达到养殖、引进种植业主和当地农民三者收益均满意，且对环境没有任何破坏（由于种沙参不宜连作，三年要换地，目前业主已经与该村多数农户达成主要旱地换地协议）。

第二种模式是养、菌、种循环。仪陇县二道镇光芒村龙某，他本人主要在全县收购獭兔宰杀，有时收购养皮后再杀，同时自己也有养殖示范场。建地板砖兔笼 700 孔，并有山东产金属环保兔笼 600 孔，并建有 8 米^3 沼气池 1 口，10 米^3 净化池 1 口，50 米^3 冻库一个。现有种兔 100 只（90 只母兔），年出栏 3000 只商品，年共屠宰 3 万只商品兔。可收入 58 万元（收购的及时，除去成本），他利用兔粪和养殖废渣（主要是扫下的饲料碎屑）的方法是通过种植平菇和姬菇等食用菌，把扫下的饲料碎屑混合购回的棉壳、豆粕和玉米芯等原料，一起粉碎后通蒸汽消毒。每次做菌袋 2000 多袋，年做 7 次。每袋产菌 5 千克，每千克批发 8 元，可收入 56 万元。同时他把屠宰的下脚料直接煮后喂猪，年可出栏生猪 10 头，收入 16 万元。年共收入 130 万元。之后菌袋废料做堆肥再用于普通种植业。

第三种模式是养、渔利用。仪陇县柴井乡严家庙村马某，家临小河，把自家临河田地（包括交换所得）共 3500 米^3 改造成 3 个鱼池。共建预制兔笼 280 孔，雨污分流，并建有 8 米^3 沼气池 1 口，10 米^3 净化池 1 口，干粪棚 6 米^2 1 处。养殖肉种兔 50 只，饲料喂养，年出栏商品兔 2100 只，年收入达到 8.8 万元。他把兔粪在干粪棚发酵后用喂料机投入鱼塘，每天 1 次（上年 10 月中下旬至次年 3 月上中旬，除栽油菜和小麦时利用部分外，其余都堆放起来第 2 年利用），另喂 1 次饲料，并在塘中设专门平台喂玉米、小麦等粮食，暑天 3 天换半池水。鱼种主要有白鲢、鲤鱼、鲫鱼、草鱼。这样养成的鱼，肉质近于天然水体自然生长鱼类，市场认可度和价格高出其他类养殖鱼。

另外，该县先前还有不少果树种植大户到规模养兔场帮打扫卫生，把收集的粪便用于果树种植效果很好。2013 年在该县铜鼓乡、赛金镇有养殖大户开始包地种植果树（柑橘、枇杷、梨），只是目前尚未有果树收获，没有确实数据，但看果树长势，专家认为肯定比普通种植效果好。

附 录

一、国家有关禁用兽药、不得使用的药物及限用兽药的规定（规范性附录）

见附表1。

附表1　食品动物禁用、在动物性食品中不得检出的兽药及其化合物清单

序号	兽药及其他化合物名称	禁止用途	禁用动物	靶组织
1	β-兴奋剂类：克仑特罗、沙丁胺醇、西马特罗及其盐、酯及制剂	所有用途	所有食品动物	所有可食组织
2	雌激素类：己烯雌酚及盐、酯及制剂	所有用途	所有食品动物	所有可食组织
3	具有雌激素样作用的物质：玉米赤霉醇、去甲雄三烯醇酮、醋酸甲孕酮及制剂	所有用途	所有食品动物	所有可食组织
4	雄激素类：甲基睾酮、丙酸睾酮、苯丙酸诺龙、苯甲酸雌二醇、群勃龙及其盐、酯及制剂	促生长	所有食品动物	所有可食组织
5	氯霉素及其盐、酯（包括琥珀氯霉素）及制剂	所有用途	所有食品动物	所有可食组织
6	氨苯砜及制剂	所有用途	所有食品动物	所有可食组织
7	硝基呋喃类：呋喃唑酮、呋喃它酮、呋喃苯烯酸钠、呋喃西林、呋喃妥因及制剂	所有用途	所有食品动物	所有可食组织

序号	兽药及其他化合物名称	禁止用途	禁用动物	靶组织
8	硝基化合物:硝基酚钠、硝基烯腙及制剂	所有用途	所有食品动物	所有可食组织
9	硝基咪唑类:甲硝唑、地美硝唑、洛硝达唑、替硝唑及其盐、酯及制剂	促生长	所有食品动物	所有可食组织
10	催眠、镇静类:安眠酮及制剂	所有用途	所有食品动物	所有可食组织
10	催眠、镇静类:氯丙嗪、地西泮(安定)及其盐、酯及制剂	促生长	所有食品动物	所有可食组织
11	林丹(丙体六六六)	杀虫剂	所有食品动物	所有可食组织
12	毒杀芬(氯化烯)	杀虫剂	所有食品动物	所有可食组织
13	呋喃丹(克百威)	杀虫剂	所有食品动物	所有可食组织
14	杀虫脒(克死螨)	杀虫剂	所有食品动物	所有可食组织
15	酒石酸锑钾	杀虫剂	所有食品动物	所有可食组织
16	锥虫胂胺	杀虫剂	所有食品动物	所有可食组织
17	孔雀石绿	抗菌、杀虫剂	所有食品动物	所有可食组织
18	五氯酚酸钠	杀螺剂	所有食品动物	所有可食组织
19	各种汞制剂,包括氯化亚汞(甘汞)、硝酸亚汞、醋酸汞、吡啶基醋酸汞	杀虫剂	所有食品动物	所有可食组织
20	万古霉素及其盐、酯及制剂	所有用途	所有食品动物	所有可食组织
21	卡巴氧及其盐、酯及制剂	所有用途	所有食品动物	所有可食组织

注:引自中华人民共和国农业部公告第193号、第235号、第560号。本标准执行期间,农业部如发布新的《食品动物禁用的兽药及其他化合物清单》,执行新的《食品动物禁用的兽药及其他化合物清单》。

二、禁止在饲料和动物饮用水中使用的药物品种及其他物质目录(规范性附录)

见附表2。

附表2　禁止在饲料和动物饮用水中使用的药物品种及其他物质目录

序号	药物名称
1	β-兴奋剂类：盐酸克仑特罗、沙丁胺醇、硫酸沙丁胺醇、莱克多巴胺、西马特罗、硫酸特布他林、苯乙醇胺A、班布特罗、盐酸齐帕特罗、盐酸氯丙那林、马布特罗、西布特罗、溴布特罗、酒石酸阿福特罗、富马酸福莫特罗
2	雌激素类：己烯雌酚、雌二醇、戊酸雌二醇、苯甲酸雌二醇、氯烯雌醚
3	雄激素类：苯丙酸诺龙及苯丙酸诺龙注射液
4	孕激素类：醋酸氯地孕酮、左炔诺孕酮、炔诺酮、炔诺醇、炔诺醚
5	促性腺激素：绒毛膜促性腺激素（绒促性素）、促卵泡生长激素（尿促性素主要含卵泡刺激FSHT和黄体生成素LH）
6	蛋白同化激素类：碘化酪蛋白
7	降血压药：利血平、盐酸可乐定
8	抗过敏药：盐酸赛庚啶
9	催眠、镇静及精神药品类：(盐酸)氯丙嗪、盐酸异丙嗪、安定(地西泮)、硝西泮、奥沙西泮、苯巴比妥、苯巴比妥钠、巴比妥、异戊巴比妥、异戊巴比妥钠、唑吡旦、三唑仑、咪达唑仑、艾司唑仑、甲丙氨酯、匹莫林以及其他国家管制的精神药品
10	抗生素滤渣

　　注：引自中华人民共和国农业部公告第176号、第1519号。本标准执行期间，农业部如发布新的《禁止在饲料和动物饮水中使用的物质》，执行新的《禁止在饲料和动物饮水中使用的物质》。

三、不得使用的药物品种目录（规范性附录）

　　见附表3。

附表3　不得使用的药物品种目录

序号	类别	名称/组方
1	抗病毒药	金刚烷胺、金刚乙胺、阿昔洛韦、吗啉(双)胍(病毒灵)、利巴韦林等及其盐、酯及单、复方制剂
2	抗生素	头孢哌酮、头孢噻肟、头孢曲松(头孢三嗪)、头孢噻吩、头孢拉啶、头孢唑啉、头孢噻啶、罗红霉素、克拉霉素、阿奇霉素、磷霉素、硫酸奈替米星(netilmicin)、克林霉素(氯林可霉素、氯洁霉素)、妥布霉素、胍哌甲基四环素、盐酸甲烯土霉素(美他环素)、两性霉素、利福霉素等及其盐、酯及单、复方制剂

续表

序号	类别	名称/组方
3	合成抗菌药	氟罗沙星、司帕沙星、甲替沙星、洛美沙星、培氟沙星、氧氟沙星、诺氟沙星等及其盐、酯及单、复方制剂
4	农药	井冈霉素、浏阳霉素、赤霉素及其盐、酯及单、复方制剂
5	解热镇痛类等其他药物	双嘧达莫(dipyridamole)、聚肌胞、氟胞嘧啶、代森铵、磷酸伯氨喹、磷酸氯喹、异噁唑啉酮、盐酸地酚诺酯、盐酸溴己新、西咪替丁、盐酸甲氧氯普胺、甲氧氯普胺(盐酸胃复安)、比沙可啶(bisacodyl)、二羟丙茶碱、白细胞介素-2、别嘌醇、多抗甲素(α-甘露聚糖肽)等及其盐、酯及制剂
6	复方制剂	1. 注射用的抗生素与安乃近、氟喹诺酮类等化学合成药物的复方制剂 2. 镇静类药物与解热镇痛药等治疗药物组成的复方制剂。

四、允许做治疗用但不得在动物食品中检出的药物（规范性附录）

见附表4。

附表4　允许做治疗用但不得在动物食品中检出的药物

序号	药物名称	动物种类	动物组织
1	氯丙嗪	所有食品动物	所有可食组织
2	地西泮(安定)	所有食品动物	所有可食组织
3	地美硝唑	所有食品动物	所有可食组织
4	苯甲酸雌二醇	所有食品动物	所有可食组织
5	潮霉素B	猪/鸡	可食组织
		鸡	蛋
6	甲硝唑	所有食品动物	所有可食组织
7	苯丙酸诺龙	所有食品动物	所有可食组织
8	丙酸睾酮	所有食品动物	所有可食组织
9	塞拉嗪	产奶动物	奶

五、无公害食品 肉兔饲养兽医防疫准则

无公害食品 肉兔饲养兽医防疫准则

编号：NY 5131—2002

发布日期：2002-07-25 发布　实施日期：2002-09-01 实施

中华人民共和国农业部发布

前言：

本标准由中华人民共和国农业部发布。

本标准起草单位：农业部动物及动物产品卫生质量监督检验测试中心、农业部动物检疫所。

本标准主要起草人：王玉东、龚振华、刘俊辉、康达、张衍海、王娟、陆明哲。

1 范围

本标准规定了生产无公害食品的肉兔饲养场在疫病预防、监督、控制、产地检疫及扑灭方面的兽医防疫准则。

本标准适用于无公害食品的肉兔饲养场的兽医防疫。

2 规范性引用文件

下列文件中的条款通过本标准的引用而成为本标准的条款。凡是注日期的引用文件，其随后所有的修改单（不包括勘误的内容）或修订版均不适用于本标准，然而，鼓励根据本标准达成协议的各方研究是否可使用这些文件的最新版本。凡是不注日期的引用文件，其最新版本适用于本标准。

GB 16548 畜禽病害肉尸及其产品无害化处理规程

GB 16549 畜禽产地检疫规范

NY/T 388 畜禽场环境质量标准

NY 5027 无公害食品　畜禽饮用水水质

NY 5030 无公害食品　肉兔饲养兽药使用准则

NY 5131　无公害食品　肉兔饲养兽医防疫准则

NY 5232 无公害食品　肉兔饲养饲料使用准则

NY 5133 无公害食品　肉兔饲养管理准则

中华人民共和国动物防疫法

3 术语和定义

下列术语和定义适用于本标准。

3.1 动物疫病 animal epidemic disease

动物的传染病和寄生虫病。

3.2 病原体 pathogen

能引起疾病的生物体,包括寄生虫和致病微生物。

3.3 动物防疫 animal epidemic prevention

动物疫病的预防、控制、扑灭和动物、动物产品的检疫。

4 疫病预防

4.1 环境卫生条件

4.1.1 肉兔饲养场的环境卫生质量应符合 NY/T 388 的要求,污水、污物处理应符合国家环保要求,防止污染环境。

4.1.2 肉兔饲养场的选址、建筑布局、设施及设备应符合 NY/T 5133 的要求。

4.2 饲养管理

4.2.1 饲养管理按 NY/T 5133 的要求执行。

4.2.2 饲料使用按 NY 5132 的要求执行。

4.2.3 具有清洁、无污染的水源,水质应符合 NY 5027 规定的要求。

4.2.4 兽药使用按 NY 5130 的要求执行。

4.2.5 工作人员进入生产区必须消毒,并更换衣鞋。工人服应保持清洁,定期消毒。非生产人员未经批准,不应进入生产区。特殊情况下,非生产人员经严格消毒,更换防护服后方可入场,并遵守场内的一切防疫制度。

4.3 日常消毒

定期对兔舍、器具及兔场周围环境进行消毒。肉兔出栏后必须对兔舍及用具进行清洗,并彻底消毒。消毒方法和消毒药物的使用等按 NY/T 5133 的规定执行。

4.4 引进兔只

4.4.1 肉兔饲养场坚持自繁自养的原则。

4.4.2 必须引进兔只时，应从健康种兔场引进，在引种时应经产地检疫，并持有动物检疫合格证明。

4.4.3 兔只在起运前，车辆和运兔笼罩具要彻底清洗消毒，并持有动物及动物产品运载工具消毒证明。

4.4.4 引进兔只后，要及时报告动物防疫监督机构进行检疫，并隔离30天，确认兔体健康方可合群饲养。自繁自养的兔场，父母代兔要进行定期的检疫。

4.5 免疫接种

畜牧兽医行政管理部门应根据《中华人民共和国动物防疫法》及其配套法规的要求，结合当地实际情况，制定肉兔饲养场疫病的预防接种规划，肉兔饲养场根据规划制定免疫程序，并认真实施。对兔出血病等疫病要进行免疫，要注意选择和使用适宜的疫苗、免疫程序和免疫方法。

5 疫病控制和扑灭

肉兔饲养场发生疫病或怀疑发生疫病时，应依据《中华人民共和国动物防疫法》及时采取以下措施：

5.1 先通过本场兽医或动物防疫监督机构进行临床和实验室诊断。当发生二类疫病兔出血病、兔黏液瘤病、野兔热时要对兔群实行严格的隔离、扑杀及消洗措施；立即采取治疗、紧急免疫；对兔群实施清群和净化措施；全场进行彻底的清洗消毒，病死或淘汰兔的尸体按GB 16548规定进行无害化处理。

5.2 消毒及用药按NY/T 5133的规定执行。

6 产地检疫

产地检疫按GB 16549和国家有关规定执行。

7 疫病监测

7.1 当地畜牧兽医行政管理部门必须依照《中华人民共和国动物防疫法》及其配套法规的要求，结合当地实际情况，制定疫病监测方案，由动物防疫监督机构实施，肉兔饲养场应积极予以配合。

7.2 要求肉兔饲养场和动物防疫监督机构监测的疫病有兔出血

病、兔黏液瘤病、野兔热等。监测方法按常规诊断方法中的血清学方法或病原诊断法进行。

7.3 根据当地实际情况，动物防疫监督机构要定期或不定期对肉兔饲养场进行必要的疫病监测监督抽查，并反馈肉兔饲养场。

8 记录

每群肉兔都应有相关的资料记录。其内容包括：兔只来源地，饲料消耗情况，发病率、死亡率及发病死亡原因，消毒情况，无害化处理情况，实验室检查及其结果，用药及免疫接种情况，兔只发往目的地等。所有记录必须妥善保存。

参 考 文 献

[1] 肖冠华.投资养兔你准备好了吗.北京:化学工业出版社,2014.
[2] 谷子林.肉兔健康养殖 400 问.第 2 版.北京:中国农业出版社,2014.
[3] 肖冠华.养肉兔高手谈经验.北京:化学工业出版社,2015.
[4] 熊家军.肉兔安全生产技术指南.北京:中国农业出版社,2012.
[5] 任克良.高效养肉兔关键技术.北京:金盾出版社,2012.
[6] 刁朔,邓心安.不同规模兔场的经济效益调查与思考.中国牧业通讯.2010(20):29-31.
[7] 胡胜平等.规模兔场三种养殖废物利用模式介绍.中国畜牧业 2014(10):63.
[8] 赵树科等.氯前列烯醇和地塞米松诱导家兔白天分娩的研究.动物医学进展.2014(11).
[9] 潘雨来.再谈家兔"四同期"法规模化生产模式.中国家兔,2014(6):24-26.
[10] 周晖,于小川.家兔地窝繁育技术的要点.农业知识:科学养殖,2014(10):38-39.
[11] 谷子林等.家兔仿生地下繁育洞(地窝)的设计与应用效果研究.科学种养,2013(6):41.
[12] 陈震.兔场生物安全体系的建立.中国养兔,2013(3):26-27.
[13] 吴跃华等.四种肉兔杂交组合筛选研究.中国畜牧兽医,2007,34(9):128-129.
[14] 葛盛军.不同杂交组合肉兔繁殖性能及生长性能的对比研究.攀枝花科技与信息,2012,37(3).
[15] 吴高奇.良种肉兔不同杂交组合试验研究.贵州畜牧兽医,2015,39(2):22-23.
[16] 任东波.我国常见的肉兔杂交配套系简介.吉林畜牧兽医,2011,32(3).
[17] 姜文学,杨丽萍.肉兔产业先进技术全书.济南:山东科学技术出版社,2011.